中国村镇社区化转型发展研究丛书

丛书主编：崔东旭 刘涛

Research on
Community Spacial Form
of the Mountainous Valley Rurals

山地河谷村镇社区空间形态研究

廖 凯 黄一如 / 著

北京大学出版社
PEKING UNIVERSITY PRESS

图书在版编目（CIP）数据

山地河谷村镇社区空间形态研究/廖凯，黄一如著. —北京：北京大学出版社，
2024.5

（中国村镇社区化转型发展研究丛书）

ISBN 978-7-301-34121-6

Ⅰ.①山… Ⅱ.①廖… ②黄… Ⅲ.①山地－农村社区－乡村规划－中国 ②河谷－农
村社区－乡村规划－中国 Ⅳ.①TU982.29

中国国家版本馆CIP数据核字（2023）第108722号

书　　　　名	山地河谷村镇社区空间形态研究
	SHANDI HEGU CUNZHEN SHEQU KONGJIAN XINGTAI YANJIU
著作责任者	廖 凯 黄一如 著
责 任 编 辑	赵旻枫
标 准 书 号	ISBN 978-7-301-34121-6
审 图 号	GS京（2024）0811号
出 版 发 行	北京大学出版社
地　　　　址	北京市海淀区成府路205 号　100871
网　　　　址	http://www.pup.cn　　　新浪微博：@北京大学出版社
电 子 邮 箱	编辑部 lk2@pup.cn　　　总编室 zpup@pup.cn
电　　　　话	邮购部 010-62752015　发行部 010-62750672　编辑部 010-62764976
印 刷 者	北京宏伟双华印刷有限公司
经 销 者	新华书店
	720毫米×1020毫米　16开本　18.5印张　316千字
	2024年5月第1版　2024年5月第1次印刷
定　　　　价	98.00元

未经许可，不得以任何方式复制或抄袭本书之部分或全部内容。

版权所有，侵权必究

举报电话：010-62752024　电子邮箱：fd@pup.cn

图书如有印装质量问题，请与出版部联系，电话：010-62756370

"中国村镇社区化转型发展研究"丛书

编　委　会

主　　编	崔东旭	刘　涛	
副主编	黄一如	宋聚生	李向峰
	仝　晖	赵　亮	
编　　委	张志伟	孔亚暐	李世芬
	姚　栋	吴　晓	李泽唐
	何　易	刘　堃	冯长春
	王　雷	吴冰璐	司马蕾
	尹宏玲	杨　震	江　泓
	戴晓辉	杨　辉	唐敬超
	何文晶	梁琪柏	陈亚男
	彭荣熙		

丛书总序

本丛书的主要研究内容是探讨乡村振兴目标下的我国村镇功能空间发展、社区化转型及空间优化规划等。

村镇是我国城乡体系的基层单元。由于地理环境、农作特色、经济区位等发展条件的差异，我国村镇形成了各具特色的空间形态和功能系统。快速城镇化进程中，村镇地区的基础条件和发展情况差异巨大，人口大量外流、设施服务缺失、空间秩序混杂等问题普遍存在，成为发展不平衡、不充分的主要矛盾。党的二十大报告指出，全面建设社会主义现代化国家，最艰巨最繁重的任务仍然在农村。因此，从村镇地区功能空间转型和可持续发展的角度出发，研究农业农村现代化和乡村振兴目标下的村镇社区化转型，探索形成具有中国特色的村镇社区空间规划体系，具有重要的学术价值和实践意义。

"中国村镇社区化转型发展研究"丛书的首批成果是在"十三五"国家重点研发计划"绿色宜居村镇技术创新"专项的第二批启动项目"村镇社区空间优化与布局"研发成果的基础上编撰而成的。山东建筑大学牵头该项目，并与课题承担单位同济大学、北京大学、哈尔滨工业大学（深圳）、东南大学共同组成项目组。面向乡村振兴战略需求，针对我国村镇量大面广、时空分异明显和快速减量重构等问题，建立了以人为中心、以问题为导向、以需求为牵引的研究思路，与绿色宜居村建设和国土空间规划相衔接，围绕村镇社区空间演化规律和"三生"（生产、生活、生态）空间互动机理等科学问题，从生产、生活、生态三个维度，全域、建设区、非建设区、公共设施和人居单元五个空间层次开展技术创新。

项目的五个课题组分别从村镇社区的概念内涵、发展潜力、演化路径和动力机制出发，构建"特征分类 + 特色分类"空间图谱，在全域空间分区管控、"参与式"规划决策技术，生态适宜性和敏感性"双评价"，公共服务设施要素一体化规划和监测评估，村镇社区绿色人居单元环境模拟、生成设计等方面进行了技术创新和集成应用。截至 2022 年年底，项目组已在全国 1300 多个村镇开展了调研，在东北、华北、华东、华南和西南进行了 50 个规划设计示范、10 个技术集成示范和 5 个建成项目示范，形成了可复制、可推广的成果。已发表论文 100 余篇，获得 16 项发明专利授权，取得 21 项软件著作权，培养博士、硕士学位研究生 62 名，培训地方管理人员 61 名。一些研究成果已经在国家重点研发计划项目示范区域进行了应用，通过推广可为乡村振兴和绿色宜居村镇建设提供技术支撑。

村镇地区的功能转型升级和空间优化规划是一项艰巨而持久的任务，是中国式现代化在乡村地区逐步实现的必由之路。随着我国城镇化的稳步推进，各地的城乡关系正在持续地演化与分化，村镇地区转型发展必将面临诸多的新问题、新挑战，地方探索的新模式、新路径也在不断涌现。在迈向乡村振兴的新时代，需要学界、业界同人群策群力，共同推进相关的基础理论方法研究、共性关键技术研发、实践案例应用探索等工作。项目完成之后，项目团队依然在持续开展村镇社区化转型发展相关的研究工作，本丛书也将陆续出版项目团队成员、合作者及本领域相关专家学者的后续研究成果。

本丛书的出版得到了中国农村技术开发中心和项目专家组的精心指导，也凝聚了项目团队成员、丛书作者的辛勤努力。在此，向勇于实践、不断创新的科技工作者，向扎根祖国大地、为乡村振兴事业努力付出的同行们致以崇高的敬意。

"中国村镇社区化转型发展研究"

丛书编委会

2023 年 4 月

前　言

目前针对村镇的研究，已然从偏重关注物质层面的研究迈向了以人为中心的研究，尤其是对社区及其组织方式的研究成为一种新的趋势。本书研究紧密结合气候变化、乡村振兴战略和社会发展需求，聚焦典型山地河谷地区下村镇社区的洪涝灾害问题。近年来，极端降水条件下的洪涝灾害愈发频繁，对山地河谷村镇社区空间的安全形成了不可忽视的威胁。然而，仅从单一学科视野出发无法完整理解洪涝灾害现象的成因和作用机制，微观层面的末端工程技术和策略也难以从根本上解决问题。因此，需要从跨学科的综合角度出发，在中观层面开展村镇社区空间中洪涝灾害的应对与防治研究。在这方面，本书提出"水文韧性"的理念，为村镇社区空间形态与洪涝灾害的互动机制（包括作用机制和空间策略）研究提供可能的新思路。

本书从洪涝灾害现象出发，以水文韧性为综合视角，将村镇社区空间的形态投射为流域水文形态、村镇聚落形态和社区组织形态，并对应生态韧性、工程韧性和社会韧性3个维度进行由"及物"到"及人"的互动机制研究，按照"现象认知-形态溯源-作用机制-空间策略"的技术路线，对长江上游干区流域喀斯特地貌下3级河流流域中的山地河谷村镇社区空间形态进行案例群实证研究。全书研究工作和成果主要由如下两部分构成：

第一部分为研究体系建构和洪涝灾害现象的发生机制研究。基于对极端降水条件下洪涝灾害现象的长期性、应对的现实性及其在山地河谷村镇中的特征性的梳理，面向"三生"协同（"三生"即生活、生产和生态的简称）的研究目标，提出村镇社区空间形态与洪涝灾害的互动机制的研究问题；通过对相关学术文献的研究，梳理和辨析了水文韧性等相关概念、调查范围和案例群的选取及分类；结合社区调研和洪涝现象分析，论述了山地河谷村镇社区的洪涝形成、特征和灾害影响因素。

第二部分为在水文韧性的 3 个维度下对村镇社区空间形态的研究。研究论述了流域水文形态对洪涝灾害的影响机制、村镇聚落形态对洪涝灾害的承载机制、社区组织形态对洪涝灾害的响应机制以及 3 种形态下对应的空间韧性策略，并通过进一步揭示 3 种形态的耦合关系，将三者有机地整合于"流域社区"的构建与管理中。

综上，本书以水文韧性为视角，从流域到村镇再到社区进行多维嵌套研究，在水文学、建筑学和社会学的跨学科综合视野下论述了山地河谷村镇社区空间形态与洪涝灾害现象的互动机制，探索有效的解决方案和提出可行的发展策略。作为对水文韧性和村镇社区空间形态的基础性研究，希望能为山地河谷村镇有效防治洪涝灾害有所助益，从而有利于构建更加安全、有韧性和可持续的山地河谷村镇社区。

本书研究是"十三五"国家重点研发计划项目课题"村镇社区空间规划设计与决策关键技术"（2019YFD1100802）下的分支研究，是其面向全国村镇社区研究背景下聚焦典型山地河谷地域下村镇社区的片段研究。本书的创新之处主要体现在 3 个层面：第一，在研究覆盖面层面，突破了以往洪涝灾害研究中单一学科视野的局限性，进行了"水-地-人"关系的整合研究，并提出了"流域社区"的概念；第二，在研究技术层面，突破了以往部分雨洪分析软件单一的、抽象化的研究范式，较全面地运用了多个软件，通过技术整合对径流现象进行可视化模拟和分析；第三，在理论运用层面，以空间为线索，通过将"水-地-人"的耦合关系与村镇规划和设计方法研究相结合，尝试并初步实现了"三生"协同理念在山地河谷村镇社区由规划理论通往设计实践的路径建构。

作者感谢同济大学建筑设计研究院（集团）有限公司副总裁任力之以及董建宁、李楚婧、刘瑾、杜明、张开剑等的大力帮助和对技术研发的支持。感谢同济大学廖宗廷、周静敏、贺永、李京生、陈易、栾峰、廖冠琳、李勇、潘玥、黄杰、盛立、李甜、谢巍等师友为本书学术研究提供的宝贵的帮助和建议。感谢沈天衣、杨云樵、陈兴锋、吴茜婷、熊乙、王丹青等在本书撰写和校对过程中给予的支持和协助。感谢研究区当地的廖登伟、代世伟、廖登文、娄长德、闫兵、娄老四、谭德友、赵晓东、罗沁等在技术应用方面提供调研和数据支持。特别感谢北京大学出版社王树通、赵旻枫老师精心高效的编校工作。希望这本书能够为读者带来启发，引发更多的思考，并为相关领域的研究和实践做出贡献。书中不足之处请各位读者批评指正。

目　　录

第1章　绪　论

人类社会步入工业时代以来，地球生态环境日益恶化，气温和降水也随之变化。近年来，全球极端天气频发，降水频次、降水量和集中度不断出现极端和反常现象。在此背景下，我国长江流域也出现了水循环紊乱等一系列生态问题。在中国，山地面积约占国土面积的1/3。若考虑包含山地、丘陵和高原等地形起伏区域的山区，山地面积约占2/3，这些区域居住着全国1/2以上的人口。其中山地河谷（mountain-valley）区域自古以来更是大量人口聚集、村镇生息发展的舞台。但这些村镇在建设伊始和发展过程中存在着诸多隐患，如选址低洼、城镇化扩张、非渗透性表面增加、基础设施建设落后、河道淤塞等。由于种种原因，极端降水条件下的洪涝灾害对山地河谷村镇造成了严峻挑战。与此同时，由于水文地貌条件独特、地形起伏坡度大、自然生境脆弱等原因，我国西南部喀斯特地貌下的山地河谷村镇有着典型的径流产汇流规律和洪涝灾害现象特征。

长久以来，建筑学领域的研究与实践对于极端降水条件的关注点多集中在微观层面的末端工程技术和策略，忽视了洪涝灾害现象背后更为系统和复杂的作用机制，因而无法从根本上解决洪涝灾害问题。而作为具有目标导向性的防灾理念，"韧性"为国内山地河谷村镇洪涝灾害问题的研究提供了新的视角。基于此，本书从洪涝灾害现象认知出发，提出跨学科视野下的水文韧性理念，并以此为视角结合水文学、建筑学和社会学的相关研究，从中观层面探索村镇社区空间形态与洪涝灾害的互动机制。本书基于山水地貌条件和社会人文生活探究山地河谷村镇社区中流域水文形态、村镇聚落形态和社区组织形态对于洪涝灾害现象的作用机制和 3 种形态下的韧性策略，期冀有助于构建合理的社区空间形态，推动实现山地河谷村镇社区中"水-地-人"关系的和谐以及"三生"空间的协同发展，助力乡村振兴。

1.1 　洪涝灾害研究的背景与对象

1.1.1 　洪涝灾害现象的长期性

"故善为国者，必先除其五害""请除五害①之说，以水为始"

——《管子》

从女娲补天、壅防百川、鲧禹治水等古代神话，到李冰治水、束水冲沙、贾让三策等历史典故，再到三峡水利、南水北调、抗洪抢险的现代事迹，人类社会的发展史也可以看作是一部与涉水灾害的斗争史。据史书记载，公元前 206 年至公元 1949 年，这 2155 年间发生了 1029 次洪灾，平均两年就发生一次洪灾②。极端降水条件下的洪涝灾害③已成为阻碍人类文明发展的主要灾害之一，对城镇人民的生产生活影响巨大。瑞士再保险报告《洪水——被低估的风险：调查、了解、承保》通过对全球 616 个城市 17 亿人面临的自然灾害风险进行对比，发现洪涝灾害威胁的人数最多，并指出亚洲城市的洪涝灾害风险最大。同时，伴随着全球气候变化，日益严峻的水资源短缺、洪涝、干旱、水污染等是世界各国共同面对的水问题，世界上大约 80% 的人口生活在洪涝风险高危地区④。科学家预测，到 2050 年中国的年平均气温⑤将升高 2.3 ～ 3.3℃，而年平均降水量可能增加 5% ～ 7%。据统计，2005—2015 年，中国 62% 的城镇发生过内涝，31 个省份的 137 个城市和大量村镇在一年中发生多次洪涝灾害，年均受灾人口约为 1 亿人⑥。

---

① 　五害即水灾，旱灾，风、雾、雹、霜灾（气象灾害），疾病，虫灾五种灾害。

② 　谭徐明，主编；中国国家灌溉排水委员会，编.中国灌溉与防洪史［M］.北京：中国水利水电出版社，2005.

③ 　极端降水条件下的洪涝灾害包括洪水灾害和雨涝灾害。

④ 　Vorosmarty C J, Mcintyre P, Gessner M O, et al. Global threats to human water security and river biodiversity［J］. Nature, 2010, 467（7315）：555-561.

⑤ 　齐美东.中国气候变化的影响与应对历程［J］.特区经济，2010（12）：299-301.

⑥ 　徐振强.中国特色海绵城市的政策沿革与地方实践［J］.上海城市管理，2015，24（1）：49-54.

近 15 年来,我国极端天气造成的"短历时超标准暴雨"不断增多,山地河谷村镇中的突发性洪涝灾害事件也明显增多。

2020 年长江上游流域的洪灾以及 2021 年郑州千年一遇的"7·20"特大暴雨灾害等,都暴露出当前城镇建设在安全和基层民生保障层面上的短板,体现为防灾减灾考虑不足、防范措施和意识均不充分。与此同时,突发的极端气候灾害促使越来越多的城市探索应对策略。2012 年的北京"7·21"特大暴雨,10 多个小时内降水量超 170 mm,造成 79 人遇难,2013 年中央城镇化工作会议随之提出建设海绵城市的议题。同年,在地球的另一侧,纽约的"桑迪"飓风也促使美国建立国家级的韧性城市政策,如《一个更强大更有韧性的纽约》计划,以加强社区、经济活动和公共服务应对自然灾害的能力。2020 年綦江流域内的山地村镇发生极端雨洪灾害,如木瓜镇 24 h 内 174 mm 的极端降水,造成大面积的村镇灾害损失,促使贵州、重庆各级政府出台最新防汛应急预案。2021 年郑州"7·20"特大暴雨,1 h 降水量达 201.9 mm,72 h 的降水量达到了千年一遇的617.1 mm,引发社会各界对海绵城市的局限性以及地下空间防洪问题的讨论和反思。因此,鉴于极端雨洪灾害的长期性,本书的研究着眼于可持续发展,以应对长期性挑战。

1.1.2 洪涝灾害应对的现实性

1."水-地-人"关系的不和谐

洪涝灾害的应对和研究需要从"水-地-人"关系入手,对"水""地""人"3方面进行综合考量。本书中对"水""地""人"具体阐释如下:

(1)"水"的含义范围超出与水安全相关的雨洪径流和河流等地表水系统的范畴,指流域社区内水文条件和水生态空间,代表了生态维度,主要指聚居地中的水文空间和环境。细分之下,雨洪分为内水和客水,内水包括村镇内或者场地内的径流、渍水、河流,客水包括来自村镇外上游区域的山洪、坡面径流、河流来水等。对山地河谷村镇来说,村镇以外的"洪"是主要的洪灾影响因素。

(2)"地",即聚居地,指的是流域范围内的村镇聚落人居环境,代表了工程维度。

(3)"人"指的是涉水利益共同体下的社区"人"的概念,是一个集体的概念,代表了社会维度。

作为一个总和，"水-地-人"关系可拆分为"水-地"关系、"人-水"关系、"人-地"关系，这3种两两对应关系都离不开第3种因素的影响。

在全球气候变化和无序的城镇化建设等内外因素的影响下，我国西部山地村镇正经历城镇化加速进程，村镇建设对自然生境产生严重影响，导致汛期洪涝灾害严重等现象。作为本书的研究对象，山地河谷村镇的涉水灾害问题的表象在"水"，但根源在"地"，而"地"的改造又由"人"为而造成，因此，山地河谷村镇洪涝灾害现象本质及其现实问题是"水-地-人"关系不和谐，导致水循环紊乱、村镇聚落空间破坏和灾害损失严重，不能就"水"而论"水"，"地"是"水"生态和"人"生活的载体，而离开"人"的作用灾后重建与恢复就无从谈起。从灾害发生的角度上看，"水-地-人"关系的不和谐体现在如下3方面：

（1）山地河谷流域地形地貌、水文条件复杂。洪涝具有典型的地域特征且危害较大，一旦村镇生活空间不能很好地适应极端降水条件下的洪涝灾害，"水"便会对"地"和"人"造成负面影响。

（2）山地河谷村镇用地紧张。城镇化建设引发了与水争地、破坏生态的情况，阻断、扰乱了自然水循环，导致地表径流增加、洪峰集中，洪涝灾害风险不断上升，"地"无法在满足"人"需求的同时又适应"水"的影响。

（3）洪涝灾害发生时，村镇社区组织不能有效地、及时地响应与应对，使得"人"无法适应"水"的反常现象和合理地建设"地"。

与此同时，从灾害应对和恢复角度上看，千百年来，村镇能够消耗外界环境波动，且在遭受毁灭性冲击时可自我重建，是由于人类对村镇的不断修复和建设，让村镇能够具有生命体一样的韧性和恢复力。

2. "三生"协同背景下的研究

生态空间遭到破坏，生活空间品质低下、存在安全风险，生产空间效率低下，是当前山地河谷村镇可持续发展面临的主要问题。在目前乡村振兴和国土空间规划改革的背景下，本书针对村镇社区空间的韧性研究离不开"三生"协同的目标视野。从20世纪80年代初温铁军等学者率先提出"三农"问题，到2005年10月《中共中央关于制定国民经济和社会发展第十一个五年规划的建议》提出建设社会主义新农村，再到2012年党的十八大报告首次在优化国土空间开发格局中提出对"三生"空间发展的要求和导向，从"三农"到"三生"问题的关注体现了国家层面对村镇地区发展的全面考量。不同于生活空间占绝对地位的城市环境，村镇是一个自然与建成环境相互交织、特色鲜明的人类聚居空间，生产、生活与生态环境之间形成一个相互关联、相互影响的人居环境整体，山地河谷村镇尤其如此。

所谓"三生"协同，指通过协调区域、流域中社会、经济和环境等系统及系统各组成元素，使生产、生活、生态空间相互配合、相互促进以达到共同发展的三赢效果（图 1.1）。倘若在山地河谷村镇发展过程中能提前规划和预判，处理好"三生"空间的协同统筹，尽可能地避免城镇化进程中可能产生的负面影响，提升村镇的韧性承洪能力，可有效节约未来建设成本和减少洪涝灾害损失。一方面，村镇防洪减灾研究秉承中共中央关于实施乡村振兴战略、"三生"协同的基本思路，落实"'三生'协同、水地和谐、蓝绿交融"的基本原则，维持社会生态系统的和谐稳定；另一方面，也需要关注平衡各类涉水要素及利益，严守雨洪安全底线，统筹流域社区内水文生态空间与人文生活空间、经济生产空间的协同发展。然而，针对洪涝灾害的韧性应对研究长期集中于专业细分的技术措施和物质空间形态层面，鲜有全方位关注"水-地-人"关系及其空间形态互动机制的

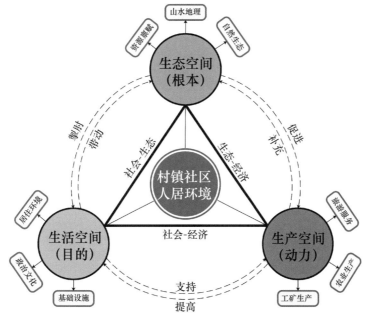

图 1.1 村镇社区"三生"协同

图片来源：作者绘制

整合研究。在山地河谷村镇聚落营建中，"水-地-人"的空间组织和互动是人类与山水共生关系的真实反映。从这个意义上说，"水-地-人"关系从不同的侧面反映了"生态-经济-社会"抑或"生态-生产-生活"的"三生"空间相互关系。由此，"水-地-人"关系的和谐可成为"三生"协同的一种实现途径。

1.1.3 山地河谷村镇洪涝灾害的特征性

由于水文、地理和气候等前提条件不同，不同地域的水文村镇雨洪特征和洪涝灾害发生机制差异较大。其中，山地河谷区域的村镇选址，多位于山间河谷较为平坦的低洼腹地地带，是自然状态下雨洪集中汇聚的阶段性终点，且地质地貌、生态本底和水文条件特殊，相较于其他类型的村镇具有更高的洪涝风险，其洪涝灾害特征如下：

（1）山地河谷村镇同时面临着"外来山洪"（客水）和"内涝渍水"（内水）双重的洪涝灾害风险压力。由于山地流域内雨水径流的汇聚效应和河流的连续性，山地河谷村镇承接流域上游漫溢形成的山洪，既需要应对随着河流而来的上游客水，又面临村镇范围内因城镇化增加的雨水径流渍水问题。山地区域的山洪携泥带沙，冲击力和淹没性危害非常大，抬高河床、决堤毁屋的风险性更高。据水利部统计，每年因山洪灾害造成的死亡人数占洪涝灾害总死亡人数的70%左右。

（2）山地河谷地形地貌特殊，水文条件复杂。本书的研究对象位于长江上游干区流域中喀斯特地貌下的山地河谷区域，石灰岩基底存在大量的山体冲沟和裂隙，水快速汇聚的同时排水速度也较快，造成极端降水条件下的洪涝风险更高。山地河谷村镇的建设中必须考虑快速汇聚的雨洪径流，一旦阻碍了雨洪的排泄，洪涝发生的概率非常大。而实际上村镇建设过程中竖向关系复杂，无序扩张、侵占山水绿地阻断和破坏了自然水循环过程的同时加快了产生汇流过程和增加了径流，洪涝风险较平坦地势地区更大。

（3）山地河谷村镇由于经济条件有限、村落分散、建设阶段滞后等原因，相较平原、沿海等的大都市，市政建设较薄弱，防洪工程标准偏低，防灾减灾建设投入较少，管理应对能力经验较匮乏，抗风险能力较弱。

（4）山地河谷村镇由于规划介入较晚，且山水自然生态空间比重较大，更接近有机和自发生长状态。对于洪涝灾害现象和韧性策略的研究，市政工程技术的干扰较少，变量和影响因子相对可控，模拟实验研究更具有可行性。

（5）山地河谷村镇居民自身防洪意识较薄弱，常常处于被动应对洪涝灾害的状态，但又由于村镇地区浓厚的血缘社会关系，本质上具有更强的共同关系、社会互动和合作精神，更有助于洪涝灾害应对。因此，建设发展落后的村镇中，社会维度上"人"的力量对于灾害的应对相对于大城市起着更加重要的作用，社区韧性的研究有助于降低极端降水条件下洪涝灾害造成的损失。

1.2　洪涝灾害研究的问题与目标

1.2.1　从特征现象溯源形态的作用机制

对于建筑学中的形态研究而言，洪涝灾害特征现象下"水-地-人"三者的相互关系一定程度上通过社区空间形态得以呈现。而洪涝灾害影响社区空间形态形成和演进的同时也反过来被社区空间形态影响、承载和响应，因此本书的研究问题便可转化为村镇社区空间形态与洪涝灾害的互动机制。研究问题的推导路线从山地河谷村镇洪涝灾害特征现象出发，提出"水-地-人"关系不和谐的洪涝灾害问题本质，呼应水文韧性视角下的实现维度，溯源社区空间形态与洪涝灾害的互动机制（包括作用机制及策略）（图 1.2）。

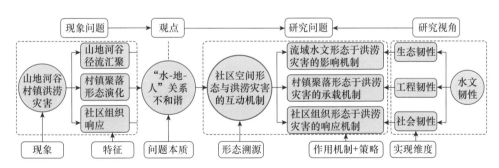

图 1.2　研究问题的推导路线
图片来源：作者绘制

所谓"特征现象"，即具有一系列代表性特征描述的现象。基于对山地河谷村镇洪涝灾害现象的观察，本书分析总结了山地河谷村镇的洪涝灾害现象的特征性。山地河谷村镇具有特征的洪涝现象，成为山地河谷村镇社区空间形态研究的突破口，也限定了本书研究的范围、内容和对象：如极端降水条件、山地河谷流域、村镇聚落、"水–地–人"关系等。本书试图从洪涝灾害特征现象出发，通过观察分析现象的特征探寻现象背后与社区空间形态相关的成因与互动机制。

具体而言，山地河谷村镇的洪涝灾害现象具有 3 个特征：

（1）山地河谷流域内坡面径流的聚集形成雨洪，进而对下游的村镇造成洪涝影响。山地河谷地区的地表径流除了较稳定的河槽流，还有大量由降水形成的坡面流。坡面流在地形地貌的作用下形成具有分形特征的临时径流，也形成了相应的风险点。

（2）村镇聚落内的"水–地"空间承载着洪涝灾害。山地河谷村镇为洪涝灾害高危区和多发区，多位于河流及其支流的沿岸或者交汇处。构成村镇空间的"水–地"街道单元具有明显的"水–地"关系特征。不同的"水–地"关系模式对于洪涝灾害的承受和负载能力不同，形式不一。

（3）社区组织历时性响应洪涝灾害。山地河谷村镇的社区组织对于洪涝灾害现象的响应具有历时性的周期特征：灾前预防、灾中救援和灾后恢复。村镇社区组织从"人"的作用出发，关乎洪涝灾害损失的大小和恢复的能力。

由这 3 个特征可以发现，山地河谷村镇中的洪涝灾害现象与社区空间形态的 3 个层面相关，即流域水文形态、村镇聚落形态和社区组织形态。对这 3 类形态的研究分别体现了空间形态研究中"及水""及地"和"及人"3 个层面，呼应了水文韧性视角下生态、工程、社会 3 个维度。其中，流域水文形态作为山地河谷流域山洪水涝形成的前端，从生态维度决定了村镇承受的雨洪大小。村镇聚落形态作为山地河谷村镇洪涝承受的中端，从工程维度决定了村镇建设对洪涝灾害的承载能力。社区组织形态作为山地河谷村镇应对的后端，从社会维度影响着社区对洪涝灾害的响应能力和损失大小。从整个洪涝灾害的作用机制上看，3 类形态相互耦合嵌套、共同影响着山地河谷村镇社区的洪涝灾害的发生历程，也同时受到洪涝灾害的影响，存在一个耦合互动的机制过程。因此，村镇社区空间形态与洪涝灾害的互动机制的研究问题，便可展开为以下 3 个层面的形态问题：

（1）流域水文形态如何影响洪涝形成？

当前山地河谷村镇涉水空间的规划和建设，缺乏对水空间所依存的特定自然山地水文条件的研究，鲜有研究从洪涝灾害的影响机制出发进行探讨。在地理和水文环境非常特殊的山地河谷流域，洪涝的影响、特征和形成机制具有典型性和地域性。具体而言，山地河谷流域具有以径流为主的特定水文形态，具有流动性的径流对村镇洪涝产生着明显的影响。对流域水文形态及其指标特征的定性、定量结合研究，能透过山水聚居复杂系统中无序的、扑朔迷离的现象，发掘隐藏在背后的自然规律和促成机制。由此，基于流域径流主要路径网络结构形态、流域形状系数等水文形态指标与洪涝发生的影响关联的分析，是探究流域水文形态如何影响洪涝形成的研究途径。

（2）村镇聚落形态如何承载洪涝灾害？

村镇聚落形态是特定的地理环境下、一定的社会经济发展阶段中自然、政治、经济、文化和技术等各因素综合作用的结果，即人类与自然共存共荣的综合呈现。逻辑的内涵与显性的外延共同构成了村镇聚落形态的整体观。在村镇聚落形态上，强度、多样性、连接性、冗余度和边界耦合性等形态特征体现了村镇聚落形态要素的韧性能力。形态韧性、"水–地"关系是洪涝现象下探寻村镇聚落形态如何承载洪涝灾害的研究途径。

（3）社区组织形态如何响应洪涝灾害？

由于地理、气候等外部条件的复杂性，山地河谷村镇的极端雨洪现象不可能完全避免。从洪涝灾害应对的实践观察，除了物质、技术的支撑因素外，"人"的因素起到了非常重要的作用，在灾前准备、灾中救援和灾后恢复中"人"的韧性都体现出了其在防灾减灾上的重要性。没有"人"，村镇重建也就无从谈起，适应性学习和获益更无法实施。因此，对洪涝灾害问题的形态研究可以转变思维和研究视角，从单一"及物"的物质形态研究到综合"及人"的非物质社会组织形态，即通过研究山地河谷村镇社区的社会组织系统如何有效地组织各方力量应对灾害损失，探寻社区组织形态如何响应洪涝灾害。

1.2.2　研究目标

早在公元前 300 多年，亚里士多德就在其著作《政治学》中提到，城镇的形成出于人们对生活的基本需求，而发展却是因为人们对更美好生活的向往①。从人类追求生存安全和生活美好的愿望出发，基于前述的研究背景、对象和问题，

---

① 英文原文为 "The state comes into existence, originating in the bare needs of life, and continuing in existence for the sake of a good life"。出自亚里士多德《政治学》卷 A 章二。

本书的研究目标具体如下：

（1）末端工程技术和策略难以解决山地河谷村镇的洪涝灾害问题，须构建中观层面的、跨多学科协同的水文韧性防灾理念。

目前水文学、建筑学和社会学相关学科在应对洪涝灾害研究中的关注内容有所不同，分别侧重"及水""及地"和"及人"单一方面，尤其关注目前主要涉水工程技术与策略的内涵和应灾能力的对比分析。本书发现，微观层面的工程技术与策略无法从根本上解决山地河谷村镇的洪涝灾害问题，有必要通过中观层面的、具有问题针对性和跨学科特点的水文韧性理念，为缓解山地河谷村镇洪涝灾害问题提供一种系统性的、水文与人文双重结合的综合研究视角，拓展极端雨洪防治管理的社区维度。水文韧性视角主要关注灾时状态下村镇社区如何在一个不断变化的恶劣环境下存在和延续，应对极端状况下的洪涝灾害比传统的抵抗性策略更加灵活，更适应极端气候下各种不确定的变化；同时，增强水文韧性也可兼顾日常状态下平灾结合的策略，提高村镇社区生活品质，进而提升社会、经济、生态多方面的综合效益。

（2）山地河谷村镇的洪涝灾害现象具有其特征性，须针对性地梳理山地河谷村镇洪涝灾害特征及其发生机制。

山地河谷村镇中的洪涝灾害现象有其典型的地域性和特征性，有必要对山地河谷村镇社区案例群进行实地调研和分析，梳理山地河谷村镇典型地域条件下洪涝灾害的形成过程、洪涝灾害的时间分布和空间分布特征。对洪涝灾害形成过程和特征的深入理解，有助于在洪涝灾害现象发生机制研究中更清晰地认知问题、评价相关因素的影响，进而探索因地制宜的策略。

（3）"水–地–人"关系下合理的社区空间形态有助于防治洪涝灾害，须探寻"及水""及地""及人"3个层面下社区空间形态与洪涝灾害作用机制，进而实现水文韧性策略。

本书内容作为建筑学下村镇社区空间形态的综合研究，对山地河谷村镇社区展开系统的社区空间形态互动机制研究，以期通过合理的村镇社区空间形态进行防灾减灾，促进山地河谷村镇"水–地–人"关系和谐。

相比于以往自上而下的村镇规划和设计，本书试图开展自下而上的、基于流域社区范围的、中观层面的山地河谷村镇社区空间形态研究，有助于为宏观层面涉水规划和村镇设计与微观层面的技术措施之间提供联系桥梁。因此，有必要对水文韧性视角下3类社区空间形态进行研究，帮助山地河谷村镇社区在村镇选址、空间布局、社区组织等方面做出理性决策，为村镇规划与设计提供基础研究、技术支撑和实证研究。

（4）洪涝灾害防治下的"三生"协同理念，须通过村镇社区中"水-地-人"耦合关系实现理论到设计实践的路径建构和语境转换。

目前对村镇的研究，已经从偏重对物质层面的研究迈向了以人为中心的研究，对社区及其组织方式的研究已经成为新的趋向。本书在全国村镇社区研究背景下，聚焦于典型山地河谷地区的村镇社区研究。围绕水生态、水生活、水安全等问题展开的流域社区，是实现乡村振兴战略和"三生"协同要求的创新途径，有助于山地河谷村镇的极端雨洪应对、村镇涉水安全保障、生活品质和生态质量提升。因此，为实现洪涝灾害防治下的"三生"协同理念，有必要探寻流域社区中"水-地-人"的和谐发展关系，并以此作为实现路径。

1.3　涉水问题的相关研究综述

本书的研究从传统建筑学中的"水-地"空间关系研究拓展到"水-地-人"的跨学科视野研究，涉及生态、工程和社会3个维度下的社区空间形态研究，以及在韧性这一跨学科视角下水文学、建筑学和社会学多个研究领域和要素的整合。

1.3.1　水文学相关研究

本书在流域水文、生态方面的研究是一个"及水"的过程。水文生态学作为水文学下的二级学科，其视野下的相关研究有助于更好地理解流域水文生态系统对洪涝形成与灾害发生的影响机制，相关研究内容涉及流域生态空间单元研究和水文分形形态研究。

1. 水文生态学

"地者，万物之本原，诸生之根菀也，美恶、贤不肖、愚俊之所生也。水者，地之血气，如筋脉之通流者也。故曰：水，具材也。"

——《管子·水地》

水文生态学（hydro-ecology）是将水文学[①]与生态学[②]整合的学科，在1992年都柏林国际环境与水会议中首次被提出。该学科旨在理解水文因子与生态系统之间结构和功能的耦合关系[③]，其通过对水文过程（即自然水循环过程，见图1.3）和生态过程的耦合描述，揭示两者的相互关系和作用机制，有助于解决水资源调控、管理、涉水生态环境[④]和本书研究的洪涝灾害问题。水文模拟与模型、生态系统与水文过程的耦合关系是该学科近年来的研究热点[⑤]。与此同时，各国学者从不同尺度和不同地貌进行水文生态学的研究，如全球、区域、流域、城市等尺度，以及山地、森林、湿地、旱地、草地、河流等地貌。其中，水文生态学在流域范围内的研究内容涉及流域生态水文过程和功能研究、洪涝灾害的影响以及水文模型的建立。

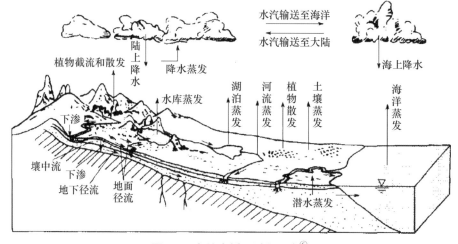

图1.3 自然水循环过程示意[⑥]

① 水文学（hydrology）中"文"作自然界的现象讲。水文学是研究自然界中水的时空分布、变化规律的学科，是主要研究地表面或近地面的水以及地球上各种水的发生、循环、分布，水的化学和物理性质，以及水对环境的作用，水与生命体的关系等的科学，其范畴包含水在地球上的整个生命过程。参见：陶涛.水文学与水文地质[M].上海：同济大学出版社，2017：1.

② 生态学（ecology）是研究有机体与环境之间相互关系及其作用机理的科学。

③ Ingram H A. Ecohydrology of Scottish peatlands[J]. Transactions of the Royal Society of Edingburgh: Earth Sciences, 1987, 78（4）: 287-296.

④ 夏军，李天生.生态水文学的进展与展望[J].中国防汛抗旱，2018，28（6）：1-5+21.

⑤ 沈志强，卢杰，华敏，等.试述生态水文学的研究进展及发展趋势[J].中国农村水利水电，2016（2）：50-52+56.

⑥ 徐乾清，主编；陈志恺，册主编；于明萱，等，撰稿.中国水利百科全书：水文与水资源分册[M].北京：中国水利水电出版社，2004.

本书结合水文生态学视野，通过对流域水文过程和径流形态的研究阐释其对洪涝发生的影响机制，有助于流域涉水生态空间格局的重塑与水文韧性提升。因此，水文生态学中以流域为生态空间单元的研究以及水文分形形态的研究将为本书流域水文形态的分析和研究提供理论支撑和方法参考。另外，必须阐明的是，水文过程作为影响山地河谷村镇空间形态的重要因素之一，并不是决定性因素，村镇的形成和发展是各种因素综合作用的结果。但在突发性极端降水条件下，山地河谷流域的水文过程对生态格局和洪涝灾害有显著作用，从而对村镇的社区空间形态有着较为重要的影响。

2. 生态空间单元研究

河流流域从 19 世纪末开始便被作为基本的规划地理单元进行研究。1971 年，Eugene Odum 提出"当与人类利益产生联系时，最小的生态系统单元必须是整个流域"，认为流域包含"生物的、物理的、社会的以及经济的过程"[①]。麦克哈格在 1976 年出版的《设计结合自然》一书中便首次将生态学原则和水文特征条件的考量置入城乡规划和土地利用中，提出从大尺度流域视角综合考虑场地建设和区域雨洪调控。

目前，以流域为单元的生态空间研究呈现出不同的侧重点：有从全球水文循环变化出发的，如全球变化和水循环组织（GLOWA）[②]；有研究跨流域的，如国土空间规划层面的长江流域综合开发和黄河流域生态治理，从不同尺度开展规划和城市设计实践，通过各个小流域的协同来实现整个江河流域的平衡发展；也有以单个流域为研究对象的，即以汇水区流域为空间规划单元，而不是简单地以行政区划为单位，如美国 20 世纪 30 年代成立田纳西流域管理局对田纳西河流域的治理、规划和管理工作，使该流域的生态环境和人文环境得到极大改善和提升，是流域空间治理规划典型案例之一。国内学者赵珂等[③]认为小流域单元与自然条件下的水文生态系统尺度对等、边界整合，是城镇水空间体系规划与研究的

① 斯坦纳. 生命的景观——景观规划的生态学途径 [M]. 周年兴，等，译. 北京：中国建筑工业出版社，2004：8.

② GLOWA. Introduction [EB/OL]. [2023-04-04]. http://www.glowa.org/eng/home/home.htm#top

③ 赵珂，夏清清. 以小流域为单元的城市水空间体系生态规划方法——以州河小流域内的达州市经开区为例 [J]. 中国园林，2015，31（1）：41-45.

最佳地域尺度，而行政区划则不能体现自然水文生态系统的层次性和整体性；崔翀等以流域治理为基本切入点，结合茅洲河流域综合整治规划提出基于韧性城市系统理论的流域河流治理、空间治理和协同行动策略[1]。

重庆大学赵万民教授及其研究团队长期致力于城市规划视角下的流域人居环境研究，在流域雨洪管理的研究方面尤其关注山地水文的过程和特征，从流域治理与规划管控的角度探索建设目标、生态空间、雨水流域单元、场地规划等措施，提出流域生态水文体系与涉水规划耦合的一般途径[2]。赵教授从流域尺度进行涉水规划的研究成果，揭示了从山地河谷流域的角度对村镇洪涝灾害问题进行切入的可行性。考虑到山地河谷村镇的水文条件对洪涝影响权重较大，且镇域范围和小流域范围尺度上较为契合，本书将以特定村镇所涉及的小流域为生态空间单元进行研究。

3. 分形形态研究

在水文生态学中，分形理论主要应用在水文空间和时间两个维度的研究方向上，其中空间分形主要包括水系形态、河流地貌的分形特征、形成过程及其与下垫面关系的研究[3]。本书流域水文形态的分析主要建立在水文空间分形的形态研究基础上。

有学者研究发现水系分形维数（fractal dimension）呈现了河流水系的形态特征，反映了水系、河流地貌的发育、演变和发展过程，以及水系与地貌之间的关系[4]。1983 年，分形理论创始人贝努瓦·曼德尔布罗特（Benoit Mandelbrot）首先将分形研究引入水文地理学和分形地貌学[5]，提出水系形态特征是流域水文地理的重要表征，也是水生态保护、水生态修复、水资源管理、水环境治理等研究的基础参数。19 世纪晚期，美国地理学家 W. M. 戴维斯（W. M. Davis）在侵蚀

---

① 崔翀，杨敏行.韧性城市视角下的流域治理策略研究 [J].规划师，2017，33（8）：31-37.

② 赵万民，朱猛，束方勇.生态水文学视角下的山地海绵城市规划方法研究——以重庆都市区为例 [J].山地学报，2017，35（1）：68-77.

③ 马宗伟，许有鹏，钟善锦.水系分形特征对流域径流特性的影响——以赣江中上游流域为例 [J].长江流域资源与环境，2009，18（2）：163-169.

④ 唱彤.流域生态分区及其生态特性研究——以滦河流域为例 [D].中国水利水电科学研究院，2013.

⑤ Mandelbrot B B. The Fractal Geometry of Nature[M]. New York：W H Freeman and Company，1983.

循环学说中提出了基于径流侵蚀的大地景观演变地理周期，即 3 个主要的地理发展阶段：青年期、成年期和老年期。一般情况下，流域上游更接近青年期，地势崎岖不平，河流切割陆地形成 V 形和 U 形河谷，水系未充分发育、河网密度小、弯曲程度大，地形对河道形状和分布影响大；流域中游接近成年期，地势为低丘宽谷，山脊变得浑圆，河谷变宽，呈 U 形，水系发育成熟、河网密度较大、弯曲程度较大，地形对河道形状和分布有一定影响；下游接近老年期，地势起伏平缓，地形为宽广的谷底平原且不再有交织的高地，水系发育完全、河网密度大、弯曲程度小，地形对河道形状和分布影响小（图 1.4）。国内在水系分形维数与地貌发育阶段关系的研究方面，何隆华等通过对河网水系的形态分维研究，根据水系的分形维数 D_i 的大小将流域地貌分为 3 个发育阶段，不同的分形维数体现了不同的流域地貌发育阶段和地形特点及其对相应的水系形态特征[1]。本书研究案例区的流域地貌处于中山地形下侵蚀发育的青年期，河谷以 V 形和 U 形为主，河网密度小、河道弯曲程度较大、受地形影响较大。

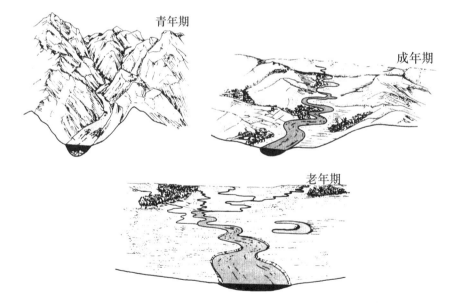

青年期

成年期

老年期

图 1.4 地理周期中景观演变的 3 个主要的地理发展阶段[2]

① 何隆华，赵宏.水系的分形维数及其含义 [J].地理科学，1996，16（2）：124-128.

② 马什.景观规划的环境学途径 [M].朱强，黄丽玲，俞孔坚，译.北京：中国建筑工业出版社，2006.

值得注意的是，水文地理学的研究中显示水系分形维数与洪涝特性的关系密切。国内学者杨秀春等运用分形理论对中国七大流域水系及其洪涝分形维数进行了系统计算，探讨了七大流域水系分形维数与洪涝分形维数之间的关联性，得出水系分形维数值一般与洪涝分形维数值呈负相关关系[①]。马宗伟、许有鹏等通过对长江中下游各省河流水系的分形特征和不同水系形态特征下径流特性、洪水发生程度的分析，探索水系分形特征对流域径流特性和洪涝的影响，发现流域水系分支比、分形维数越高，水系的分支越多、网络结构越复杂、调蓄能力越强，对应的暂时性径流的径流水文过程则相对越简单，洪涝灾害发生的可能性也就越低；相反，分支比、分形维数越低，水系越简单、调蓄能力越弱，导致暂时性径流的径流水文过程越复杂，同等降水条件下发生洪涝灾害的可能性就越高[②③④]。

本书参考水文生态学中对水系的分形研究，将水系（永久性径流）分形维数的研究理论运用到流域径流（包含永久性径流和暂时性径流）路径网络结构研究上，结合洪涝发生程度，探索径流路径网络结构分形特征与流域洪涝发生可能性之间的关联，从而更好地了解流域地貌的生态特性，为流域层面"三生"空间协同和涉水规划提供决策依据和参考，并继续挖掘水文形态分形的生态意义。

1.3.2 建筑学相关研究

本书涉水灾害应对策略、韧性村镇方面的研究是一个"及地"的过程。城市形态学（urban morphology）作为建筑学下的二级学科理论，其研究方法有助于理解物质层面上的空间形态与洪涝过程的相互作用和承载机制，相关研究内容涵括涉水工程技术和策略研究以及韧性村镇研究。

---

① 杨秀春，朱晓华.中国七大流域水系与旱涝的分形维数及其关系研究 [J].灾害学，2002，17（3）：9-13.

② 马宗伟，许有鹏，李嘉峻.河流形态的分维及与洪水关系的探讨——以长江中下游为例 [J].水科学进展，2005，16（4）：530-534.

③ 许有鹏，于瑞宏，马宗伟.长江中下游洪水灾害成因及洪水特征模拟分析 [J].长江流域资源与环境，2005，14（5）：638-643.

④ 马宗伟，许有鹏，钟善锦.水系分形特征对流域径流特性的影响——以赣江中上游流域为例 [J].长江流域资源与环境，2009，18（2）：163-169.

1. 城市形态学

城市形态学是建筑学下研究城镇的物质与社会等形态问题的分支学科[①]，其目的在于对城镇的发展和生长机制、形式和形态的构成逻辑等进行观察和分析。城市形态学的分析方法萌芽于 19 世纪初地理学科、人文学科学者将生物学中关于生物体结构特征的形态学[②]分析方法引入城镇研究，研究内容包括城镇的图底关系、空间关系模式、街道与公共空间、组织构成等。

从《城市的形成》和《城镇平面格局分析》等国外城市形态学的研究著作中，可以看出城市形态学的研究对象为不同尺度的城镇，包含英文中 urban、city、town 等对象范畴，其中 town 接近国内小城镇和集镇尺度。从研究对象的规模和尺度来看，通过比较康泽恩城市形态分析的典型城镇安尼克（Alnwick Town）和木瓜镇的肌理（图 1.5），不难看出两者的规模和尺度相当。从研究对

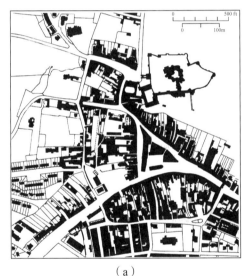 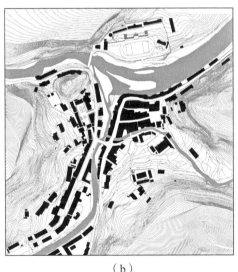

（a） （b）

图 1.5 600 m×600 m 范围安尼克（a）与研究区域（b）肌理比较

图片来源：文献[③]及作者绘制

注：1 ft=0.3048 m

① 段进，邱国潮.国外城市形态学概论［M］.南京：东南大学出版社，2009.

② 形态学（morphology），即对形态进行研究的学科，由诗人兼哲学家歌德（1790）在生物学研究中过分理性的分析倾向的怀疑。此后，形态学作为一种研究方法，不仅在生物学中有所发展，还在文学、语言学、建筑学等学科中开花结果。

③ 康泽恩.城镇平面格局分析：诺森伯兰郡安尼克案例研究［M］.宋峰，许立言，侯安阳，等，译.北京：中国建筑工业出版社，2011.

象的社会发展角度看，大部分的山地河谷村镇社区虽位于农村地域，村民仍能"望山见水"，又选择接近城市社区的生活方式，无论是产业类型、建设要求、服务设施、服务内容、服务方式等均与城市社区接近、类似①（详见表1.5）。可见，山地河谷集镇聚落已接近城市型聚落，而城市形态学的研究方法也可用于山地河谷村镇中集镇聚落形态的研究。因此，在建筑学的本体学科框架内，本书对村镇中集镇聚落形态的研究借鉴了城市形态学的研究理论和方法，并延伸到对村落聚落形态的研究，如聚落形态演变过程、建筑肌理、形态结构、形态单元等，进而拓展到对山地水文形态、社区组织形态的研究。

值得关注的是，山地河谷村镇聚落形态在维持自身自主性的同时也综合了山水环境、社会和经济等因素，本书通过对山地河谷村镇聚落形态的描述、分析和归纳，均属于在水文韧性视角下对山地河谷村镇聚落与洪涝灾害互动机制的探索。村镇聚落形态是社会与物质空间的深层结构和发展规律的显性特征，是多种因素共同作用的结果，主要由该聚落的空间形态诸要素和社会模式促成。形态的分析将促进我们对村镇聚落系统及其时空发展的理解。文中村镇聚落形态的研究主要通过"水-地"关系下的空间形态模式呈现。在对"水-地"关系的研究中，国内外的学者总结出了不同的形态模式及各种模式下涉水建设智慧。荷兰学者Fransje Hooimeijer等的《荷兰水城地图》一书提出，水文地理条件以及人类对自然的宜居性改造对于城镇形态具有直接影响②，根据水文条件和涉水经验将荷兰水城分成泽地城市、河流城市和海岸城市3种类型。同济大学李翔宁教授根据城市生成、演进的过程，将跨水域城市形态分为中心外向型、协同发展型、独立组合型、跨越发展型和主从分异型③，提出跨水域发展是城市空间拓展的主要方式之一，有助于本书更好地理解滨河"水-地"关系模式。华南理工大学吴庆洲教授针对我国古代城镇防洪的研究成果填补了我国科技史的一项空白，本书从中受益良多。吴教授通过对长江、黄河等流域古城防洪规划、选址、水系管理、防洪堤等水利设施建设以及军事防御等方面的

① 吴业苗.农村社区化服务与治理[M].北京：社会科学文献出版社，2018：110.
② Hooimeijer F，Meyer H，Nienhuis A. Atlas of Dutch Water Cities[M]. Amsterdam：Uitgeverij Sun，2005.
③ 李翔宁.跨水域城市空间形态初探[J].时代建筑，1999（3）：30-35.

研究，概括了古城防洪规划建设中"防、导、蓄、高、坚"五大古城防洪策略[1]，对本书针对山地河谷村镇的"水–地"关系模式和策略研究启发颇大。另外，吴教授总结了城镇选址与江湖水系的关系，论述了水系在供水排水、交通、灌溉和水产养殖、军事防御、调蓄洪水、防火、园林、改善生活居住环境等方面的作用，并介绍了古代城镇水系管理经验、规章制度及疏浚经验[2]，这些古代城镇经验和策略对山地河谷村镇洪涝灾害防治研究也具有重要的借鉴价值。北京大学俞孔坚教授通过对民国时期全国200多个城市水系形态的研究，提出随地形、海拔及降水量规律变化的河网型、湖池型、河渠型3种城市水系空间结构模式[3]。

2.涉水工程技术和策略研究

20世纪70年代至今，欧美发达国家的城镇经过了近50年的雨洪问题研究和实践探索，已形成了较为成熟的雨洪管理体系，雨洪相关的生态问题也得到了足够的重视。国外在应对极端降水时通常会采取与诸如低影响开发（LID）等基础设施结合的大排水系统，如行洪通道、地下超级排水工程、湿地调蓄设施等。近现代中国在雨洪管理上长期依靠着雨水管渠，自20世纪80年代，国内涉水策略和管理开始了较系统的理论研究和工程技术实践。国内应对超过设计标准的雨洪径流一般通过泄洪区、自然水体、多功能调蓄水体、行洪通道、调蓄池、深层隧道等自然生态途径或人工防洪设施。从城市设计层面看，不同的涉水策略有着不同的侧重点和针对性。

近年来，雨洪管理技术、涉水韧性的研究已经成为城镇水问题研究的热点，各国的涉水研究均在不断地完善和丰富各自领域的雨洪管理理论，拓展研究边界甚至相互借鉴，相关技术日渐成熟，包括最佳管理实践（BMPs）、可持续城市排水系统（SUDS）、低影响开发、水敏感城市设计（WSUD）、低影响城市设计与开发（LIUDD）、绿色（雨洪）基础设施（GI）以及海绵城市、雨洪韧性等。表1.1对目前各种涉水工程技术和策略进行了比较分析，从时空起源、研究目标、实现路径、定义和应灾能力上进行了分析和评价。其中，目前主流的涉水工程技术和策略为市政防洪排水工程和海绵城市，均侧重从末端工程设施的优化

---

① 吴庆洲.中国古城防洪研究［M］.北京：中国建筑工业出版社，2009.

② 吴庆洲.建筑哲理、意匠与文化［M］.北京：中国建筑工业出版社，2005.

③ 俞孔坚，等.海绵城市：理论与实践［M］.北京：中国建筑工业出版社，2016.

上提升整体系统的效能，但两者作为末端工程技术和策略，在应对洪涝灾害问题上具有一定的缺陷性和局限性，难以全面地从根本上解决洪涝灾害问题。

表 1.1　涉水工程技术和策略比较分析

概念	时空起源	研究目标	实现路径	定义	应灾能力
传统的市政防洪排水工程	19 世纪初, 欧洲	防洪排涝、快速排水	市政管道、硬化沟渠等硬性工程措施	1972 年美国《净水法案》颁布后市政"雨水＋管网"的以管道传输、快速排水和终端处理为手段的排水方式	应对洪涝灾害能力较强，但属于被动的暴雨防治策略
最佳管理实践	1987 年, 北美	预防和减少土地开发利用对自然水循环造成的负面影响	控源、截流、滞留和渗透等工程措施	对控制水污染、雨洪和湿地管理的结构性和非结构性方法，以减轻城市排水系统和水环境压力	应对洪涝灾害能力弱，主要关注常态下的自然水循环
可持续城市排水系统	20 世纪 90 年代, 英国	保护水环境和改善水质	规划控制、雨水排放及建设维护	关注水系统本身，通过雨水的收集、储存和排放前净化 3 个阶段模拟自然系统以实现城市排水的可持续	应对洪涝灾害能力弱，主要关注常态下城市排水的可持续
低影响开发	20 世纪 90 年代初, 北美	开发地区尽量接近场地开发前的自然水循环	小尺度开发、分散、小规模和源头控制的径流管理和水资源保护	针对雨洪管理和污染控制的土地利用和工程设计策略，涉及渗透、过滤、储存、蒸发和就地处理等策略	应对洪涝灾害能力具有局限性，主要针对高频率、小降水事件
水敏感城市设计	20 世纪末, 中东、澳大利亚	保护水质、整合雨洪管理与景观设计、减少径流	雨洪水、地表水、废水管理和净水供给与管理	整合水管理、景观、土地利用和工程设计等的城市设计，保护城市水循环以确保水资源管理对自然水文和生态过程的敏感性	应灾具有局限性，主要关注平时水环境改善
低影响城市设计与开发	2003 年, 新西兰	在流域及更大尺度上尽可能避免损害自然环境	以自然系统和低影响为特征的规划、开发和设计	减少人类活动对自然进程的影响，并可持续使用自然资源，保证城镇建设不损害自然的设计方法	应灾具有局限性，主要关注环境保护与改善
绿色（雨洪）基础设施	2007 年, 美国	维护自然系统及其生态过程	绿色网络系统布局和设施设计	由景观水体、绿色廊道、大型湿地、蓄滞洪区、森林等自然区域、开敞空间所组成的相互连接的网络	应灾能力较好，主要针对不同频率的暴雨

概 念	时空起源	研究目标	实现路径	定 义	应灾能力
海绵城市	2013年，中国	小雨不积水、大雨不内涝	"渗、滞、蓄、净、用、排"等措施	利用城市自然条件和工程措施实现自然积存、自然渗透和自然净化以进行雨洪管理[①]的建设理念	应灾能力具有局限性，主要针对大雨及以下级别的常态雨洪
雨洪韧性	21世纪初，荷兰	降低极端雨洪对公共安全和社会经济的影响	通过工程和生态措施实现应对雨洪问题的韧性	应对和响应雨洪灾害，并能够从中恢复的能力[②]	应灾能力较好，针对不同级别的雨洪

资料来源：作者根据文献整理

（1）市政防洪排水工程技术的局限性

首先，传统市政防洪排水工程的设计和建设局限于单一的产汇流排水设施，偏重"末端治理"和基于一成不变的水流变化模式，仅可抵御设计标准下的洪水，无法应对极端状况下或者不确定的气候变化因素，缺乏灵活性。其对洪涝灾害持"控制"与"防御"的态度，虽然大部分时间对城镇的保护功不可没，但因难以适应气候变化，不能应对季风性气候下的短时暴雨[③]。

其次，传统市政防洪排水工程在某种程度上增加了下游地区的洪涝风险。径流在市政管道中高速汇聚而无法补充地下水，致使流域和江河出口形成巨大的洪峰，引发下游城镇面临更大的洪水风险。诸如防洪大堤、水利大坝等现代水利工程一方面对区域雨水、洪水进行宏观调节，另一方面也可能把雨水、洪水迅速排到下游区域，将麻烦转嫁给弱势地区或群体，如2020年重庆在无降水的情况下出现洪灾就与宏观层面水利工程调节相关。

再次，大型雨洪工程削弱了城镇社区的洪涝适应性。我国流域防洪系统不缺乏大型的水利工程调控，但缺乏微观层面如毛细血管一样的蓄洪、承洪空间，旱

[①] 雨洪管理，由国外"stormwater management"引入，指通过城市规划、城市设计、工程和管理等途径减少或消除降水造成的城市内涝、雨水污染、水文循环等问题，并对雨水进行收集、利用和管理的系统化的管理方式。

[②] 周艺南，李保炜.循水造形——雨洪韧性城市设计研究 [J].规划师，2017，33（2）：90-97.

[③] 吴波鸿，陈安.韧性城市恢复力评价模型构建 [J].科技导报，2018，36（16）：94-99.

涝时空分异十分明显。河堤、水坝等市政防洪排水工程设施对雨洪的阻拦和调节大幅降低了洪水发生的频率，洪水的突发性和周期性被遗忘和忽视，导致居民的洪灾防范意识薄弱。极端降水条件下市政防洪排水工程设施一旦失效，居民将惊慌失措、无法积极应对。防洪工程的结构硬性死板、缺乏柔性边界和冗余度，不利于社会维度的洪涝响应。

最后，传统市政防洪排水工程缺乏生态可持续能力。周期性的洪水有助于维持河流、湿地等生态系统的多样性和增强其生态服务功能[①]。城镇工业化所依赖的市政防洪排水工程设施大多数时候减轻了洪涝灾害，但同时也损害了河流等水生态系统和水生态循环，增加长期和突发的洪灾风险。

（2）海绵城市策略的应灾局限性

相对于传统的雨洪径流管理方式，海绵城市理论和实践在促进城镇自然水生态循环、缓解雨洪灾害、污染防治等方面有很大的改善与提升，其不再是通过硬性的"管道−水体"的汇聚与排出方式，而是通过生态手段进行"源头减排、过程控制和系统治理"，以减缓、漫延和渗透雨水。从 2013 年中央城镇化工作会议要求建设自然积存、自然渗透、自然净化的海绵城市以来，海绵城市作为中共中央长期坚持的生态建设理念，其内涵和措施也在不断地丰富和完善，涵盖低影响开发、雨洪管理以及城市综合水系统构建。另外，海绵城市作为目前中国生态城市建设的主要策略和热点，相比于大多为隐蔽工程的市政雨洪管理建设，因比较贴合空间形态操作而受到城市规划师、景观设计师、建筑师的青睐。

针对山地村镇的洪涝问题，不同学者从海绵城市、排涝体系构建、雨洪规划等方面进行了积极探索。在工程实践中，山地丘陵地区的贵州贵安新区、重庆、四川遂宁、陕西西咸新区等山地城市入选 2015 年全国首批 16 个海绵城市建设试点，在取得一定成效的同时也仍然面临极端降水下洪涝的问题。从 2013 年海绵城市（包括西南山地城市在内）试点建设以来，超过 1/2 的城市仍出现内涝灾害[②]，2021 年的郑州"7·20"特大暴雨也造成社会对海绵城市的质疑声越来越大。当然，海绵城市的建设成效也受到各地"重面子、轻里子"建设现象的影

---

① Junk W J，BayIey P B，Sparks R E. The flood pulse concept in river floodplain systems［J］. Special Publication of the Canadian Journal of Fisheries and Aquatic Sciences，1989，106：110-127.

② 张从志. 暴雨倾城，治涝恶性循环何解？［J］. 三联生活周刊，2020（31）：68-76.

响。但在理论层面，海绵城市仍具有一定的应灾局限性，主要体现在以下 3 个方面：

第一，海绵城市建设未关注危机应对的能力，无法应对突发性和极端降水，从而在应对洪涝灾害方面具有一定的局限性[①]。海绵城市的研究目标之一[②]是"小雨不积水、大雨不内涝"，即渗透、调蓄和管理大雨及以下等级的中小级别雨洪，并非以应对暴雨[③]及以上等级的极端雨洪为目标[④]。年径流总量控制率[⑤]、径流污染控制率是海绵城市考核的关键指标，其中，年径流总量控制率主要针对降水的频次，5 年一遇等的防涝标准针对的是短历时强降水的问题。《海绵城市建设技术指南——低影响开发雨水系统构建（试行）》的控制目标主要通过控制频率较高的中等、小降水事件来实现，降水量在标准内城镇是不会被淹的，降水量超标时城镇是会被淹的。目前年径流总量控制率的国家标准为 70% ～ 80%，属于强制性指标，在防洪规划设计中对应着相应的设计降水量，短历时强降水超过海绵城市防洪防涝标准时城镇仍然会被淹。海绵城市针对年径流总量控制率标准以外的 20% ～ 30% 的超标降水量是控制不住的，这便是短时强降水下海绵城市试点仍会出现洪涝的原因，但这已经比未建设海绵城市的 30% ～ 40% 年径流总量控制率下的洪涝风险小很多。然而，若将控制目标设定为极端降水天气情况下

---

① 胡岳. 韧性城市视角下城市水系统规划应用与研究 [C]// 中国城市规划学会. 规划 60 年：成就与挑战——2016 中国城市规划年会论文集. 北京：中国建筑工业出版社，2016：9.

② 国家标准方面仅有《海绵城市建设评价标准》（GB/T 51345—2018）一部专门针对海绵城市的标准。在规划、设计、维护等环节缺乏国家标准，仅有住建部 2014 年发布的《海绵城市建设技术指南——低影响开发雨水系统构建（试行）》（仅针对低影响开发雨水系统），2016 年发布的《海绵城市专项规划编制暂行规定》（以低影响开发为主，综合管控为辅）及 2020 年发布的《海绵城市建设专项规划与设计标准（征求意见稿）》《海绵城市建设工程施工验收与运行维护标准（征求意见稿）》《海绵城市建设监测标准（征求意见稿）》，缺乏综合管控的系统统筹标准。详见：蒲贵兵，古霞，蔡岚，等."十四五"海绵城市建设发展策略 [J]. 净水技术，2021，40（3）：1-8.

③ 20 年一遇，即重现期 $P \geqslant 20$ 的降水。

④ 根据降水强度等级划分：毛毛雨、小雨、阵雨，24 h 降水量为 0.1 ～ 9.9 mm；中雨，24 h 降水量为 10.0 ～ 24.9 mm；大雨，24 h 降水量为 25.0 ～ 49.9 mm；暴雨，24 h 降水量为 50.0 ～ 99.9 mm；大暴雨，24 h 降水量为 100.0 ～ 249.9 mm；特大暴雨，24 h 降水量 ≥250.0 mm。

⑤ 年径流总量控制率＝100%－（全年外排水量／全年总降水量）×100%。美国环境保护署（USEPA）在阐述城市化对城市水文环境的影响时，将"地表径流量比例"作为重要的参考指标。据发达国家实践经验，一般情况下，绿地的年径流总量外排率为 15% ～ 20%，相当于年雨量径流系数为 0.15 ～ 0.20，年径流总量控制率最佳为 80% ～ 85%。

城镇不发生洪涝灾害，将年径流总量控制率提升到近100%，从边际效应看，应对雨水超标的市政管网系统建设成本会呈数量级增加，可行性并不高。

第二，作为较为末端的景观措施和技术，海绵城市缺乏跨专业的整合平台和系统性设计考量①，在实际建设项目中融入度和落地性不足。国内学者车伍等认为，目前海绵城市多以透水铺装、下凹绿地、雨水调蓄净化等相对集中的末端处理方式为主，从其设施及验收成效中便不难看出，低影响开发、海绵城市理论的实践还多停留在景观、市政层面，本质上仍是试图从局部提升整体的效能，缺乏系统性，因此对于流域大暴雨事件下的峰流量控制能力具有局限性②。在城镇高速发展和系统不断复杂的进程中，洪涝问题已不再是单纯的产汇流和排水设施间的关系，而是一个涉及自然地形、水文条件、建设选址、土地利用、空间布局和功能配置等各个层面的系统性问题。海绵城市策略在实践过程中需要各专业的配合与支持，导致推行海绵城市的相关专业话语权相对较弱。在明确责任主体的前提下，需要建筑专业或者城市规划专业、城市设计专业进行牵头整合，进行跨专业、跨部门协同。

第三，海绵城市理论目前缺乏在不同地域地貌、水文条件下因地制宜的研究③，缺乏对地域整体水文循环的深度考量④。尤其是针对山地城市的研究，尚处于探索阶段。国内学者丁兰馨⑤、黄敏⑥、李云燕等⑦、刘恩熙等⑧对山地城市环境下海绵城市、雨洪调控、雨洪灾害防治规划、雨洪管理等问题进行了研究，

① 蒲贵兵，古霞，蔡岚，等."十四五"海绵城市建设发展策略[J].净水技术，2021，40（3）：1-8.

② 车伍，闫攀，赵杨，等.国际现代雨洪管理体系的发展及剖析[J].中国给水排水，2014，30（18）：45-51.

③ 赵万民，朱猛，束方勇.生态水文学视角下的山地海绵城市规划方法研究——以重庆都市区为例[J].山地学报，2017，35（1）：68-77.

④ 束方勇，李云燕，张恒坤.海绵城市：国际雨洪管理体系与国内建设实践的总结与反思[J].建筑与文化，2016（1）：94-95.

⑤ 丁兰馨.山地海绵城市建设机制与规划方法研究[D].重庆大学，2016.

⑥ 黄敏.基于健康水循环的山地城市雨洪调控技术研究[D].重庆大学，2015.

⑦ 李云燕，赵万民.西南山地城市雨洪灾害防治多尺度空间规划研究：基于水文视角[J].山地学报，2017，35（2）：212-220.

⑧ 刘恩熙，王倩娜，罗言云.山地小城镇多尺度雨洪管理研究——以彭州市为例[J].风景园林，2021，28（7）83-89.

但仍缺乏对山地小城镇和村镇的足够关注。此外，从中央财政资金引导建设的
30个海绵城市试点来看，试点范围集中在小城市到特大城市，对村镇等农村地
区的投入和关注较少。而如高均海[①]、周飞翔[②]等学者关于小城镇的研究，又多
聚焦排水工程的末端措施。虽然海绵城市微观层面的具体技术措施具有一定的普
适性，但涉水灾害问题是一个需要考虑中观甚至宏观的跨尺度、系统性问题，否
则末端的技术也无法发挥作用。如山地河谷村镇中，流域范围内的雨洪是影响局
地洪涝的主要原因之一，需要根据不同地貌和水文条件针对性地调整技术路线和
策略，具体问题具体分析。

辩证而言，海绵城市作为一种柔性的策略技术，可以减少管道的建设量，其
涉水策略和技术措施上值得借鉴，但海绵城市在应灾能力方面具有一定的局限
性。由于溢流的雨洪仍然需要通过市政管网排出以保证安全水位，海绵城市应对
超标量级的雨洪仍然需要市政排水防洪工程进行安全保障。目前，随着极端雨洪
灾害的频发，研究海绵城市的学者也在不断地拓展其研究范围，如通过"小海
绵、中海绵、大海绵"等概念体系应对大概率小降水、中概率中等降水和小概率
大降水事件。本书在既往末端技术措施研究的基础上，尝试跳脱出市政工程、海
绵城市以及雨洪韧性理念的技术性和工程性思维，回退到中观层面，基于流域水
文条件、村镇聚落环境、社会组织结构进行村镇社区的洪涝灾害防治研究，以期
从跨学科视野中更加全面地认识问题、解决问题。

3. 韧性村镇研究

韧性理论起源于美国，经历了从"工程平衡"[③]到"生态适应"[④]，再到
"社会生态演进"[⑤]的发展过程，即从1973年以前单一平衡下的工程韧性研究，

① 高均海，蒋艳灵，石炼.山地小城镇排水防涝规划与建设探析[J].中国给水排水，2016，32（14）：5-10.

② 周飞祥.刍议山地城镇排水工程规划与设计[C]//中国科学技术协会.山地城镇可持续发展专家论坛论文集.北京：中国建筑工业出版社，2012：405-411.

③ Holling C S. Engineering resilience versus ecological resilience[M]// Schulze P E. Engineering within Ecological Constraints. Washington DC：National Academy Press，1996：31-43.

④ Holling C S. Resilience and stability of ecological systems[J]. Annual Review of Ecology and Systematics，1973：1-23.

⑤ Folke C. Resilience：The emergence of a perspective for social-ecological systems analyses[J]. Global Environmental Change，2006，16（3）：253-267.

到 1973—1998 年多重平衡下的生态韧性研究，再到 1998 年以后复杂适应性系统下的社会生态韧性（同演进韧性）的研究[①]，韧性理论的内涵不断丰富和完善（表1.2）。从 2002 年国内学者将韧性理论引入城镇防灾研究以来[②]，韧性理论已广泛运用于洪涝灾害、山体滑坡、泥石流、地震、海啸、海平面上升等自然灾害的应对中，影响着区域空间的发展、规划和重构，其较可持续发展更加具有聚焦灾害问题的目标导向性与针对性。

表 1.2　韧性理论的发展

韧性内涵	工程韧性	生态韧性	社会生态韧性
平衡状态	单一稳态	两个或多个稳态	系统本质随时间产生变化
关注目标	恢复初始稳态	塑造新的稳态，强调缓冲能力、吸收变量	持续不断地适应，强调学习力、可变性和创新性
理论支持	工程思维	生态学思维	系统论思维，社会生态学理论，适应性循环模型
系统特征	有序的，线性的	复杂的，非线性的	混沌的，动态的
韧性定义	系统受到扰动后恢复到初始状态的能力	系统结构改变之前承受扰动的能力	系统持续不断的、动态调整的能力
图示			

资料来源：作者根据文献整理

在洪涝灾害防治方面，韧性理论有别于将雨洪现象视为灾害的传统理论，更加倾向于接受洪涝是一种无法避免的自然现象。洪水把低洼地区变成肥田沃壤，

① 孟海星，沈清基，慈海. 国外韧性城市研究的特征与趋势——基于 CiteSpace 和 VOSviewer 的文献计量分析 [J]. 住宅科技，2019，39（11）：1-8.
② 赵瑞东，方创琳，刘海猛. 城市韧性研究进展与展望 [J]. 地理科学进展，2020，39（10）：1717-1731.

也为天然的鱼类提供大量的繁殖温床。[①]因此，面对常年频繁的汛期洪涝现象，人类面对自然应学习适应、有所进退和选择性放弃。从 20 世纪 90 年代的"水利战胜洪水"，到后来的"市政防御洪水"和"海绵、低影响雨洪管理"，再到极端降水条件下"与洪涝安全共存"，人们对洪水的态度一直在发生转变。本书拟将韧性理论融入山地河谷村镇社区的极端雨洪灾害防治中，探索如何从环境的不确定性和不可抗力中适应和学习，让村镇社区具有韧性，实现不同降水条件下居民安全有保障、损失最小化并可恢复，甚至生活不被影响。另外，针对海绵城市研究目标以外的超标雨洪（年径流总量控制率标准以外 20% ～ 30%）的应对，韧性的防灾理念有助于弥补海绵城市的应灾能力局限。

目前国外关于韧性理论的评价体系研究趋于成熟，针对不同的灾害和研究对象已形成多学科、多元化的研究体系。例如，Heijman 等认为农村韧性包含生态韧性、经济韧性和文化韧性 3 个维度[②]；Tourbier 从空间、结构、社会、风险 4 个层面构建洪水韧性[③]；Jha 等认为城市韧性有基础设施韧性、制度韧性、经济韧性和社会韧性 4 个主要组成部分[④]；Cutter 等从社会福利、社区规模、生态资源、经济制度、管理模式与设施设备 6 个维度构建了地区灾害韧性模型[⑤]；Dmitry 等构建了领导力、社会关系、集体效能、准备措施、设施设备 5 个维度的社区韧性评估体系[⑥]；Cutter 等提出由社会福祉、社区群众、经济资本、管理制度、设施设备、自然环境 6 个维度构成的社区韧性评价体系[⑦]；Jeon 等从人口

---

① 美国众议院文件 465 号. 第 89 届国会第 2 次会议《处理洪灾损失的统一的国家计划》，1966.

② Heijman W J M，Hagelaar J L F，Heide M V D. Rural resilience as a new development concept[J]. General Information，2007（2）：383-396.

③ Tourbier J. A methodology to define flood resilience[C]// EGU General Assembly Conference Abstracts. 2012：13902.

④ Jha A K，Miner T W，Stanton-Geddes Z. Building Urban Resilience：Principles，Tools，and Practice[R]. World Bank Publications，2013.

⑤ Cutter S L，Barnes L，Berry M，et al. A place-based model for understanding community resilience to natural disasters[J]. Global Environmental Change，2008，18（4）：598-606.

⑥ Dmitry L，Mooli L，Odeya C，et al. Conjoint community resiliency assessment measure-28/10 items：A self-report tool for assessing community resilience[J]. American Journal of Community Psycholog，2013，52（3/4）：313-23.

⑦ Cutter S，Schumann R，Emrich C. Exposure social vulnerability and recovery disparities in New Jersey after Hurricane Sandy[J]. Journal of Extreme Events，2014，1（1）：1450002.

素质、经济质量、规章制度、基础设施、社区能力与环境资源 6 个维度提出韧性评价体系[①]；Jaysiri 等从灾害类别、社区预警机制、社区组织活动、国家政策落实程度以及区域合作 5 个维度提出了社区评价体系[②]；Maskrey 等从问题解决、目标实现、行为和结构体系 4 个维度对社区抵御洪涝灾害韧性进行了评估，并进一步提出可以通过这 4 个维度实现对洪涝灾害的准备、应对和恢复[③]；Daniel 等提出了自然环境、知识水平、人口构成、社会福祉、政治素养、经济金融和设施建设 7 个维度[④]。

国内关于韧性理论的评价体系的本土化研究正处于快速提升和跨学科深入阶段。例如，东南大学的崔鹏和李德智教授从社会资本、经济资本、自然资本 3 个维度构建了城市社区韧性评估框架[⑤]；浙江大学韧性城市研究中心提出韧性城市具有技术、组织、社会、经济 4 个韧性维度；天津大学的陈天教授基于生态韧性的视角，将韧性理念与城市空间环境要素进行了有机的结合，运用 PSR 模型[⑥]构建了沿海城市生态韧性评价指标体系，并从区域、城市和街区 3 个层面提出相应的城市设计策略，如流域保护、城市群规模和新城区选址（区域层面），生态网络构建、河道滨水区设计和公共交通（城市层面），街区内部水资源储存、绿地

---

① Jeon E，Byun B. The impact of characteristics of social enterprise on its performance and sustainability[J]. Journal of The Korean Regional Development Association，2017，29（2）：69-96.

② Jayasiri G，Siriwardena C，Hettiarachchi S，et al. Evaluation of community resilience aspects of Sri Lankan coastal districts[J]. International Journal on Advanced Science Engineering and Information Technology，2018，8（5）：2161-2167.

③ Maskrey S A，Priest S，Mount N. Towards evaluation criteria in participatory flood risk management[J]. Journal of Flood Risk Management，2019，12（2）：547-551.

④ Daniel L，Mazumder R，Enderami A，et al. Community capitals framework for linking buildings and organizations for enhancing community resilience through the built environment[J]. Journal of Infrastructure Systems，2022，28（1）：1-14.

⑤ Cui P，Li D Z. Measuring the disaster resilience of an urban community using ANP-FCE method from the perspective of capitals[J]. Social Science Quarterly，2019，100（6）：2059-2077.

⑥ PSR 模型是 1993 年经济与合作发展组织（Organization for Economic Co-operation and Development，OECD）为应对经济发展下的环境问题而提出的压力－状态－响应（pressure-state-response，PSR）模型。参见：Organization for Economic Co-operation and development. Core set of indicators for environmental performance[R]. Paris：Organization for Economic Co-operation and Development，1993.

空间和建筑空间组合形态与绿色建筑（街区层面）[1][2]，该研究针对生态韧性维度的研究和运用 PSR 模型构建的生态韧性评价体系让本书获益良多。

在研究对象方面，包括雨洪韧性、生态韧性等在内的针对雨洪灾害的韧性城市研究，研究范围大多集中在国家、都市区、城市及其社区上，较少关注村镇，尤其是洪涝灾害严重的偏远村镇。在实证案例的研究方面，针对山地河谷村镇洪涝灾害的理论研究和设计实践缺乏，在韧性研究框架、空间形态研究和案例实证研究方面涉猎不多。因此，本书力图以山地河谷村镇为研究对象进行洪涝灾害韧性研究，并基于韧性城市[3]的概念，提出"韧性村镇"的概念。韧性村镇是指在保持自身结构、主要特征和关键功能不改变的前提下，面对灾害冲击能够规避、抵抗、承受、恢复和学习适应的村镇环境。韧性村镇可看作是韧性城市在研究对象和尺度上的拓展，其研究可借鉴目前国内外韧性城市的研究方法，并在此基础上进行适应性调整和延伸。

1.3.3　社会学相关研究

本书在社区组织方面的研究是一个"及人"的过程。20 世纪以前，城镇空间研究受亚里士多德有限空间和牛顿力学绝对空间的影响，偏重空间的物质属性。20 世纪后，随着复杂性科学的发展，城镇研究逐渐走出功能主义和简约理论的限制，开始涉及政治学、经济学、地理学、生态学、数学以及社会学等非本学科领域，去尝试系统全面地认知和解决城镇问题。仅以水文类自然学科、建筑类工程学科的理论难以全方位地解决山地河谷村镇中的洪涝灾害问题。而农村社会学作为社会学下的二级学科，其视野和相关研究有助于更好地理解非物质层面上农村社会系统对洪涝灾害的响应机制，相关研究内容涉及村镇社区研究和社区构建研究。

---

① 陈天，李阳力.生态韧性视角下的城市水环境导向的城市设计策略 [J].科技导报，2019，37（8）：26-39.

② 王峤，臧鑫宇，陈天.沿海城市适灾韧性技术体系建构与策略研究 [C]// 中国城市规划学会.新常态：传承与变革——2015 中国城市规划年会.北京：中国建筑工业出版社，2015：9.

③ 韧性城市：第一，应对自然灾害的恢复能力；第二，城市应对自然和人为灾害具有可承受、适应性和可恢复性的能力.参见：城乡规划学名词审定委员会.城乡规划学名词 [M].北京：科学出版社，2020.

1. 农村社会学

农村社会学（rural sociology）是运用社会学理论和方法研究农村社会结构、社会关系、社会行为和社会发展（包括社会治理和服务）等的社会学分支学科。它的产生最早可追溯至美国南北战争结束后的"农村生活运动"（Country Life Movement）以及 1894 年芝加哥大学教授 C. R. 亨德森开设的关于农村社会问题的"美国农村生活的社会环境"课程。在美国之后，20 世纪 20 年代的日本是最早传播农村社会学的国家之一，主要运用社会学基本概念、原理和方法对日本村落共同体的社会结构和社会变迁等进行研究。而后，韩国、欧洲各国也引入农村社会学对农村社会问题进行研究。中国农村社会学的传入和研究从 20 世纪 20 年代开始，最早见书于顾复的《农村社会学》，涉及农村现状、农村改良和农村问题 3 个方面的研究。目前农村社会学的研究领域包括农村社会结构、农村社会关系、农村社区体系、城乡关系、农村社会保障、农村社会发展、新农村建设、农村社会学研究方法体系 8 个方面[①]。

日本社会学家富永健一将社会结构（形态）定义为由角色、制度、社会群体、社区、社会阶层、国民社会各要素相对恒常的结合[②]，其中社区是社会结构的重要构成要素。本书从农村社会学的视野出发，对山地河谷村镇中的农村社区进行社会学调查和研究。在多次田野调查的基础上，通过发挥社会学想象力和对村镇微观现实的把握，分析洪涝问题背后宏观的农村社区体系层面的社区组织形态及其构建，从而探索洪涝灾害应对中的村镇韧性提升策略。

2. 村镇社区研究

村镇社区是村镇体系框架下农村社区的一种类型。国内学者吴业苗认为村镇社区主要指农村场域中建制镇社区、城郊社区和农民集中社区或新型农村社区，已不是纯粹的农村社区[③]，而是体现出部分的非农特色[④]。国外对村镇社区的研究集中在"社区发展""社区复兴"和"社区重建"，如英国、美国学者主要关注村镇社区中的邻里关怀、社区照顾、贫困帮扶和家庭护理等方面，韩国的"新村

---

① 同春芬.农村社会学 [M].北京：知识产权出版社，2010：14.

② 富永健一.社会结构与社会变迁 [M].董兴华，译.云南：云南人民出版社，1988：21.

③ 农村社区是相对于传统建制村和现代城市社区的概念，是指在一定地域范围聚居、具有一定互动关系和共同文化维系力的农村人口群体，是在农业生产方式基础上所结成的社会生活共同体。

④ 吴业苗.农村社区化服务与治理 [M].北京：社会科学文献出版社，2018：110.

运动"主要关注农村经济发展、基层政权构建和文化团结等方面[①]，但对村镇的"社区安全""社区防灾减灾""社区化服务与治理"等的关注和研究较少。

国外学者对中国村镇社区的持续跟踪性研究先于国内，研究领域从最早关注村镇村庄治理、个案调查发展到涵盖社区服务与治理、村民自治、民间组织运作、社会资本功能、社区健康卫生、共同体再造、影响与运行机制等的全方位视角。日本学者福武直的著作《中国农村社会结构》、美国传教士史密斯的著作《中国乡村生活》（*Village Life in China：A Study in Sociology*）[②]，通过社会学视角对当时中国的村庄结构、村庄治理和生活进行了细致入微的观察和研究。美国著名汉学家斯金纳（Skinner）于 1965 年发表的《中国农村中的市场和社会结构》认为基层集镇是中国传统乡村社会的基本构成单元和基层市场共同体，而相比之下村庄的结构和功能则不完整[③]。

近年来中国农村社区的研究集中在社区治理、建设、生活方式变迁、卫生健康、社会服务、发展转型等问题[④]。国内对村镇社区的研究关注地理区位、地域条件、政治经济、文化习俗等因素，主要集中在 4 个方面：① 关注社区相关概念和理论的构建，确定研究问题的边界和理论框架；② 关注村镇社区的建设和治理模式；③ 注重村镇社区现实案例的探索和剖析，通过现实案例研究的抽象概括形成一般理论并寻求指导实践；④ 对村镇社区建设和治理的组织化进行研究[⑤]。

从分类研究上看，村镇社区的类型根据不同的研究目的和需要以及不同的标准和依据而呈现多元化的特点。1915 年，美国威斯康星大学查尔斯·加尔平（C. Galpin）教授在《一个农业社区的社会解剖》中运用经济层面交易圈的概念，第一次对农村社区进行了划定，即以某一交易集中村镇为中心，将周围农户交易行为所能达到的最远点连线，包括的范围便形成一个农村社区。国内学者中，詹成

① 吴业苗.农村社区化服务与治理［M］.北京：社会科学文献出版社，2018：1.

② Smith A H. Village Life in China：A Study in Sociology［M］. Itbaca：New York State College of Agriculture at Cornell University，1889.

③ 张要杰.中国村庄治理的转型与变迁［M］.长春：吉林出版集团，2010.

④ 文余源.城乡一体化进程中的中国农村社区建设研究［M］.北京：中国人民大学出版社，2021.

⑤ 同④。

付根据各地不同的社会、经济发展基础，设立了以社区范围划分、以组织形式划分和以经济发展程度划分3个划分标准。其中，以社区范围划分可分为"一村一社区""一村多社区"和"多村一社区"，如山东诸城的"多村一社区"模式，以解决农民分散居住而缺乏公共设施等问题。以组织形式划分可分为以村委会为主体的农村社区、以志愿组织与社会团体为主体的农村社区和以企业为主导的农村社区，如浙江宁波的虚拟社区"联合党委"模式、舟山的"社区管理委员会"模式。以经济发展程度划分可分为发达地区、发展中地区、欠发展地区和城乡接合部的农村社区[1]。王霄按经济活动性质、社区规模、社区形态、社区行政联系、社区发展水平3个标准对农村社区类型进行划分[2]，其中根据经济活动性质可分为农业社区（如牧业村、渔业村和林果业村等）和非农业社区（如旅游社区、宗教社区和集镇社区等）；根据社区规模可分为200人以下的小村社区、200～1000人的中等村社区以及1000人以上的大村社区；根据社区形态可分为团聚状、条带状、环状和散居状社区；根据社区行政联系形态又可分为建制村社区和自然村社区；根据社区发展水平可分为初级和次级农村社区。胡宗山从农村社区建设试点的实际情况出发，根据社会发展程度和居民点分布的状况，将农村社区划分成城市农村社区、城郊农村社区、集镇农村社区、中心村社区和散落型农村社区5种类型[3]。

本书学习了农村社会下村镇社区多样化的分类研究成果，在流域社区的构建中借鉴了"多村一社区"的建设模式，拓展到以洪涝灾害为应对目标、具有针对性的山地河谷流域地貌类型下的社区研究，并进行了案例实证。

3. 社区构建研究

从利益和影响因素角度上看，流域社区属于水利共同体的一种类型。日本学者将社区的概念、理论和方法应用于农村和水利等领域的社会生态问题，提出了"乡村社区"和"水利社区"的概念[4]。英国人类学家弗里德曼对中国东南村

---

① 詹成付.农村社区建设实验工作讲义 [M].北京：中国社会出版社，2008：110.

② 王霄.农村社区建设与管理 [M].北京：中国社会出版社，2008：18-23.

③ 胡宗山.城乡社区建设概论 [M].武汉：湖北科学技术出版社，2008：61-63.

④ 朱丽君.共同体理论的传播、流变及影响 [J].山西大学学报（哲学社会科学版），2019，42（3）：84-90.

落的宗族组织研究发现，在国家和地方松散联系的环境下，宗族间的水利相关利益争夺和水利灌溉能促进地方宗族的团结[1]。国内学者中，王易萍认为水利共同体的建构有助于摆脱农村地区的用水困境[2]；凌子健等针对阜宁龙卷风受灾地区的薄弱环节，从制度维度、社会维度和工程维度提出提升农村社区韧性的具体方法和策略[3]；梁肇宏等提出流域社区内水利益共同体的构建有利于增强应对洪涝灾害的社会韧性，建构和谐融洽、安全宜居的村镇社区网络本质在于凝聚村镇社会、生态、人文资本和资源，是村镇"三生"空间重构的重要途径[4]。

本书受前述水利社区等概念的启发，突破现有以行政边界为划分依据的村镇社区研究局限，以涉水利益的水缘关系为纽带和依据，尝试提出以小流域为地理划分边界的流域社区的水利共同体概念，进而对流域社区的构建进行探索。

1.4 概念界定与辨析

1.4.1 水文韧性作为一种视角

1.定义

本书论及的韧性（resilience），是基于社会生态韧性理论的概念，即一个社区面对灾害冲击所表现出的规避、抵抗、承受、恢复和学习适应的能力。

基于对洪涝灾害现象下山地水文条件、社会人文生活的关注和前述的辨析，本书提出了水文韧性（hydrological-social resilience）的概念（表 1.3）[5]，即在自然山水地貌环境条件下，村镇社区应对极端降水条件下的洪涝灾害所具有的可规避、可恢复、可维持的能力，并能够通过学习、获益和适应洪涝灾害

---

① 弗里德曼.中国东南的宗族组织 [M].刘晓春，译.上海：上海人民出版社，2000.

② 王易萍.交互建构：共同体视角下广西农村水利的文化性研究 [J].广西社会科学，2014（11）：20-23.

③ 凌子健，翟国方，吴浩田.我国农村社区韧性的评估方法及提升研究——以阜宁"6·23"龙卷风灾区为例 [J].城市建筑，2017（21）：10-16.

④ 梁肇宏，范建红，雷汝林.基于空间生产的乡村"三生"空间演变及重构策略研究——以顺德杏坛北七乡为例 [J].现代城市研究，2020，7：17-24.

⑤ 本书中水文韧性中的"水文"代表地理水文和社区人文双重维度，故将其英文翻译为"hydrological-social resilience"。

现象以应对下一次洪涝灾害，从而降低其对村镇社会生态系统生态、生活和生产层面的影响。目前，针对极端降水，国家层面或者学术界尚无统一明确的判定标准，本书参照部分地方的极端天气标准，划定暴雨及以上等级降水为极端降水。

表 1.3 水文韧性概念的内涵分析

概 念	研究目标	研究内容	实现路径	定 义
水文韧性	极端降水下"大灾可避、中灾可愈、小灾如常"，同时关注灾后恢复和生活品质的提升	不仅包括洪涝灾害状态下的韧性研究，还包括日常生活中、灾前灾后、平灾结合的涉水生活内容	"及物"的工程韧性、生态韧性和"及人"的社会韧性	在自然山水地貌环境条件下，村镇社区应对极端降水条件下的洪涝灾害所具有的可规避、可恢复、可维持的能力，并能够通过学习、获益和适应洪涝灾害现象以应对下一次洪涝灾害，从而降低其对村镇社会生态系统生态、生活和生产层面的影响

资料来源：作者根据资料整理

2. 设防目标

不同于海绵城市"小雨不积水、大雨不内涝"的研究目标，本书提出水文韧性的设防目标为"大灾可避、中灾可愈、小灾如常"，即面对特大暴雨情况下的大型洪涝灾害，村镇社区能做到保障人员安全；面对大暴雨情况下的洪涝灾害，村镇社区能做到快速地从灾害中恢复；面对暴雨情况下的洪涝灾害，村镇社区能维持正常生活。水文韧性注重和强调村镇社区对洪涝灾害冲击的规避能力、恢复能力和维持能力，从目标上弥补了海绵城市理念在应灾能力上的缺项。该设防目标针对生态维度下"水"的影响，主要通过工程维度下"地"的承载和社会维度下的"人"的响应进行探索，即致力于流域水文形态、村镇聚落形态和社区组织形态下的水文韧性策略。

除了强调对洪涝灾害应对的关注，水文韧性也涉及日常状态下村镇社区内水文生态保护、生活品质提升以及生产效率提高的常态目标。本书中的水文韧性与韧性城市研究领域中雨洪韧性的区别，主要在于水文韧性兼顾了对常态中社区生活和"人"的维度的关注。

3. 研究内容

水文韧性的研究是一种积极的、主动的、具有问题针对性的前瞻性探索，研究内容体现在对地理水文和社区人文的双重研究上，其丰富了空间形态研究的外延，不仅是针对水文条件下雨洪应对的研究，还拓展到社区"人"的韧性维度。纵观历史，"水文"与"人文"相辅相成，共同演绎着人类治水史和水利史。本书中"水文"指自然界中水的时空分布、变化规律的现象，研究因素主要包括降水、蒸发、入渗、永久性的水系、暂时性的地表径流、水源、地下水径流、地下水位、流速和水周期等，本书研究重点针对流域中地表的永久性和暂时性径流及两者径流路径网络结构特征。而"人文"指人类社会的各种文化现象，本书中重点考虑"水-地-人"三者的共生与和谐关系。

目前，相较于涉水韧性研究中的主流概念雨洪韧性，水文韧性的研究内容不仅包括洪涝灾害状态下的韧性研究，还包括日常生活中、灾前灾后、平灾结合的涉水生活内容。其设计实践分为两个层面：一是灾时的非常态下，如何提高村镇社区水文韧性，实现安全宜居的可持续发展；二是平时的常态下，如何实现社区空间形态平灾结合下的韧性设计，实现社区生活品质的提升。

4. 构成要素

（1）主体，一是以村镇聚落形态、公共空间、街道网络、建筑屋面等为代表的人居物质环境空间系统；二是以山体、径流、河流、滨水湿地等绿色空间为主的生态空间系统；三是以社会组织、家庭、个人等涉水利益共同体为主的社区组织系统。

（2）对象，即山地河谷洪涝灾害，主要由外来的山洪和内部的滞涝造成。

（3）内涵，即灾前避免灾害发生的能力，灾中响应灾害的能力，以及灾后恢复、自组织和学习获益的能力。

（4）特征，即：多元性，体现在生态系统的多样性、村镇空间功能的复合性以及空间形态元素间联系的多样性等[1]；冗余性，村镇的承洪冗余度和储备能力，体现在村镇重要功能和生活、生产、基础设施的冗余等；灵活性、适应性与

---

① Godschalk D R. Urban hazard mitigation：Creating resilient cities [J]. Natural Hazards Review, 2003, 4 (3)：136-143.

可恢复性，体现在涉水利益共同体社区的构建和培育、社区自组织能力、协作能力和学习能力等[①]。

5. 实现维度

本书吸纳了国内外学者关于社区韧性评价体系的既有研究成果（详见 1.3.2 小节），从相关韧性评价体系中探寻因地制宜的村镇社区水文韧性实现维度。基于山地河谷村镇社区的社会生态条件和洪涝灾害现象特征，本书提出水文韧性下生态韧性（ecological resilience）、工程韧性（engineering resilience）和社会韧性（social resilience）3 个研究维度（图 1.6）。其中，工程韧性维度涵括了基础设施韧性、技术韧性、空间韧性、结构韧性等维度，社会韧性维度涵括了制度韧性、经济韧性、组织韧性、文化韧性等维度。3 个维度的具体内涵如下：

（1）生态韧性是指流域生态空间和水文条件对流域社区洪涝形成的影响能力。山地河谷流域地理地貌、水文条件是山地洪涝形成的发生端。通过生态策略和措施分析以应对不确定性、非线性的洪涝灾害，是实现山水环境绿水青山、和谐永续的前提条件，涉及水文条件、径流形态、风险点分析、空间选址等生态维度的研究。

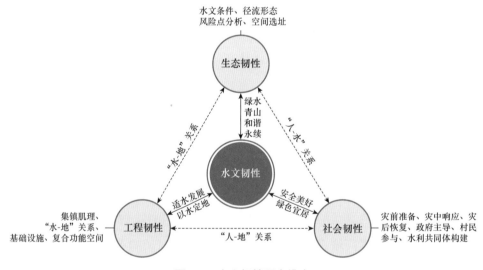

图 1.6　水文韧性研究维度
资料来源：作者绘制

---

① Rockefeller Foundation，ARUP. City resilience framework［EB/OL］.［2023-04-04］. http://publications. arup. com//Publications/C/City_Resilience_Framework. aspx

（2）工程韧性是指村镇聚落形态和基础工程设施对洪涝灾害的承载能力。村镇聚落形态、防灾减灾工程设施是洪涝灾害中保证村镇恢复、减少损失和维持功能正常运转的承受端。平灾结合的工程韧性和"水－地"关系策略是实现村镇社区安全美好、绿色宜居的主要途径，涉及集镇肌理、"水－地"关系、基础设施、复合功能空间等工程维度的研究。

（3）社会韧性是指流域社区组织对洪涝灾害的响应和恢复能力。流域社区的构建强调利用社会资源和村民能力进行灾害应对，突出社区自组织和恢复能力，是偏远村镇地区防灾减灾建设的重要途径，涉及政府和村民在灾前准备、灾中响应、灾后恢复等社会维度的研究。流域社区的构建和管理是实现防灾减灾、"水－地－人"三者共融共生的重要途径。

6. 构建原则

韧性理论接受变化是始终存在的事实，不再追求稳定性、最优化和高效率，而是通过不断学习和获益以探索新的适应性策略，减少变化带来的危害和损失。水文韧性构建原则如下：

（1）宏观系统性原则。整合流域、镇域、村落、街区、建筑等多尺度系统，建立整体性协同框架，增强不同层级、跨区域、跨尺度的调蓄能力和韧性适应能力。

（2）"三生"协同原则。水文韧性需要整合涉水生态空间、生活空间以及生产空间，以生态手段为主线协调"水－地－人"关系，促进乡村振兴。

（3）适应性设计原则。通过实地调研和模拟制定因地制宜的设计方案，并在田野调查中积累地方性和群众性经验，通过人工手段和自然水文系统的整合进行适应性设计。

（4）平灾结合原则。以水文韧性为视角的村镇规划和设计中，将洪涝灾害应对和宜居生活品质提升两者并重，保障安全的同时向健康宜居努力。

1.4.2 山地河谷

山地河谷涉及 2 个关键词："山地"和"河谷"。其中，山地包括高山、中山、低山、高原和丘陵[①]。从所处山地地形位置上看，有山顶村镇（如云南石屏

---

① 山地城市学中认为山地泛指海拔较高与地形起伏的地貌，包括自然地理学中的山地、丘陵和崎岖不平的高原等。参见：黄光宇.山地城市学原理［M］.北京：中国建筑工业出版社，2006.

县老旭甸村等）、山腰村镇（如贵州吊脚苗寨郎德上寨等）、山脚村镇（如贵州侗族村落肇兴镇等）。河谷是河流地质作用在地表所造成的槽形地带。山地地貌中的河流多以其固定的线路、较稳定的流量和流速与比较强大的作用力形成槽形河谷地形（图1.7）。山地河谷，指海拔较高、地形起伏较大的山地沿河地带，本书的研究范围主要位于长江上游干区流域，涉及贵州北部、重庆南部的喀斯特地貌区域。山地以中山为主，属河谷盆地地貌，地形绵延起伏、坡度较大；河谷是对山地流域微地貌的进一步刻画和界定，主要是指长江上游干区流域中的二、三、四级河流河谷地带。山地河谷内建设用地平均坡度不小于5%，垂直高差不小于25 m，"三生"空间建立在起伏不平的地形上，山、水成为村镇的自然生态基底。

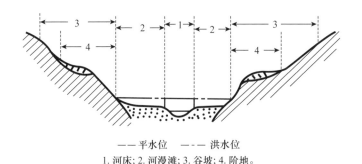

—— 平水位　- - 洪水位
1. 河床；2. 河漫滩；3. 谷坡；4. 阶地。

图1.7　河谷断面示意[①]

1.4.3　流域

流域（watershed）是指由径流、河流、湖泊、河间带等径流水系汇聚到一个出口形成的闭合的、完整的、相对独立和封闭的自然汇水区域[②]。流域既可提供生态支撑系统的自然功能，又具有为人类提供生计资源的生产功能和作为活动空间的社会功能。生态学以流域为单元进行研究的真正内涵在于其能根据不同河流水系分为小流域、集水区等尺度，水循环在同一等级的流域内遵循相同的产水产沙生态过程，并保持了相对的对立性和完整性，对人居环境系统的影响具有同一性。我国尚未出台全面明确的流域等级划分标准及各级面积范

---

① 毛明海. 自然地理学 [M]. 杭州：浙江大学出版社，2009.
② 由于流域的分水岭有地表分水岭和地下分水岭之分，通常流域指地面集水区。

围，水利部发布的《小流域划分及编码规范》（SL 632—2013）图示了流域、小流域和微流域的划分。国内学者曾肇京等按照流域规模及其在国民经济中的重要性提出 5 个流域等级[1]，其中，一级、二级为大型江河流域，三级、四级为中型河流流域，五级为小型河流流域[2]。相比之下，美国关于不同等级流域的划分和面积范围[3]则更加清晰（表 1.4），包括江河流域（basin）、次大河流域（subbasin）、流域、小流域（subwatershed）、集水区（catchment）5 个等级尺度（图 1.8），每个等级具有相应的面积，其中关于小流域的面积范围与国内《小流域划分及编码规范》的规定较为接近。国内学者针对小流域的划分研究通常参照《小流域划分及编码规范》，即小流域面积原则上控制在 30 ~ 50 km²，特殊情况下不宜小于 3 km² 或大于 100 km²。

表 1.4 美国流域等级划分与管理

流域等级	面积范围 /km²（mile²）	受非渗透性表面影响	洪涝管理和应对方法
江河流域	约 2600 ~ 26 000（1000 ~ 10 000）	小	国土空间规划和流域规划
次大河流域	约 260 ~ 2600（100 ~ 1000）	小	国土空间规划和流域规划
流域	约 78 ~ 260（30 ~ 100）	小	流域规划和小流域规划
小流域	约 1.3 ~ 78（1 ~ 30）	中	小流域规划、汇水单元规划
集水区	约 0.13 ~ 1.3（0.05 ~ 1）	大	场地设计

资料来源：作者根据资料[4][5]整理

---

① 对于河流等级划分的方法，现广泛采用的是分级法：从源头的最小河流开始，称之为一级河流，再把二条一级河流汇合后的河段称为二级河流，把二条二级河流汇合后的河段称为三级河流，以此类推到更高级别的河流。参见：潘凤英，沙润，李久生. 普通地貌学 [M]. 北京：测绘出版社，1989.

② 曾肇京，王俊英. 关于流域等级划分的探讨 [J]. 水利规划，1996（1）：1-5.

③ 周学红. 嘉陵江流域人居环境建设研究 [D]. 重庆大学，2012.

④ The Practice of Watershed Protection [R]. Ellicott city：Center for Watershed Protection，2000：135.

⑤ 斯坦纳. 生命的景观——景观规划的生态学途径 [M]. 周年兴，等，译. 北京：中国建筑工业出版社，2004.

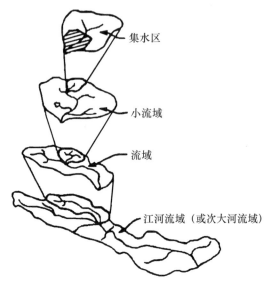

集水区

小流域

流域

江河流域（或次大河流域）

图 1.8　流域的分级示意[1]

不同等级尺度的流域水文规律和产汇流特征值不尽相同，研究内容也各异[2]。各等级尺度流域地表径流受气候、人类活动及地表覆盖物（植被和土地利用）、基底和土壤组成、坡度等下垫面因素影响，从江河流域到集水区，等级越低受非渗透性表面的影响越大，径流管理、村镇聚落形态和社区形态也有所区别，洪涝灾害的管理方法及应对策略也不尽相同。在洪涝管理和应对方法上，江河流域到次大河流域尺度侧重国土空间规划和流域规划，关注国土空间的优化利用，受非渗透性表面影响小；流域尺度侧重流域规划和小流域规划，关注河流连续性的保护，受非渗透性表面影响小；小流域尺度侧重小流域规划、汇水单元规划，关注韧性设计、海绵城市、最佳管理实践、低影响开发以及河道修复和管理，受非渗透性表面影响中等；集水区尺度侧重场地设计，关注非渗透性表面比例、河道滨水湿地的保护、水生态系统和海绵城市等内容[3]，受非渗透性表面影响大。

从研究尺度上看，次大河流域、江河流域和流域尺度的规模宏大，属于国土空间研究范围，并非聚焦村镇研究问题，而集水区的生态空间多已被城镇建设所占用，生态水文功能几近丧失且易受到人为扰动，格局不稳定且难成体系，因

①　Marsh W M. Landscape Planning Environmental Applications[M]. New York: John Wiley & Sons Inc, 1992.

②　于翠松. 水文尺度研究进展与展望 [J]. 水电能源科学，2006（6）：17-19+114.

③　叶林. 城市规划区绿色空间规划研究 [D]. 重庆大学，2016.

此，也不适于对村镇尺度洪涝问题的研究。相比之下，小流域尺度与村镇镇域尺度较为接近，同时又是一个相对闭合、独立和完整的自然汇水区域，一般有水源区、汇水区和疏导区 3 级水文分区构成，是河流水系等雨水径流产水产沙、水土流失形成发展的最小区域单元[1]。此外，小流域具有相对独立的生态单元系统，具备社会生活和经济生产功能，可以作为水资源管理、村镇规划以及村镇聚落形态等研究的基本单元。本书案例群的流域尺度为 100 km² 左右的小流域。在行政区划上，小流域通常包括涉及多个镇域区域。

小流域按照地形地貌又可分为高原小流域、山地小流域（包括山地河谷小流域）、平原小流域（包括滨海平原小流域）等，不同地貌下的小流域生态水文特征和洪涝特征也不尽相同。在滨海平原地区的小流域，水的汇聚边界并不十分明显，涉水策略和空间的研究并不强调按照流域进行区划研究。而对于山地河谷地区的小流域，地形地貌是涉水研究的核心因素之一，水的汇聚边界、流域的划分边界非常明显，形成了一个个地貌上独立而整体的生态区域范围。

山地河谷小流域，后文简称为"山地河谷流域"。由于地形高差大，在横断面上体现出山坡与河道的空间分异；在纵断面上则体现出高区山地、中区坡地和低区平地、湿地、河道、洪泛区的空间分异（图 1.9），山体冲沟特征明显。时间维度上，山地河谷流域河流季节性强，冬季枯水期与夏季丰水期水位高差较大，洪涝问题突出。本书以山地河谷流域作为村镇社区空间形态研究的载体和范围，关注流域水文空间结构，以空间形态作为抓手进行较为系统的研究，以期从城市设计的尺度和学科层面改善流域自然生态环境和人居环境品质。

1.4.4　村镇社区

村镇（体系）（villages and towns），指由县域内不同等级、规模和职能的村镇组成的，在社会、经济和空间发展上有机联系的村镇群体[2]，是一个包括集镇和村庄等不同规模居民点的社会区域概念。乡村社会地理学家加雷思·刘易斯

---

　　[1]　赵珂，夏清清.以小流域为单元的城市水空间体系生态规划方法——以州河小流域内的达州市经开区为例 [J].中国园林，2015，31（1）：41-45.

　　[2]　镇，即：（a）依法设定镇建制的行政区域，即建制镇；（b）规模较小的城市型聚落。村，即：（a）设立村民委员会的基层自治单位；（b）农村人口集中居住形成的聚落。集镇，即：（a）乡、镇人民政府所在地；（b）由商贸集市发展而成，是农村一定地域经济文化和生活服务中心的聚落。参见：城乡规划学名词审定委员会.城乡规划学名词 [M].北京：科学出版社，2020.

图 1.9　山地河谷流域的生境类型[①]

（Gareth Lewis）认为乡村（村镇）是聚落形态由分散的农舍到能够提供生产和生活服务功能的集镇所代表的地区。我国村镇行政划分自下而上分为建制村范畴下的基层村、中心村和建制镇范畴下的一般镇、中心镇，行政体系外还存在自然村和集镇。根据《中国统计年鉴 2022》，我国的行政区划中，近 5 亿的乡村人口居住在 3.8 万多个乡镇（包括 70 多万个建制村和 500 万个自然村[②]）中。作为联系

---

①　Marsh W M. Landscape Planning Environmental Applications[M]. New York: John Wiley & Sons Inc, 1992.

②　文余源.城乡一体化进程中的中国农村社区建设研究 [M].北京：中国人民大学出版社，2021：48+53.

城乡的纽带和城乡对流的缓冲地带，乡级行政区是我国最基层的行政机构，有一套较为完整的村镇功能体系，在农村乃至整个国家经济社会发展中发挥着承上启下的基础性和连接性作用。村镇既有城镇化社会环境，又有自然生态环境，因此适合于研究自然生态环境和人居环境相互作用的适应性和耦合关系。

社区（community），原意是亲密的关系和共同的组织。社区的概念最早可追溯到德国社会学家斐迪南·滕尼斯（Ferdinand Tonnies）1887 年出版的著作《共同体与社会——纯粹社会学的基本概念》[1]，他首次将社区（gemeinschaft）和社会（gesellschaft）进行区分，从共同关系的角度认为社区是以共同习俗、共同文化心理和价值观念为基础的同质人口组成的人类群体及其活动区域，注重人际关系的休戚与共，并提出血缘共同体、地缘共同体和精神共同体 3 种类型。国内 20 世纪 30 年代社会学家吴文藻将 community 译作社区，费孝通在1948 年发表的论文《社会研究》中首次提出社区概念，从社会互动和共同关系角度认为社区是聚集在一定地域范围之内相互作用、相互影响的群体，如若干社会群体或家族群体，单位、团体等社会组织[2]。尽管学界对社区定义各不相同，但国内外学者普遍认同社区具备地理结构、共同关系和社会互动 3 种基本特征因素。社区的形成需要 4 个条件，即有一定的地理区域及人口且相对独立，有一定的社会关系和共同利益，有相近的文化、价值认同感和密切的社会交往或共同参与事务，有比较完善的公共服务设施。社区内涵丰富多元，根据不同的依据可以划分为不同的社区类型，如村落社区、集镇社区、村镇社区、林业社区、牧业社区等。

按照社区的基本特征，本书中的村镇社区指在村、镇两级基本行政建制单位范畴内，以集镇商贸、农业耕种为村镇两种主要生活生产方式，是与流域山水生态环境紧密联系的村民生活共同体及其区域空间，涵盖物质环境和人文环境；也是农村的社会人文、经济发展和山水生态的复合社会生态系统。村镇社区兼具了社会关系和区域空间的概念，从狭义地强调区域划分的空间单元，拓展为广义地强调社会组织和公共参与的社会单元，具有跨镇域区划的研究特

① 滕尼斯.共同体与社会——纯粹社会学的基本概念 [M].林荣远，译.北京：商务印书馆，1999：43.

② 王宝升.地域文化与乡村振兴设计 [M].长沙：湖南大学出版社，2018：26.

点。本书中的村镇社区作为小流域范围内的社区整体，通过上下游的协同，共同面对着洪涝灾害问题。

1929 年哈佛大学的 P. 索罗金和 C. 齐默尔曼在《农村-城市社会学原理》一书中便提出通过与城市的比较进行农村社会学的研究。表 1.5 从对比的角度出发，基于研究案例群分析了山地河谷村镇社区与平原城市社区在聚居规模、人口规模、人口构成、人口特征、产业类型、建设要求、环境影响、社区关系、生活方式、通勤方式、边界关系、社会控制、"三生"空间比重、"水-地-人"关系、空间形态研究方法方面的异同，以便于更好地理解山地河谷村镇体系下村落社区和集镇社区的特征。山地河谷村镇社区的特点是：人口规模和聚居规模小或较小、流动性少、同质性强；血缘、地缘、水缘关系明显；人群的主要谋生手段为集镇商贸、农业生产等第一、第三产业；社会、经济和生产活动相对简单；生活风俗习惯受传统影响较大；生产、生态空间比重较大，与自然山水、生态环境的关系密切；"水-地-人"关系交织。村镇社区中，集镇作为"城镇之尾，农村之首"，是联系城乡的桥梁和纽带，往往是农村场域的商贸和物资中心。可以看出，山地河谷村镇社区中的集镇社区更接近城镇化状态，城市形态学的研究方法适用于其空间形态的研究。在集镇社区的研究基础上，本书也借用城市形态学的方法进一步拓展了对村落社区研究的可能性。

表 1.5　案例群中山地河谷村镇社区与平原城市社区的特征对比分析

对比	山地河谷村镇		平原城市社区
	村落社区	集镇社区	
聚居规模	聚居规模小	聚居规模较小	聚居规模大
人口规模	人口规模小、密度低、流动率低	人口规模小、密度低、流动率低（1200～12 000人）	人口规模大、密度高、流动率高
人口构成	农村人口为主	农村人口为主	一定规模的非农人口
人口特征	人口同质性强 封闭	人口同质性较强 较为封闭	人口异质性强 开放
产业类型	农业为主	商贸产业为主	非农产业为主
建设要求	村庄建设	接近城市的城镇化建设	城市化建设
环境影响	受地域自然环境影响深刻	受地域自然环境影响较大	受地域自然环境影响微弱

对比	山地河谷村镇		平原城市社区
	村落社区	集镇社区	
社区关系	地缘、血缘、水缘关系明显；邻里、亲戚关系下的乡土社会	地缘、血缘、水缘关系较明显；邻里、亲戚关系下的半乡土、半熟人社会	地缘、血缘、水缘关系较弱；业缘关系、契约关系下的现代社会
生活方式	农业生产与生活关系紧密；现代化程度低	农业生产少，有一定基础设施及公共服务；有一定现代化程度	基础设施完备，公共服务设施与场所齐全；现代化程度高
通勤方式	步行、摩托、较少汽车和客车	步行、摩托、少量汽车和客车	多样化的公共与个人交通方式
边界关系	地域边界日渐模糊，行政关系依然明晰	地域边界较明显，行政关系明晰	地域边界明显，行政关系明晰
社会控制	聚落独立，每个村落单元运作独立性强于系统性	集镇运作介于独立性和系统性之间	城市运作强调系统性
"三生"空间比重	生态空间占绝对比重，"三生"交织	生活空间比重较大，生态空间、生产空间围绕	生活空间占绝对比重，生产空间、生态空间微弱
"水-地-人"关系	"水-地-人"关系交织，较和谐	"水-地-人"关系缺乏和谐	"水-地-人"关系受工程技术影响而弱化
空间形态研究方法	借用城市形态学的研究方法	适用城市形态学	城市形态学

资料来源：作者整理

基于前述对相关概念的梳理，本书中的山地河谷村镇社区是一个建立在地理水文条件、村镇聚落环境以及社区组织系统基础上的概念，具体指山地河谷流域内、毗邻自然水系、沿河谷槽型地带发展的村镇社区。

1.4.5 流域社区

流域社区，即围绕水缘关系形成的、以一个或两个山地河谷流域范围为地理边界的村镇生活共同体、关系网络及其空间范围。本书对村镇社区领域的研究以流域社区为落脚点和聚焦点，书中的山地河谷村镇社区即指流域社区。

流域社区既是本书提出的一种社区概念，是地域概念和人群概念的结合，又是本书的研究单元边界。流域社区以小流域作为地理结构边界和划分方式进行跨镇域的协同规划和设计考量，突出研究区域的自然生态属性，关注社区空间形态与自然生态环境，尤其是水文条件之间的耦合关系，突破了地缘、血缘、业缘等因素影响的以行政边界和经济单元进行研究边界划分的传统思路。

研究案例群的地域范围位于长江上游干流区间流域喀斯特地貌下的山地河谷区域，从行政区划上看，流域社区跨越了建制镇，是由集镇、建制村、自然村等跨镇域区域内的村镇聚落和人群所组成的农村社会生活共同体。在小流域尺度范围内，因水的利害关系让人们彼此邻聚，形成具有归属感和群体感的流域社区，共同应对洪涝灾害。

1.4.6 空间形态

空间形态（spacical form）作为形态呈现的一个维度，是本书水文韧性研究的机制出发点和策略落脚点。空间形态代表了社区形态结构与发展规律的显性特征，其研究既包含承载特定人群的物质空间维度，又包含社区组织层面的非物质空间维度。山地河谷村镇社区空间形态作为本书的主要研究内容，承继了形态学广义层面对物质环境和社会系统的研究视野，包含流域社区范围内的人居环境物质空间形态以及社会组织非物质空间形态。借鉴形态学的研究方法，本书将小流域、村镇、社区 3 个研究主体下的形态研究归结为形态边界、形态结构和形态单元 3 个要素进行，这 3 级研究主体分别体现了水文韧性在生态、工程和社会 3 个维度下的形态研究（表 1.6）。针对 3 个研究主体的形态嵌套研究，体现在形态边界的相互关系、形态结构的相互影响以及形态单元的和谐共生。

表 1.6　流域社区中 3 个研究主体的形态要素

形态项	小流域	村　镇	社　区
形态边界	径流汇聚的边界	镇域行政边界	人群交往边界和空间
形态结构	地表径流路径结构	街道及公共空间系统	家庭组织、行政组织或行业组织等
形态单元	水（径流）	地（建筑物）	人（社区）
形态维度	生态维度	工程维度	社会维度

资料来源：作者整理

以洪涝灾害现象为线索，村镇社区空间形态可投射为流域水文形态、村镇聚落形态和社区组织形态，对应水文韧性视角下生态韧性、工程韧性和社会韧性 3 个维度。社区空间形态的作用机制研究可导向建筑学本体的空间形态策略，因此，形态与洪涝灾害的互动机制涵括：流域水文形态对洪涝灾害的影响机制及其水文韧性策略；村镇聚落形态对洪涝灾害的承载机制及其水文韧性策略；社区组织形态对洪涝灾害的响应机制及其水文韧性策略。

1.5　研究内容、方法和架构

1.5.1　研究内容

本书的研究以水文韧性为研究视角，结合山地河谷流域典型的水文地貌条件，整合"水-地-人"，从流域水文形态、村镇聚落形态、社区组织形态 3 个方面，探寻山地河谷村镇洪涝灾害的影响、承载和响应机制与流域社区空间形态的相互关联。流域水文形态、村镇聚落形态、社区组织形态 3 个方面各自与洪涝灾害有着相互影响作用，这些作用机制可导向洪涝应对策略，并进而揭示 3 种社区空间形态与洪涝灾害之间的互动机制；同时，3 种社区空间形态相互间又存在关联和耦合作用，空间形态的实质便是"水-地"关系、"人-水"关系、"人-地"关系的外化呈现。生态、工程和社会 3 个维度下的空间形态共同构成了流域社区空间形态研究的三维框架体系，具体如图 1.10 所示。

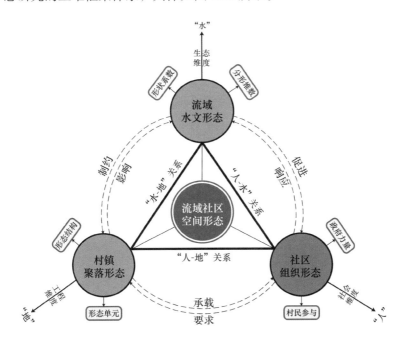

图 1.10　流域社区空间形态研究的框架体系
图片来源：作者绘制

1. 流域水文形态——生态维度作为空间竖向分布轴

流域水文形态的研究关注流域范围内地表雨水径流主要路径网络结构形态，包括山地河谷村镇所在流域的永久性径流和暂时性径流[①]。生态维度下的径流水文形态研究从水文学视野下的水文生态学分支学科研究出发，探寻山地河谷村镇雨洪现象的形成机制。由于径流的形成受重力影响，流域水文形态多表现出空间竖向分布轴的形态特征。

2. 村镇聚落形态——工程维度作为空间水平面

村镇聚落形态的研究关注流域社区物质空间中具有城镇形态特征的村镇物质或建成组织。工程维度下的村镇聚落形态研究立足建筑学视野下的城市形态学理论和方法框架，重点研究集镇建设中"水-地"形态结构和形态单元对洪涝灾害的承载。本书研究的山地河谷村镇社区形态结构对于形态要素和形态单元的组织多是在水平面空间展开。特别是与具有竖向属性的流域水文形态相比，伴随着村镇社区空间的发展和更新，村镇聚落形态更多地表现出空间水平面特征。

3. 社区组织形态——社会维度作为时间轴

社区组织形态的研究则关注社区非物质形态中由人组成的社区组织单元和组织结构。社会维度下的社区组织形态研究涉及社会学视野中的农村社会学分支学科研究，溯源社区组织形态在洪涝灾害现象下灾前、灾中、灾后过程中与流域水文形态的关系以及对村镇聚落形态的安全和功能要求。社区组织形态的形成伴随着流域水文形态和村镇聚落形态的发展和演变，也主动地干预和调整流域水文形态与村镇聚落形态，特别在水文韧性的视角下，流域社区对洪涝灾害现象的韧性能力正是寓于社会维度的社区组织形态对生态维度的水文形态和工程维度的聚落形态历时性的耦合作用之中，从这个意义上说，社区组织形态相较于其他两者，更具有时间维度特征。

1.5.2　研究方法

1. 跨学科研究

跨学科研究是解决复杂问题的有效途径和重要基础。山地河谷流域社区中的洪涝现象及其机制的复杂性问题，并非单专业研究能够完全揭示，需要进行跨学

---

① 水文学中称为永久性水流和暂时性水流，本书为了体现对径流的关注和便于对比，统称为永久性径流和暂时性径流，其中，永久性径流即代表了河流水系，暂时性径流代表了雨水径流。

科的系统性分析才能完整呈现。研究从水文学、建筑学、社会学等多学科视角对洪涝灾害的"包围"认知中寻求突破口，以空间形态为抓手，立足建筑学的本体学科并结合水文学和社会学，探索 3 类社区空间形态与洪涝灾害的互动机制。

2. 案例群研究

通过对一个案例群的观察，发现其中的一些特征，分类选择具有突出代表性特征现象的案例进行重点分析，能够揭示趋于产生但由于某些特殊原因无法被察觉的现象规律[①]。针对山地河谷村镇的洪涝问题，来自内部的混杂因素和外部的偶然性事件，均对洪涝灾害的实际状态造成影响。单一的案例研究的关键因素可能会被某些不确定性因素所掩盖，不利于对结论的合理推导。在一定基数的案例群中，某些因素虽然在一些案例中作用不明显，但在部分案例中会呈现得比较明显，有助于对某些具体问题和影响因子的放大研究。因此，案例群的研究是针对具有一定特征现象的案例而言，通过一定的特征条件和突出现象筛选案例进行分类研究，本书 2.2 节中将从不同空间形态与洪涝灾害的互动机制议题出发进行案例群的研究分类。

3. 形态学研究

形态学方法通过描述、鉴别、分析和归纳不同层次的结构元素进行综合研究，并将新的结构元素恰当地植入形态的动态发展过程中[②]。城市形态学研究从生物学的形态学概念引申而来，本书借助城市形态学的研究方法理解村镇聚落形态韧性，将村镇聚落形态理解为水文韧性的外在表现，进而从水文韧性的视角展开空间形态与洪涝灾害的互动机制研究，希望通过合理的空间形态实现山地河谷村镇"水-地-人"关系和谐。本书社区空间形态的分析参考了法国学者 Serge Salat 的《城市与形态——关于可持续城市化的研究》[③]以及美国学者斯皮罗·科斯托夫的《城市的组合——历史进程中的城市形态的元素》[④]对城镇形态要素的

---

① 肖潇. 绵延的现实——上海缝隙集市的城市形态研究 [D]. 同济大学，2020.

② Johnson R J. 人文地理学辞典 [M]. 柴彦威，等，译. 北京：商务印书馆，2004：461-463.

③ Salat S. 城市与形态——关于可持续城市化的研究 [M]. 陆阳，张艳，译. 北京：中国建筑工业出版社，2012. 书中将城市形态划分为 6 个层次：人类及其活动（的场所）；街道和公路网；地块的划分、组织和安排方式；地形地貌；土地利用和活动场所分布；三维视角下的城镇。

④ 科斯托夫. 城市的组合——历史进程中的城市形态的元素 [M]. 邓东，译. 北京：中国建筑工业出版社，2008. 书中将城市形态元素分为城市边界、城市分区、公共场所和街道。

定义，将村镇社区物质空间形态分为两类基本的形态要素：一是流域水文和村镇聚落空间足迹的形态，以流域社区范围内在地图上显示的各种形态为主，如流域形状、径流主要路径网络结构形态、村镇肌理等；二是关于村镇聚落内部的空间结构形态，包括形态边界、形态结构和形态单元，即集镇边界、分区与径流、基础设施和"水−地"街道单元。

另外，Serge Salat 研究了城市形态学框架下的有机模式、网络布局、分形结构、连接城市不同尺度的隐藏秩序、形态韧性、自我完善和修复性、时间韧性等问题，并提出一系列形态韧性评价指标和原则，如密度、分形、连接性和冗余度等，是目前城市形态学研究领域较新的研究成果。本书借鉴了 Serge Salat 的研究成果，对流域水文形态的分形结构、形态要素的连接性等水文韧性特征，韧性恢复，以及灾前、灾中、灾后的时间韧性进行了实证探索。

4. 定性定量结合分析

定性定量结合分析方法将因素性质鉴定的定性研究与指标分析的定量研究结合，二者相互指导、检验与支撑。在国内尤其是偏远的村镇地区，数据难以获取和缺乏是比较常见的学术研究障碍。本书通过奥维地图、谷歌地图、Bigemap、Open Street 等开放平台，当地政府机构和勘测设计单位，以及实地测绘调研等途径，尽可能地获取水文、地形、土地利用等基础资料，以便于更深入地挖掘和分析数据，结合 ArcGIS、Rhinoceros、Grasshopper 等工具进行定性定量结合分析，得出可靠的结论。

5. 田野调查

本书着眼于对小流域尺度下案例群村镇的观察、问卷访谈和资料收集。本书作者先后 3 次对木瓜镇及其流域范围内的村镇社区进行了实地调研，置悬已有知识，对当地的社会生态进行韦伯"理解社会学"方法下的理解和体验。通过观察、访谈、问卷获取了大量的一手调查资料，以加强对研究对象的把握和理解，希望能够自下而上地获得乡土性策略和知识。同时，通过村镇实地调研发现需要解决的、具有地域性的实际问题，观察村镇聚落建设格局和村民生产生活方式，希望通过理论、模拟和经验的交互，为村镇社区的振兴和发展建言献策。

6. 理论研究与设计研究相结合

理论研究往往更加关注问题本身和成因，而实践注重的是如何实现具体的操作和方法路径。因此，设计研究的意义便在于衔接理论和实践，对理论假设进行研究阶段的尝试和验证。建筑学下的理论研究和设计实践通常较为脱离，两者之间还存在设计研究的过程。设计实践成本高、周期长，较难通过小型实验去验证，因而通过设计研究的方式在尚未实施的阶段检验既有理论的可行性便成为一种行之有效的途径，降低了实践成本。

本书采用将理论研究与设计研究相结合的方法，在社区空间形态的 3 个层面探索了相应的水文韧性策略的具体设计研究，希望通过设计研究探寻从理论研究到规划设计实践的实现路径。

1.5.3　研究架构

本书基于"明线"路径上的社区空间形态对象和"暗线"路径上的"水–地–人"关系进行研究（图 1.11），沿着"现象认知–形态溯源–互动机制–空间策略"的技术路线展开，从特征现象和问题本质出发提出研究问题，结合相关学科的研究综述和成果，以水文韧性为视角探索 3 类社区空间形态与洪涝灾害的互动机制，期冀通过作用机制和韧性策略的探索实现"三生"协同的研究目标。研究框架如图 1.12。

概言之，本书的研究内容由四小部分组成，分别是研究体系构建（第 1 章）、现象发生机制研究（第 2 章）、形态作用机制与策略研究（第 3 ～ 5 章）和结语（第 6 章）。本书研究内容主要集中在现象发生机制研究和形态作用机制与策略研究这两部分，而绪论部分是本书研究问题的提出和研究框架的搭建，结语部分则是对本书已形成研究成果的总结。

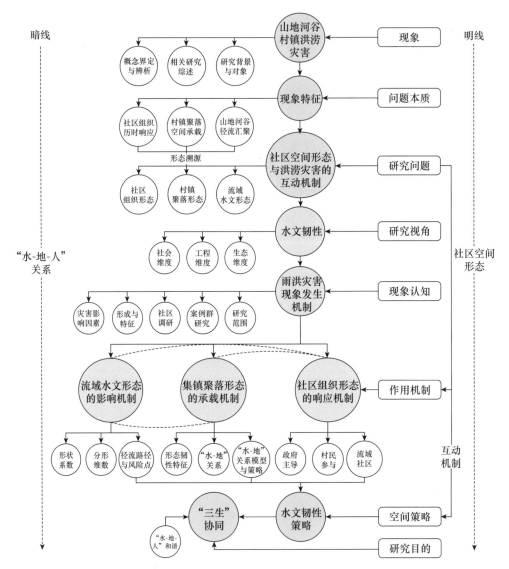

图 1.11 研究技术路线

图片来源：作者绘制

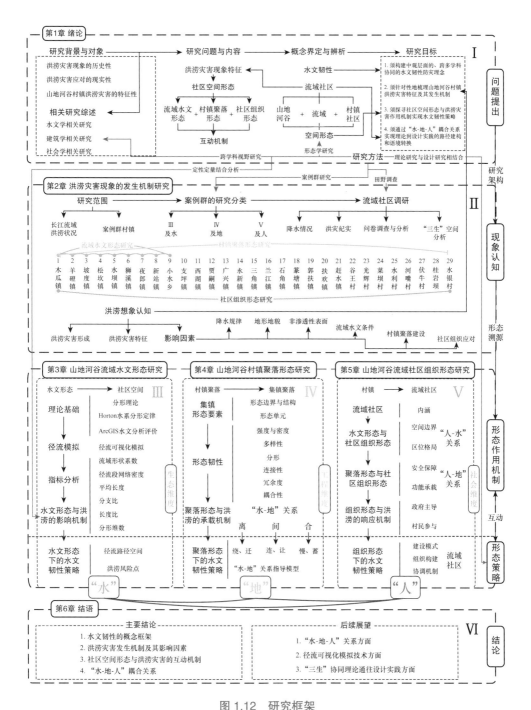

图 1.12　研究框架

图片来源：作者绘制

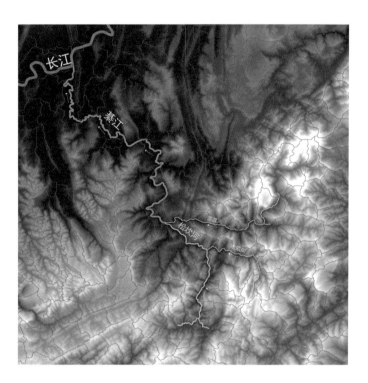

从现象到机制
洪涝灾害现象溯源形态的互动机制

第2章 洪涝灾害现象的发生机制研究

2.1 研究范围

2.1.1 长江流域洪涝状况

作为仅次于尼罗河和亚马孙河的世界第三大河，长江干流横跨 11 个省级行政区，支流流经 19 个省级行政区，流域总面积 $1.8 \times 10^6 \, km^2$，囊括全国 1/3 以上的人口和 GDP，其中 1/2 以上的城市都位于历史上的洪泛区。长江流域是中国最严重的洪灾发生地，再加上现代城市已是一个复杂巨系统，导致洪水造成的损失和伤害数量级增加。

明清以来，由于森林砍伐、围湖造田、城镇化建设等原因，长江流域的蓄洪能力不断减弱，再加上全球气候变暖，长江流域的洪涝灾害日益严重，主要集中在贵州、重庆、湖南、湖北、江苏、浙江等省份。20 世纪以来，根据长江防洪史统计，长江 10 年左右就会发生一次比较大的洪灾，如 1931 年、1935 年、1954 年、1964 年、1970 年、1981 年、1998 年、2008 年、2020 年的流域性或区域性大洪水，造成大量的人员伤亡。不断增加和突破极限的暴雨和地表径流挑战着长江流域涉水城镇及其水利工程的承洪能力，人类面对洪涝的节节败退是不言而喻的。据住建部名单，近年来内涝灾害严重、社会关注度高的 60 个城市中，占比近 22% 的 13 个城市在长江沿岸，占比近 82% 的 49 个城市位于长江流域内。

　　长江水系呈线型网状分布，河川径流空间分布迥异，干流跨度长，支流流域面积广，洪涝灾害主要由暴雨天气引起，且集中在 6—8 月的汛期。在亿万年的地质演进中，西南季风促成了长江流域河流湖泊的地域分布：从西南方向海洋季风裹挟的降水，通常按照自东向西、先南后北的顺序依次落下，在地表汇流后进入江河，中下游的地表水率先入海，待上游客水进入中下游时，长江和沿线湖泊已经错开洪峰，足以迎接上游的洪水①。若出现异常情况如厄尔尼诺现象②或者入梅早且梅雨期长，降水徘徊往复在长江一带，上下游、江与湖的来水就会形成洪峰集聚，从而暴发大洪水与洪涝灾害。近 10 年来，长江上游干区流域人居环境面临着极端降水条件下的洪涝灾害问题，山洪和内涝愈发严重且频次增多。其间，以 2020 年的洪涝灾害最为严重，整个长江流域发生了往复徘徊的极端降水和洪涝过程，而上游的綦江流域中山地河谷区域的中小城镇和偏远村镇洪涝受灾程度相比大城市更严重，特征现象突出。

　　从水文的角度看，整个长江流域上下游的涉水城镇通过河湖水系联系在一起，相互间通过自然与人工系统的协同调蓄共同应对着洪涝问题。长江水患分布范围甚广，干流上游多山地、河谷，地形复杂且地表多松散土石，沿岸因洪水漫溢造成洪水灾害，在发生大暴雨时易引发山洪、滑坡和泥石流灾害，典型水文城镇为山地河谷型城镇、山地沿江型城镇，防洪区包括重庆、云南、贵州等省份；长江干流中游两湖平原及支流冲积平原因湖泊面积减少，蓄洪能力降低，由洪水泛滥和溃堤造成灾害，防洪区包括湖北、湖南、江西等省份，在暴雨集中和每年 5 月长江进入春汛时易发生洪水，典型水文城镇为湖泊型城镇；中下游地区洪灾最为严重、集中、频繁，这是因为长江中下游干流多平原，河道泄洪能力不足以承载巨大来水量，且地面高程普遍低于当地洪水位，防洪区包括安徽、江苏、浙江等省份，典型水文城镇为圩田型城镇、河网型城镇；长江末端滨海城市易遭受风暴潮侵袭，如上海，但由于滨海城市经济发达、地下水位较高、市政基础设施投入较大，内涝易通过强大的市政管网排入大海。

---

　　① 张从志.暴雨倾城，治涝恶性循环何解？[J].三联生活周刊，2020（31）：68-76.
　　② 厄尔尼诺，是发生在热带太平洋海水温度异常增暖的一种反常的气候现象，大范围热带太平洋增暖会造成全球气候的变化。由于海水温度高，空气层结不稳定，对流发展，原来的干旱气候转变为多雨气候，甚至造成洪水泛滥。

2.1.2　不同水文城镇类型及其洪涝特征

不同类型的水文城镇在洪涝防治建设方面的应灾能力研究、规划设计实践研究等进展参差不齐，其中，河网型城镇的雨洪韧性最强，相关研究成果也非常丰富；大型山地沿江型城镇、湖泊型城镇由长江水利防洪系统进行统筹调控而受到人为干预较大，水利方面研究成果丰富；圩田型城镇在古今中外的研究中受到较多的关注，涉水问题研究也较丰富；而山地河谷型城镇在涉水灾害问题的研究方面相对匮乏，亟须相关理论、田野调查和实证方面的研究①。

1. 山地河谷型城镇

山地河谷型城镇主要位于长江上游重庆、贵州、云南等省份，典型案例有贵州省木瓜镇、四川省泸定县等。山地河谷区域由于地形坡度大，水随到随流，不易集聚。一旦遇到强降水，水从高处冲下，集聚快、威力大，洪涝问题非常突出。据新闻报道，2020 年 6 月 22 日，贵州省桐梓县的木瓜镇、羊磴镇、坡渡镇、水坝塘镇、狮溪镇等山地河谷型城镇（图 2.1）不同程度受灾，山洪暴发、房屋

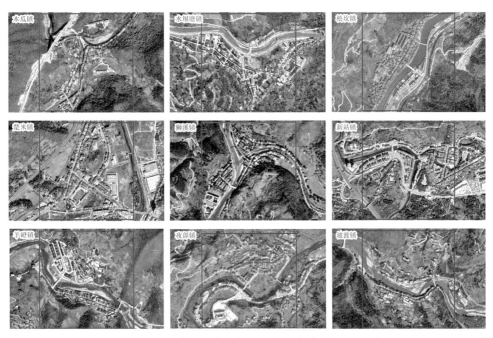

图 2.1　贵州喀斯特地形典型山地河谷型城镇卫星图像

图片来源：作者改绘自奥维地图

---

① 廖凯，黄一如.长江流域典型水文城镇类型及洪涝问题浅析［J］.住宅科技，2021（4）：31-36.

倒塌、通信设备毁坏、多人被困，以木瓜镇受灾最为严重，而下游的綦江也相应遭受严重的洪涝。

《管子·乘马》中"凡立国都，非于大山之下，必于广川之上；高毋近旱而水用足；下毋近水而沟防省"指出古代造国营城宜选址于大江大河旁，以保证用水的充足，同时又要防止近水洪涝。河谷是最接近江河的地段，由于水源充足、土壤肥沃、地势较开阔平整，成为早期人类起源地和城镇聚居的发源地之一。

山地河谷型城镇洪涝特点：行洪速度快、洪峰消退快，一般在48 h之内洪峰过境并结束；洪水中往往夹带大量泥沙、杂物和垃圾。对于山地河谷型城镇来说，面临着"洪"和"涝"两方面的问题，既需要应对随着河流带来的上游水漫溢产生的洪水，又需要解决自身汇水区内城市化过程中非渗透性表面增多产生的雨水径流的"渍水"问题。山区"洪"的危害远大于"淹"，水过之处，决堤毁屋，冲击力巨大。

2. 山地沿江型城镇

山地沿江型城镇主要分布于长江上游四川、重庆等省市，典型案例有重庆合川等。重庆作为山地沿江城市，地形变化、坡度起伏较大，滨江低洼地带是洪涝受灾重点区域。据新华社报道，2020年8月18—19日，受四川盆地连续强降水影响，"长江2020年第5号洪水"和"嘉陵江2020年第2号洪水"过境重庆主城中心城区，重庆市启动防汛Ⅰ级应急响应，长江重庆段出现突破1981年历史极值的洪水位，致当地26.32万人受灾，洪水淹没商铺2.37万间、车库194个、机动车663辆等，倒损房屋4095间，农作物受灾面积8636 ha（1 ha=10^4 m^2），直接经济损失24.5亿元，未造成人员死亡。

山地沿江型城镇洪涝特点：洪涝持续时间短，沿江低洼地带受洪涝影响较大；洪水受长江上游水利工程的防洪调蓄控制和过境洪水影响较大。重庆的地理位置决定了其既要为长江中下游防洪保安减轻防洪压力，又要承担长江上游过境洪水带来的压力。特殊状况下三峡大坝为避免下游城市遭受更大的灾害损失，会通过宏观泄洪调蓄手段延长洪峰过境时间，造成重庆承担洪峰而形成内涝。

3. 湖泊型城镇

湖泊型城市主要分布于长江中游湖北、湖南、江西等省份，典型案例有武汉岳阳等。武汉地处古代"云梦泽"之地，曾是湖泊群和沼泽之地，有"千湖之城"之称，城市大部分建设于曾经的洪泛区。河流、湖泊、洼地、坑塘等具有调蓄雨水、涵养渗流等调节径流的作用，然而城市建设的盲目扩张和对洪泛区湖泊的填塞和侵占，降低了雨水的调蓄分流功能。根据武汉市水务局资料，近30 年武汉湖泊面积减少 228.9 km²，其中经审批合法填湖占 53.3%，非法填湖占46.7%。武汉中心城区中华人民共和国成立初期的 127 个湖泊如今仅存 38 个。

据搜狐网报道，2016 年武汉暴雨灾害造成全市 75.7 万人受灾，部分小区渍水内涝时间超过了 6 天；农作物受损 97 404 ha，其中绝收 32 160 ha；倒塌房屋2357 户 5848 间，直接经济损失 22.65 亿元；因灾死亡 14 人，失踪 1 人。

湖泊型城镇洪涝特点：应对自身集水区内雨水径流的同时，受长江上游排洪引起的湖泊水位抬升影响较大，当河流湖泊水位高于市政排水位时易形成内涝。内涝严重的住宅区很多原来都是湖泊、湿地等原承担蓄水、分洪功能的洪泛区，而填湖导致水无处可排。内涝具有滞留久的特点，如 2016 年武汉洪山区南湖片区的内涝超过 6 天才全部消退。调研发现，绝大部分武汉内涝小区均位于湖泊周边或不远处（图 2.2）。

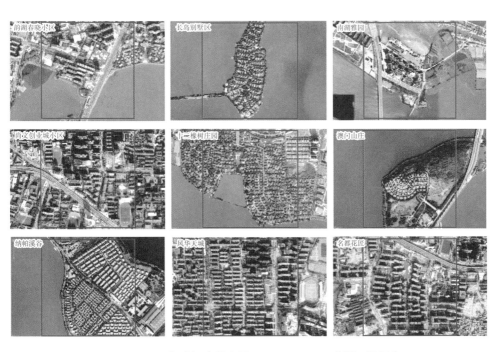

图 2.2　2016 年武汉内涝小区 800 m×800 m 范围卫星图像

图片来源：作者改绘自奥维地图

4. 圩田型城镇

圩田型城镇主要分布于长江中下游安徽、江西、江苏等省份，典型案例有江西省鄱阳县油墩街镇、安徽省全椒县等。《万春圩图记》（沈括，1061）中记载："江南大都皆山地，可耕之土皆下湿厌水，濒江规其地以堤，而艺其中，谓之圩。"开垦圩田（图2.3）的过程是在把江南低洼处水流塑造成外高内低、秩序井然的水网和可种植、可建设用地的过程。孙峻《筑圩图说》总结历史上筑圩修圩的技术经验，集中完备地论述了治理太湖流域青浦地区"仰盂圩"的技术经验，对于水网圩区建设和治理圩田型城镇、防涝抗旱具有重要指导意义[①]。筑堤围田是长江中下游圩田型城镇的典型空间形态，实现了疏浚排水，将低洼的沼泽区开拓改造成可种植的农田和建设用地，提高了农作物的种植产量，满足百姓衣、食、住、行的同时保护城镇免于洪涝灾害（图2.4）。从地形地势上看，仰盂圩四周高中间低，复盆圩中间高四周低，倾斜圩半边高半边低。由于仰盂圩地势低洼凹陷，排水抗涝问题最复杂[②]。

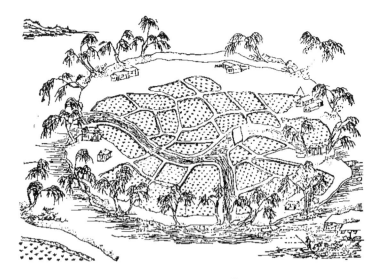

图2.3 圩田图解[③]

① 孙峻，耿橘.筑圩图说及筑圩法［M］.汪家伦，整理.北京：农业出版社，1980.
② 侯晓蕾，郭巍.圩田景观研究形态、功能及影响探讨［J］.风景园林，2015（6）：123-128.
③ 王祯.农书［M］.北京：商务印书馆，1937（民国二十六年）.

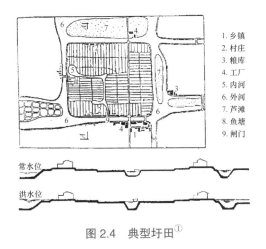

1. 乡镇
2. 村庄
3. 粮库
4. 工厂
5. 内河
6. 外河
7. 芦滩
8. 鱼塘
9. 闸门

图 2.4　典型圩田①

长江中下游安徽、江西、江苏等省份圩田型城镇亦众多，蜂窝格构状的圩田构成了壮观的大地肌理。很多地方志将"圩"作为地理疆域构成和社会组织的基本单位，从某种意义上看，一个圩区也是一个水利社区。随着人口的增加，位于圩田高地上聚落会沿着区域内河生长，这些聚落甚至街道，常以河、港、浜、渡、汇、溇、荡、埠等命名。圩田型城镇水城关系突出体现在对水资源的灵活调配，完善的水系网络有很强的滞洪排涝和灌溉功能；同时，作为次生湿地，生物多样性丰富。

2020 年 7 月 8 日，上饶市鄱阳县油墩街镇西河崇复圩发生 4 处决堤，造成 6 万余人受灾（图 2.5）。据江西省应急管理厅统计，2020 年 7 月的洪涝灾害造成南昌、景德镇、九江、上饶等地区 521.3 万人受灾，农作物受灾面积 455 700 ha，绝收 75 000 ha，倒塌房屋 403 户 988 间，直接经济损失 64.9 亿元。2020 年 7 月 19 日受强降水影响，安徽省滁河水位快速上涨，为缓解下游的防洪压力和城镇利益，全椒县对滁河两处坝堤实施爆破，启用蓄洪区。安徽位于长江下游，具有承载上游泄洪洪水的"口袋"效应，开放入水闸能上保河南、下保江苏。

圩田型城镇洪涝特点：圩田堤坝具有溃坝的危险，圩田型城镇往往处于历史洪泛区相对低洼地带，受国家宏观调控影响较大，往往会考虑到对下游城市的保护而主动破堤泄洪，对圩田型城镇的农业生产和生活影响非常大；从圩田中抽

---

① 吴良镛 . 人居环境科学导论［M］. 北京：中国建筑工业出版社，2001.

图 2.5　上饶市鄱阳县油墩街镇决堤示意（卫星图像）

图片来源：作者改绘自奥维地图

排水的传统处理过程易导致地面沉降和倒塌，而城镇建设给予地面的压力也加剧了沉降过程。相比于荷兰圩田城市具有完善的运河、堤坝、水闸、泵等水利设施和排水系统，我国的低洼圩田型城镇较少有完善的防涝防洪系统，工程质量也参差不齐。防洪策略上可考虑定期疏浚河道，将圩田河渠网络和鱼塘的淤泥用于垫高圩堤和戗岸，并确定长效疏浚管理机制。按范仲淹所言，"修围、浚河、置闸"乃圩田之三鼎足、缺一不可。

5. 河网型城镇

河网型城镇主要分布于长江下游浙江、江苏等省份，典型案例有苏州（图2.6）、绍兴、泰州古城、扬州古城等江南水乡。太湖下游"水城"因地制宜修筑城墙抵挡洪水，通过灵活设置的水陆门闸调节水量，开挖宽深的护城河，并有与河湖相连、网络纵横的城市水系作为排水和调蓄系统，形成了水路相邻、河街平行的"双棋盘"水乡城市格局，不仅能有效地适应洪涝灾害，而且创造了独具特色的城市形态（图 2.7）。这种城镇形态的基本结构呈现出"堤-水-闸"构成的多尺度田字形，堤、水系和闸分别起到挡水、蓄排和分级控制的作用，是典型的理想水文韧性模式之一。

河网型城镇洪涝特点："堤-水-闸"系统滞洪洪水调节泵压力大，水患灾害较少。据《苏州府志》记载，自西汉至清的 2000 余年中，苏州城仅 7 次洪涝，

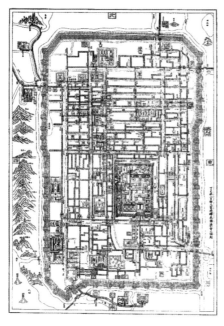

图 2.6　宋平江府碑摹本，南宋绍定二年
（1229）李寿朋刻绘，民国年间拓印[①]

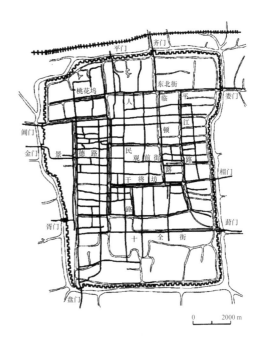

图 2.7　1949 年苏州城[②]

唐朝以前 5 次，宋朝时仅有 2 次洪涝灾害，宋嘉定十六年（1223）以后至清末
700 余年则未有洪灾记录。

平江地处江南地区太湖平原，地势低平，西接太湖，北通长江，降水量大，
面对极易形成内涝的困境，排水速度和消纳滞蓄非常重要。一方面，古城与太湖
之间的丘陵地带在一定程度上削弱了太湖洪水的侵犯。另一方面，苏州有记载的
历史最高水位为 1954 年的 4.37 m，而古城城内标高约 4.2 ～ 4.5 m（吴淞标高），
普遍高于一般年份的洪水水位[③]。太湖平原历史上就是洪涝灾害多发区，整体区
域年降水量接近 1200 mm，不时还有自长江上游汹涌而来的洪水。

从城镇空间形态上看，水陆平行、河街相邻、前街后河的"双棋盘"城市
空间格局以及"六纵十四横加两环"的河道水系，促进了雨洪快速排出。城内河
道长超过 80 km，桥梁 359 座，坑塘水体形成的"消纳渗透设施"均匀分布在古
城街区之中，因地制宜地顺应了地势和排水路径，发挥了排水防涝的功能，起到

---

①　刘敦桢.中国古代建筑史［M］.北京：中国建筑工业出版社，1980.

②　董鉴泓.中国城市建设史［M］.4 版.北京：中国建筑工业出版社，2020.

③　吴庆洲.中国古城防洪研究［M］.北京：中国建筑工业出版社，2009.

分散消纳和分区存蓄的效果。宋代朱长文赞道:"观于城中众流贯州,吐吸震泽,小浜别派,旁夹路衢。盖不如是,无以泄积潦,安居民也。故虽名泽国,而城中未尝有垫溺荡析之患。"把河网和道路系统巧妙地结合起来形成多功能的水街,综合解决城市供水、排水、交通运输、消防、景观审美、微气候调节等问题,是中国古代城市规划和建设的杰作。适水规划、建设技术与周期性的水涝之间的反复作用和对洪涝的适应性学习,提升了城镇雨洪韧性,从而为当代雨洪韧性城市设计提供了宝贵的经验。

2.1.3　山地河谷案例群村镇

本书中的山地河谷村镇位于长江上游干流区间流域(图2.8)的贵州北部和重庆南部,是典型的山地河谷流域,人居环境包括山地竖向、水系纵横向的自然环境以及村镇社会环境系统。长江上游干流区间流域面积 9.25×10^4 km²,年径流量 2.114×10^{11} m³,流经地貌类型为岩溶化山地,从宜宾起自西向东穿过四川盆地和重庆山地,为河床坡降较大且水流湍急的峡谷型河段。与长江中下游平原不同,上游区域的洪涝灾害现象通常出现在河流两岸的河谷低洼城镇,呈线性排布。同时,该区域的山地河谷村镇经济发展水平较低,且囿于生态环境恶化的困境,建筑学相关领域对该区域山地河谷村镇的社区空间形态研究涉猎较少。

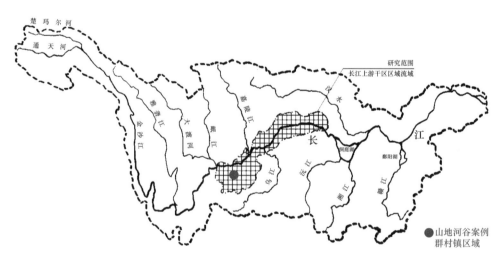

图2.8　长江上游干流区间流域的地理区位
图片来源:作者绘制

　　流域划分及其结构遵循分形特征，不同层级和同级对象间具有同构相似性。众多小流域组成中型的流域，中型的流域再汇聚形成次大河流域和江河流域，径流层层汇聚，遵循相同的产水产沙过程。本书研究范围选取了长江上游干流区间流域的綦江、松坎河和木瓜河 3 级流域，3 条河流为长江的第二、三、四级支流且等级逐级降低，该区域近年来不断遭受极端降水条件下外洪与内涝的双重安全威胁，针对该区的研究及其结论具有典型性和普适性。该区域内山地地貌类型为喀斯特地貌，囊括了中山、低山、丘陵、台地和平坝等类型，以中山为主，河谷是该区域城镇社会经济活动的主要且集中区域，生态环境相对脆弱。

　　本书通过对綦江、松坎河以及木瓜河 3 级河流流域区域的等高线进行地形建模和基于 ArcGIS 软件的水文分析，根据前文流域定义中不同等级的流域面积范围对该区域进行了江河流域、流域和小流域尺度的划分分析。通过图 2.9 中 3 级河流流域的不同尺度流域细分，得出其中次大河流域平均面积约为 1014 km^2，流域平均面积约为 170 km^2，小流域平均面积约为 62 km^2。针对关注的小流域尺度，本书通过在 ArcGIS 中设定不同的汇流累计量阈值溯源小流域尺度范围内的不同划分情况，同时从卫星影像图关注案例群村镇受影响的小流域径流汇集范围，确定了总体区域的小流域最终划分边界。虽然划分得出的部分小流域面积超过了《小流域划分及编码规范》中的规定，但是为了保证整个研究区域内小流域划分的均等性（即统一的汇流累计量阈值），允许结果中个别小流域面积超过 100 km^2。从整体上看，结果中小流域的平均面积为 62 km^2，仍在《小流域划分及编码规范》要求的不宜超过 100 km^2 的范围之内。

　　根据以上小流域划分结果，可以得出各个山地河谷村镇所在的小流域边界范围及其所处的小流域区位位置。这些基于地形和水文分析得出的村镇所在的小流域区域，形成了以小流域为社区边界的流域社区。山地河谷村镇的洪涝灾害最关键和受灾最重的区域为镇域的集镇位置，而集镇的雨洪形成又受到上游的村镇、山地环境的径流影响，其洪涝灾害问题是一个涉及流域社区内上下游村镇间的系统性问题。因此，流域社区的划分从各个山地河谷集镇出发，向对其具有雨洪影响的周边小流域进行流域社区边界溯源，若存在两个小流域对集镇产生雨洪影响，则该镇的流域社区边界为这两个小流域的最外轮廓边界，木瓜镇流域社区便是如此。

研究区山地河谷流域的洪涝一般出现在河流两岸的河谷低洼村镇。在研究区域（图 2.9）内的小流域划分边界基础上，本书通过木瓜河、松坎河、綦江进行了"地毯式"的沿河村镇搜罗，共选出位于沿河河谷地带的 21 个集镇[①]、17 个村（图 2.10），分别是新站镇、夜郎镇、小水乡、木瓜镇、松坎镇、羊磴镇、水坝塘镇、赶水镇、坡渡镇、狮溪镇、扶欢镇、郭扶镇、篆塘镇、石角镇、兰江

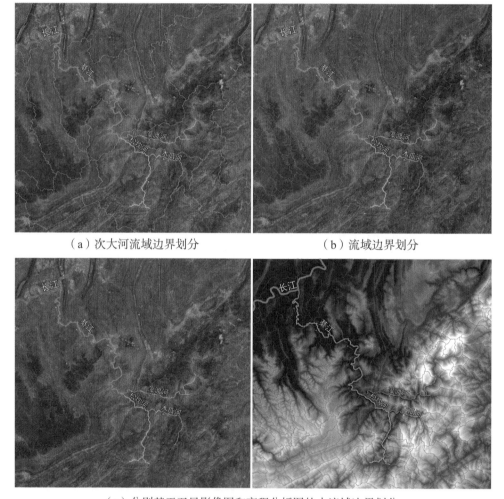

（a）次大河流域边界划分 　　　　　　　　　（b）流域边界划分

（c）分别基于卫星影像图和高程分析图的小流域边界划分

图 2.9　研究区域内流域边界细分研究

图片来源：作者绘制

————————————————

① 本书案例中镇指的是整个镇域范围，集镇指的是镇中心区的范围。

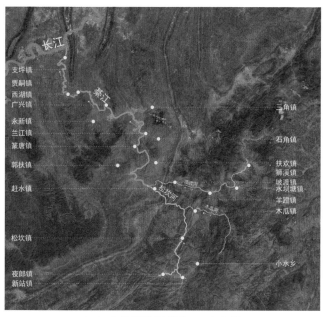

（a）山地河谷地带的 21 个集镇

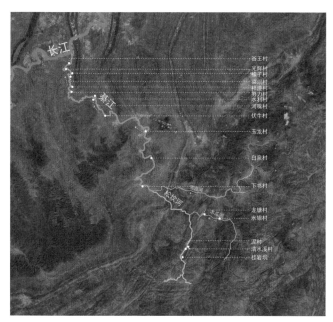

（b）山地河谷地带的 17 个村

图 2.10　山地河谷村镇流域社区研究村镇索引

图片来源：作者绘制

注：图（a）中均指相应集镇。

镇、三角镇、永新镇、广兴镇、西湖镇、贾嗣镇、支坪镇的集镇，以及谷王村、光辉村、檬子村、莱坝村、梓潼村、努力村、水利村、河嘴村、伏牛村、玉龙村、白泉村、下书村、龙塘村、水银村、泥村、清水溪村以及桂岩坝村，这些山地河谷村镇便是本书研究案例的基数群体。

2.2 案例群研究分类

案例群的研究主要从流域水文形态（第 3 章）、村镇聚落形态（第 4 章）和社区组织形态（第 5 章）3 类形态与洪涝灾害的互动机制进行实证案例的选取。在分类研究的案例选择中，本书基于研究聚焦点和研究目的，分别选择相应形态下具有突出代表性特征现象的村镇进行重点分析。在前述 38 个村镇的案例群基数上，剔除部分规模过小、个体特征不明显、洪涝灾害问题不突出的村，如檬子村、梓潼村、努力村、玉龙村、白泉村、下书村、龙塘村、泥村以及清水溪村，研究进一步聚焦 21 个集镇和 8 个村进行社区空间形态的分类研究。

2.2.1 山地流域水文形态案例选取

流域水文形态研究案例的选取主要基于同等的气候条件、相似的水文地貌条件、同类型的山地洪涝灾害等特征现象，如：① 同等极端降水条件，汛期降水充沛，暴雨或连续强降水状态下造成山洪内涝、山体滑坡、泥石流等自然灾害；② 洪涝风险点分析中径流汇聚风险程度较高；③ 同属于上一级流域，具有相似的产水产沙规律；④ 土壤类型是喀斯特地貌下典型的黄壤土质，透水性较差；⑤ 村镇选址在河谷低洼地带且有河流水系穿越镇区，水文条件是村镇聚落形态发展的主要影响因素之一。本书对綦江、松坎河以及木瓜河 3 级江河流域研究区域进行风险点分析，基于地形条件进行低洼地带高风险区域的评估（关于风险点的技术分析详见 3.6.2 小节）。从图 2.11 可以看出，红色柱状图位于村镇，水利村、广兴镇、扶欢镇、坡渡镇处于局部径流汇聚高风险地带。

根据 2020 年"6·12 洪灾"和"6·22 洪灾"的新闻报道和实地考察，本书作者发现綦江流域上游松坎河流域中的木瓜镇、狮溪镇、夜郎镇、松坎镇、新站镇、水坝塘镇、小水乡、羊磴镇和坡渡镇 9 个山地河谷村镇洪涝受灾尤其严重，且其中部分村镇位于同一降水量区间，遂将这 9 个村镇作为流域水文形态分析的

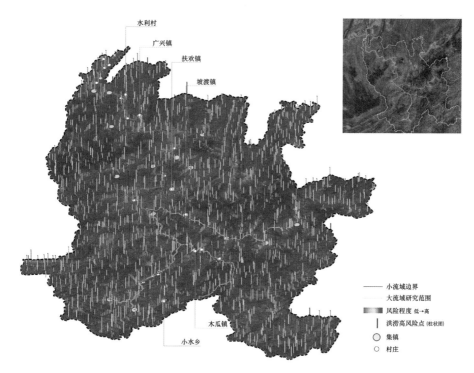

图 2.11 研究区江河流域范围内的村镇风险点分析

图片来源：作者绘制

实证案例，以进行水文形态指标的对比研究。而不在相近降水条件区域下的水利村、广兴镇、扶欢镇，由于降水的前提条件不同被排除出研究对比范围。另外，这 9 个村镇地形、地貌、植被等综合自然地理条件相近，根据各流域径流路径网络结构形态分维系数等指标与洪涝受灾程度的关系研究，可以在一定程度上说明径流路径网络形态对洪涝灾害的影响。本书希望通过第 3 章对各个村镇流域社区水文形态空间的分析，找出村镇受灾程度与流域水文形态的关联度和影响因素。需要说明的是，研究结论的适用性是建立在前述相同或者相近的自然地理前提条件之上的。

2.2.2 村镇聚落形态案例选取

第 4 章村镇聚落形态研究涉及案例群中所有村镇，主要集中在河谷集镇，并借用城市形态学的研究方法对集镇空间形态进行了研究，村落作为辅助研究案例。原因在于，山地河谷村镇体系中，河谷集镇由于选址、地势等问题造成洪涝风险程度相对较高，而部分山地河谷村落由于规模小、功能单一且以居住为主、生态有机地散落布局等原因，洪涝问题不严重且灾害损失较小。

村镇聚落形态的案例选取基于"水-地"空间关系模式进行研究，目的在于对"离""间""合"3 种关系模式的实证，涉及木瓜镇、松坎镇、水坝塘镇、夜郎镇、新站镇、小水乡、扶欢镇、三角镇、狮溪镇、永兴镇、石角镇、贾嗣镇、广兴镇、篆塘镇和西湖镇，以及莱坝村、伏牛村、谷王村、水利村和光辉村。这些村镇在"水-地"关系的呈现上具有突出的个体特征。

2.2.3　流域社区组织形态案例选取

第 5 章流域社区组织形态研究以 2020 年 6 月洪涝灾害最严重的木瓜镇流域社区为实证案例，本书针对木瓜镇洪涝灾中救援、灾后恢复进行了实地调研，通过问卷分析和田野调查分析目前村镇社会组织系统对洪涝灾害的响应状况。流域社区组织体系的构建和管理基于目前的行政组织体系提出，从"人"的角度提升对洪涝灾害的应对。

2.3　木瓜镇流域社区调研

聚焦于山地河谷村镇的实证研究有助于形成对问题的切实经验，从现实中获取经验和智慧。中国幅员辽阔，各地域差别大，如果没有广泛而深入的个案调研，难以对山地河谷典型地域下的洪涝灾害形成机制做出真实的判断。降水条件作为山地河谷村镇水文径流汇聚和洪涝灾害发生的主要前置因素，本书将洪涝灾害事件发生点和实证调研对象定位在 2020 年 6 月 12 日、22 日和綦江流域洪涝受灾村镇，并重点对受灾最严重的木瓜镇流域社区进行了社区调研。

本书作者分别于 2020 年 6 月、8 月、12 月以及 2021 年 10 月前后 4 次前往木瓜镇（图 2.12）进行实地调研，访谈 47 人、完成问卷 102 份，深入了解了木瓜集镇的山地行洪和灾后恢复过程，运用 PSR 模型（图 2.13）调研和分析了当地洪涝灾害应对情况。PSR 模型逻辑有助于基于实际情况厘清问题，即外部环境压力的影响（pressure），人类活动和建设后形成的村镇现存状态（state），如何应对变化和做出反应（response），多用于生态安全评价、环境评价等研究[1]。

---

[1] 陈天，李阳力. 生态韧性视角下的城市水环境导向的城市设计策略［J］. 科技导报，2019，37（8）：26-39.

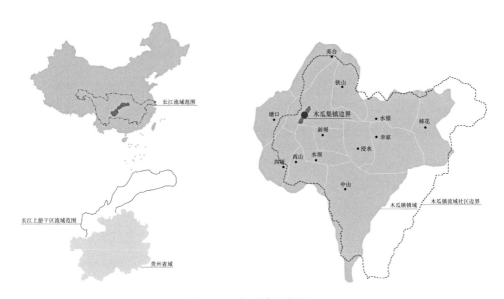

图 2.12 木瓜镇所在区位

图片来源：作者绘制

注：图中未注明的地名均为木瓜镇域范围内的建制村或自然村。

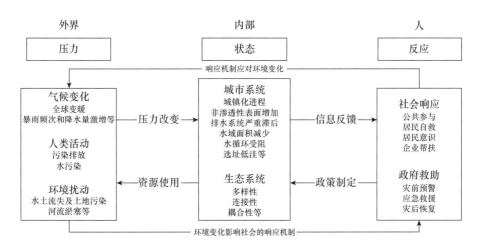

图 2.13 基于 PSR 模型的调研框架

图片来源：作者根据文献绘制

调研第一次主要针对灾中洪灾和灾后应急救援的实录，了解村镇洪涝发生情况；第二次主要针对灾后集镇社会生态状况以及重建建设进行实地调研、问卷发放和访谈；第三次主要针对问卷调整、二次发放问卷以及对整个集镇流域的社会生态环境进行全方位的田野调查，收集了政府工作报告、应急响应预案、水文勘测报告、地方志、文史资料等，获得了大量的一手数据；第四次主要针对木瓜镇社区组织进行调研，通过访谈和观察了解村民在小流域范围内涉水利益管理的参与情况以及跨镇域的洪涝灾害应对和协调情况。

2.3.1 降水情况

据《2020 年中国气候公报》，2020 年全国平均降水量为 1951 年以来第 4 多，全国共出现暴雨（日降水量 ≥ 50.0mm）7408 站日，较常年偏多 24.1%，为 1961 年以来第 2 多；长江流域全年降水量 1441.5mm，较常年偏多 22%，为 1961 年以来最多。部分支流河流出现破历史纪录的特大洪水，不少地方降水甚至突破历史极值，造成多省共 141 人死亡和数百万人的迁移疏散，洪涝造成的危害和损失远超 1998 年特大洪水。其中，长江上游干区支流綦江流域 2020 年 6—7 月发生的洪涝灾害最为严重，为 1940 年以来最大洪水，部分地区遇洪涝、山洪夜袭，地质灾害点多面广。

降水是河流涨落及流域洪涝灾害的主要影响因素之一。本节选取的 9 个村镇同属于綦江支流松坎河流域，并且地貌综合条件相似。本节收集了洪涝发生的前提条件——流域内村镇所在区域的降水量信息，以便研究后续同等降水量条件下村镇水文形态指标对洪涝灾害发生程度的影响。2020 年 6 月 12 日和 6 月 22 日，案例群中木瓜镇在内的 9 个村镇遭遇两次洪涝灾害，从桐梓县气象局获得的当日降水量分布（图 2.14 和图 2.15）可看出，木瓜镇、羊磴镇、松坎镇降水较多的区域降水量接近，具有一定的可比性，在 91.5 ～ 101.1 mm 以及 152 ～ 174.6 mm[①] 的范围，其中木瓜镇镇域内均受灾严重。通过走访与实地调研，发现其余村镇的集镇内未见大范围或者较严重的洪涝灾害，仅在各自流域社区范围内出现泥石流、山体滑坡等自然灾害。因此，通过对木瓜镇、羊磴镇、松坎镇的流域水文形态指标进行正向比对，可得出一定的结论，详见 3.4.2 小节。

---

① 降水量用雨量计或雨量器测定，以毫米为单位。日降水量观测可分为 24 段（1 h 一次）、8 段（3 h 一次）、4 段（6 h 一次）及 1 段（24 h 一段）4 种。日降水量的统计有 20—20 时和 08—08 时两种方法。我国电视和广播节目中发布的日降水量为 08—08 时，代表前一天的降水量。本书中获取的数据为 20—20 时的降水量。

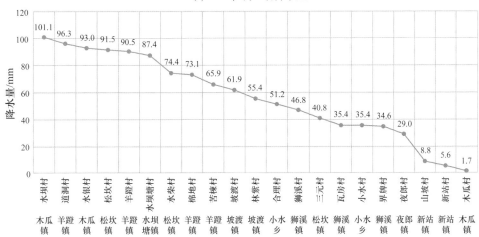

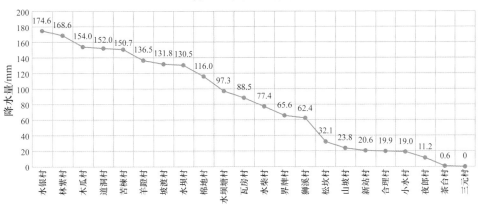

图 2.14　2020 年 6 月 12 日、22 日村镇日降水量排序

图片来源：桐梓县气象局

桐梓县6月11日20时至6月12日20时降水量

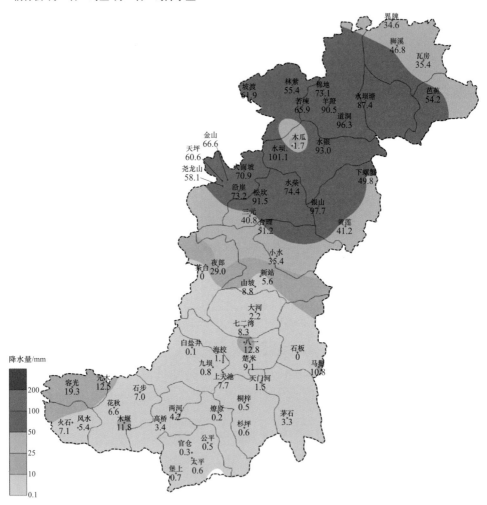

图 2.15 2020 年 6 月 12 日、22 日各村降水测量点的日降水量分布

图片来源：桐梓县气象局

桐梓县6月21日20时至6月22日20时降水量

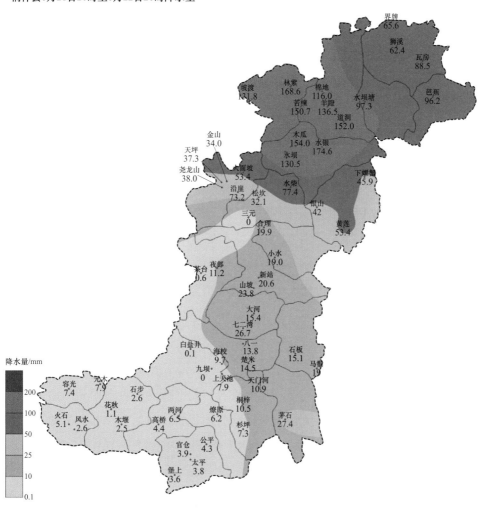

图 2.15　续

2.3.2 洪灾实录

2020年6月洪涝发生与受灾过程中，本书重点对木瓜镇进行了实地考察和调研。木瓜镇域内几乎每年都遭到洪灾威胁，历史上曾多次受到较重的洪灾侵袭，比较严重的出现在1998年7月、2016年6月和2020年6月。在2020年6月12日和22日，木瓜镇前后接连遭受了两场100 mm以上的大暴雨。由于木瓜集镇位于木瓜河与水银河两河交汇处的河谷低洼地带，暴雨之下，短时间内汇聚的两条河上游的雨洪以及所在流域社区的山地径流无法及时下泄，再加上集镇内部建设无序、空间拥堵并受到下游20世纪80年代修建的堤坝顶托作用等，洪涝灾害无法避免。

受101.1 mm的强降水影响，"6·12"洪水导致木瓜镇街上的积水一度达到3 m深，经初步调查统计，受灾人口13 738人，农作物受灾面积433 ha，成灾面积220 ha，绝收面积50 ha，房屋一般损坏18户22间，200余户房屋进水，通村通组公路受损严重，全镇停电达5 h。

受100年一遇174.6 mm的强降水影响，木瓜镇"6·22"洪水量级已超过1998年特大洪水。洪水从6月22日凌晨4点多开始，1.5 h之内达到洪峰，镇内最深处渍水深一度超过6 m，已漫过了楼房二层地面。洪水造成集镇多处房屋被淹，街上的积水一度达到5 m深，造成道路、电力、通信中断，河道护栏被冲毁，人员被困、多家商铺被水浸泡，集镇已然成为孤岛。沿街一楼300多户商铺，如服装店、电器店、修理店、超市等损失惨重，店内财产物品基本报废（图2.16），每家商铺住户遭受10万~60万元不等的经济损失，对于山区城镇居民来说，多年来苦心经营的营业收入和积蓄瞬间随洪水的到来而荡然无存。不同于平原大城市内涝无法及时回落，木瓜镇洪峰之后7 h水位即下降到安全线以下。由于洪水夹杂了淤泥和杂物，政府各应急救援团队工作了整整48 h才基本完成清淤工程和灾后生产生活恢复。

图2.16　木瓜集镇洪水退却后受灾现场
图片来源：作者拍摄

同时"6·22"大暴雨还引发了山洪灾害，冲毁村民房屋、鱼塘、农田和公路，导致河流改道。经初步调查统计，"6·22 洪灾"中受灾人口 4200 多人，农作物受灾面积 150 ha，成灾面积 110 ha，绝收面积 50 ha，房屋一般损坏 7 户 10 间，150 余户房屋进水，全镇经济损失约 1.8 亿元。

根据现场访谈，在木瓜镇流域社区内水银河的水银村河段中段了解到较为详细的历史洪水信息。据当地经营餐饮住宿娄先生讲述，他在这里经历过 4 场洪水，分别是 1998 年的、2016 年的、2020 年的"6·12 洪灾"和"6·22 洪灾"。其中，1998 年特大洪水和 2020 年的"6·22"洪水基本一样大，但 2020 年"6·22 洪灾"水位更高。娄先生认为主要原因是河道淤积，现状河床比以前高了 2 m 多以及下游壅水。2020 年"6·22 洪灾"中他的餐馆一楼被淹 2 m（洪痕高程为 450.28 m）；2020 年"6·12 洪灾"中他的餐馆一楼被淹 0.9 m（洪痕高程为 449.18 m）；2016 年的洪水不是很大，餐馆一楼未被淹没，但他家门前的桥在 2016 年被洪水冲垮。他还讲到，洪水暴涨时水流湍急，基础不牢的挡墙经常被冲垮。

本书作者在木瓜集镇现场还看到了大量的洪痕，根据在木瓜中学桥左岸桥头的商户吴先生讲述：他在这里 10 多年，2020 年 6 月 12 日洪水最高时与木瓜中学桥的桥面一样高（根据实测洪水位为 390.94 m）；2020 年 6 月 22 日又发生更大的洪水，洪水最高时比木瓜中学桥的桥面高出约 1.5 m（根据实测洪水位约为 392.44 m），他提到"6·22 洪灾"比 1998 年特大洪水严重，洪水大约持续了 2～3 h 才开始消退，而且 1998 年的公路还没修到如今这么高。

从桐梓县应急指挥中心获得的数据（表 2.1）发现，2020 年 6—7 月汛期内，9 个山地河谷村镇中木瓜镇洪涝灾害损失远超其他村镇，受灾人口达到 4.5 万人，农作物受灾面积达 668 ha，倒塌房屋 19 间，直接经济损失达 2.7 亿元，村民家庭财产损失 9537 万元。在降水量、地理、气象等综合条件相似的情况下，为何木瓜镇受灾如此严重，除了肉眼可观察到的一些原因，是否还有水文地理内在规律和影响机制的原因？本书第 3 章将对流域水文形态进行研究，希冀发现一些自然水文过程的内在规律，从而更好地提出应对策略。与此同时，10 天内木瓜镇遭两次洪水，两度对当地居民的生产、生活以及生态环境造成了极大损失和威胁，引发了一系列值得深思的社会生态问题。

表 2.1　9个山地河谷村镇洪涝灾害灾情统计表

	受灾人口	因灾死亡人口	因灾失踪人口	因灾伤病人口	紧急转移安置人口	集中安置人口	分散安置人口	需紧急生活救助人口	需过渡性救助人口	农作物受灾面积	其中:农作物成灾面积	其中:农作物绝收面积	倒塌房屋间数	倒塌房屋户数	严重损坏房屋间数	严重损坏房屋户数	一般损坏房屋间数	一般损坏房屋户数	直接经济损失	其中:农业损失	其中:工矿企业损失	其中:基础设施损失	其中:公益设施损失	其中:家庭财产损失
	人	人	人	人	人	人	人	人	人	ha	ha	ha	间	户	间	户	间	户	万元	万元	万元	万元	万元	万元
合计	178 422	3	1	1	32 544	148	32 396	19 732	138	4291	2368	849	70	26	211	126	1193	839	69 177	4459	8475	38 837	2659	14 747
木瓜镇	45 300	2	0	1	11 072	8	11 064	5713	30	668	370	140	19	6	40	30	273	174	27 135	451	5582	11 120	445	9537
夜郎镇	15 620	0	0	0	1106	0	1106	1208	10	602	406	202	6	3	33	30	85	80	10 658	600	1200	7050	45	1763
新站镇	11 581	0	0	0	627	0	627	464	28	134	86.5	57	0	0	24	10	409	349	2932.4	80.6	1003.5	1126	45	677.3
松坎镇	12 328	0	1	0	3007	140	3007	2684	2	228	94	17	2	1	0	0	6	4	9082	199	148	6572	1500	663
羊磴镇	15 160	0	0	0	4823	140	4683	1545	40	263	95	35	28	8	67	23	131	46	3220.5	555	62	1958	44.5	601
水坝塘镇	11 432	0	0	0	4551	0	4551	2130	0	114	68	12	0	0	0	0	28	23	3538.5	73.3	439	2462	218	346.2
坡渡镇	11 957	0	0	0	2914	0	2914	926	0	328	108	36	0	0	12	6	16	10	2538	245	20	1682	360	231
小水乡	5568	0	0	0	196	0	196	240	0	165	59	12	0	0	7	3	22	9	936	123.5	20	702.5	0	90
狮溪镇	17 099	0	0	0	3639	0	3639	2502	20	894	652	199	5	5	5	5	21	21	2664	1297	0	1289	0	78

资料来源：桐梓县应急指挥中心

2.3.3 问卷调查与分析

田野调研、问卷调查是获取一手调研数据的有效手段，如居民入户访谈问卷和镇政府、水务局、气象局、水文站等当地相关部门访谈。本书作者前后进行了入户访谈以及微信网络问卷——《木瓜镇基于洪灾背景下生态、生活、生产空间现状调研》的发放，对木瓜镇社会生态变迁和现状情况有了总体性的把握。具体工作内容如下：① 在提前与政府相关部门进行正式函件沟通报备、自我介绍和取得当地居民的理解与支持后，进行了入户访谈和问卷发放。问卷及访谈内容包括 6 个部分：居民基本信息、家庭情况、与洪灾相关的生态空间状况与满意度、与洪灾相关的生活空间状况与满意度、与洪灾相关的生产空间状况与满意度、展望与建议。② 典型对象访谈，主要选择每条街道典型受灾住户、有一定文化程度的年长者、政府领导（镇长）、任职多年的村干部等，访谈内容主要针对洪灾背景下村镇生态、生活、生产的现状、满意度以及建议。③ 二次调研与访谈，根据初步的调研和问卷结果，对访谈和问卷内容进行分析修正并重新发放和访谈，请相关人员评述，最后确定调研结果和数据。

问卷的分析结论将有助于自下而上地对村镇规划与设计策略进行反馈和建议，有的放矢。调研过程中一对一问卷访谈 47 人，采用无记名方式实收微信网络问卷 102 份，从对实收问卷答复和访谈内容的分析上看，已达到问卷需要调查的目的且能得出一定的结论。问卷调查的主要目的是了解木瓜镇与水相关的"三生"空间的现状情况，希望了解到村民真实的想法、建议和策略。作者将调研收集到的问卷在问卷星上进行了数据分析，结论如下：

（1）基本信息：完成微信网络问卷的居民年龄集中在 40 ～ 60 岁，也有部分答卷居民年龄在 25 ～ 40 岁和 60 岁以上；男性比例占到了 80%；大部分为木瓜镇本地居民。从教育背景上看，25 ～ 60 岁年龄段的木瓜镇居民文化程度不高，大多数具有初中、高中文凭，极少数具有大学及以上文凭和小学及以下文凭。有 1/2 的答卷居民为个体户，少数为农业生产人员、服务业人员和企事业单位人员，工厂职工非常少，说明木瓜镇作为镇域商贸中心，大多数居民的收入来源为个体工商业。

（2）家庭情况：家庭人口中，五六口人为主要家庭组成，常住人口中老人和小孩的比例并不高，说明木瓜集镇空心化情况并不严重。76% 的家庭在集镇上都有 1 处房屋，拥有 2 处、3 处及以上房屋的家庭较少，均只占 8%，没有房屋的情况存在但极少。近 1/2 的家庭总月收入在 1000～3000 元以及 3000～5000 元的范围，也存在少数 1000 元以下和 10 000 元以上的家庭。

（3）生态空间情况：大部分的答卷居民认为上一次非常严重的洪灾在 1998 年。问卷显示，2020 年 6 月 12 日和 6 月 22 日的洪灾中，木瓜镇近 2/3 的答卷居民经济损失在 1 万～10 万元的范围，其中 6 月 22 日洪灾造成的损失更大。大部分的答卷居民认为河道淤塞和侵占致使泄洪能力减弱、气候变化、罕见暴雨、市政排水基础设施建设滞后是造成洪灾的原因；超过 1/2 的答卷居民认为下游堤坝、电站的修建也是原因之一；1/5 的答卷居民认为，集镇选址低洼、上游洪水集聚、城镇化建设破坏山水生态也是原因之一；仅有 12% 的答卷居民选择了地面非渗透性表面增加的选项；近 90% 的答卷居民认为集镇市政雨水排水设施一般甚至很差，但对灾后市政排水沟的修建非常满意；大部分的答卷居民认为木瓜河、木竹河的污染在可接受范围内，但淤积侵占比较严重。

答卷居民对灾后政府采取的清淤、河道治理、市政排水沟的修建、救援和重建、灾后补助、更换商铺卷帘门、拆除下游水电站以及即将要修建的文化广场等基础设施的行动较为满意。同时，答卷居民对预防下一次可能发生的洪灾也提出了建设性建议，如"加强预警信息通报""改善市镇基础设施""定期清理河道，强化居民意识，做好信息预警，及时疏散群众""解决河道堵塞，排除河道堵塞，挖深河床和扩宽河床，扩大木瓜中学桥两侧出水口，排除一切障碍，还我们一个安全美好的家园""山体硬化，河道管理最为重要""河道清理""希望政府加强管理占用河道""把侵占河道的房屋拆除掉""希望相关部门能够尽快消除一切隐患，不要总是等事情发生了才出来善后""早搬走""加强防控""预警预报"等。

（4）生活空间情况：超过 1/2 的答卷居民认为卫生环境、道路交通、市政基础设施是现阶段需要改善的方面；1/3 左右的答卷居民认为公共活动和社区活力、公共交通、经济产业、生态环境方面也存在需要解决的问题；70% 的答卷居民对集镇的街道、广场等公共场所的现状不太满意，认为集镇缺乏公共场所和活动空间；超过 1/2 的答卷居民认为河滩绿廊需要改进；40% 左右的答卷居民认为广场、绿地公园需要改进；约 1/2 的答卷居民认为缺乏休憩和活动设施空间、生态绿化较少、面积太小是公共场所需要改善的问题；1/3 左右的答卷居民的出行活动是逛街买菜、运动、打牌、广场闲聊和赶集。

答卷居民对住宅现状还是比较满意的，大多数人打算长期自住，也有近 1/2 的答卷居民认为洪灾来临时一层应该具有一定的挡水措施。有居民提出，设置安全通道是住宅需要改进的地方。有 1/3 的答卷居民认为集镇的住房条件和交通条件与 10 年前相比有了改善。大部分的住宅屋顶处于空置状态，1/3 的答卷居民在屋顶放置了物品，少部分答卷居民在屋顶养花种菜和晾晒。无答卷居民对屋顶采取雨水收集的措施，本书作者在现场调研中发现有居民特意让屋顶积一定深度的雨水，以便于直接取水进行灌溉，但代价是屋顶防水构造低劣造成顶层漏水而影响居住。

（5）生产空间状况：44% 的答卷居民家庭收入来源于镇上的零售商业，家庭收入来源于服务业和家人在镇外城市工作收入的答卷居民家庭占 16% 左右，家庭收入来源于农业生产的答卷居民家庭仅占 8%。认为集镇正在朝向文化旅游业发展的答卷居民最多，占到了 32%。

（6）展望与建议：近 1/2 的答卷居民认为，集镇与小时候相比生态环境变差了；1/3 的答卷居民认为邻里关系存在淡化现象，公共空间很小，住宅密度高；1/4 的答卷居民认为自留地减少了。大部分的答卷居民对集镇未来的"三生"空间都提出了建设性的意见，如"加强生态环境保护""发展旅游""大力发展集镇旅游，打造集镇文化，增强集镇活力""希望经济发展能够越来越好、生态环境得到改善、道路修建完善、基础设施完善""希望公路变宽，没有灰尘和泥泞，给我们老百姓一个又宽又大又干净的广场和活动场所""方便交通""改善街上居民居住条件，多修几处公共场所及公共厕所，清除严重侵占河道的房屋，还河道防洪排洪能力""清理河道，打造旅游""有企事业单位在本地投资以带动地方经济，基础设施有文化广场，镇中心有医院、农贸市场以及停车场等""提高农村种养技术、加工技术，坡改梯、路通田土减轻搬运劳动力，增强对河堤沟的保护，防止水土流失""道路和卫生提升""让老百姓有一个安全舒适的环境""希望政府相关部门为人民办实事"等，体现了居民的心声。

2.3.4　"三生"空间分析

1."三生"空间分布

目前"三生"空间中生态空间、生产空间和生活空间的具体定义和划分还未形成标准，对其内涵的认识大多以空间作用为基础。在用地类型方面，我国现有的土地利用分类体系中，生产用地和生活用地分类已较为明确，而对于生态空间用地尚无确切的划分和定论[①]。本书中，村镇"三生"空间的含义具体如下：

（1）生态空间，为区域可持续发展提供生物支持和生态调节等生态服务功能，具有一定自我恢复、调节和维持能力的用地空间[②③]，包括山体、林地、草地，河流、湖泊等水面，沿河滩涂、水域、耕地等自然基底，对流域生态系统承载力、微气候调节和生态净化等方面有着重要作用。

（2）生产空间，为人们生活提供各种产品与服务，满足农业生产，工业建设，以及旅游、金融等生产活动的用地空间，具有输出产品的特性，与产业结构相关，包括耕地、园地、批发零售等商服用地、集镇层次零售商铺、道路街巷等交通运输用地、水域及水利设施用地，等等，是人类改造和利用自然的过程和结果。

（3）生活空间，满足村民吃、穿、住、用、行及一些特殊目的的日常行为活动用地空间，包括村镇住宅用地、农村宅基地等[④]，具有精神与物质层面的双重保障功能，是人类生存和发展的基础。

需要补充的是，"三生"空间中3类空间在功能上呈现非单一性的多元复合状态，空间属性仅代表所在空间的主导性质，其中某些空间以一种功能为主导的同时可能兼具了另外一种或者两种空间功能，为村镇设计中空间的多功能转化利用提供了思考线索。

---

①　张红旗，许尔琪，朱会义.中国"三生用地"分类及其空间格局 [J].资源科学，2015，37（7）：1332-1338.

②　龙花楼，刘永强，李婷婷，等.生态用地分类初步研究 [J].生态环境学报，2015，24（1）：1-7.

③　喻锋，李晓波，张丽君，等.中国生态用地研究：内涵、分类与时空格局 [J].生态学报，2015，35（14）：4931-4943.

④　刘继来，刘彦随，李裕瑞.中国"三生"空间分类评价与时空格局分析 [J].地理学报，2017，72（7）：1290-1304.

水文韧性研究体系涉及与村镇水问题和洪涝灾害相关的"三生"空间,从涉水视角看包含了"水安全""水环境"和"水资源"等问题。基于对当地国土局土地利用资料的收集,本书中土地利用类型参照了原国土资源部组织修订并发布实施的《第二次全国土地调查技术规程》(TD/T 1014—2007)和现行土地分类标准《土地利用现状分类》(GB/T 21010—2017)。同时,由于《城市用地分类与规划建设用地标准》(GB 50137—2011)和《村庄规划用地分类指南》是城乡用地划分与空间管控的依据,而在村镇层面,《土地利用现状分类》对村镇土地类型和生态用地类型的划分相对更全面详细,本书以《第二次全国土地调查技术规程》和《土地利用现状分类》为基础、《城市用地分类与规划建设用地标准》和《村庄规划用地分类指南》为补充,根据木瓜镇流域社区土地利用类型,因地制宜地构建了村镇层面流域社区"三生"空间分类,如表 2.2。

表 2.2　木瓜镇流域社区中"三生"空间土地分类[①]

三生"空间	空间功能	用地编码	名　称	备　注
生态空间	具有一定的自我调节、修复、维持、发展能力和提供生态服务的,与自然有关的生态要素的用地空间	03	林地	—
		04	草地	—
		088	风景名胜设施用地	—
		111	河流水面	—
		112	湖泊水面	—
		113	水库水面	—
		114	坑塘水面	—
		116	内陆滩涂	—
		117	沟渠	—
		118	沼泽地	—
		124	盐碱地	—
		125	沙地	—
		1206	裸土地	—
		1207	裸岩石砾地	—

①　耕地和园地的径流系数为 50%～60%,与自然的森林地带的 10%～20% 相差较大,但又比集镇生活区的 90%～100% 要小很多,居于两者之间,因此在本书中虽将其划入生产空间,但也将它们注明为生产-生态复合空间类型。另外,商服用地、公路用地、城镇村道路用地和农村道路等与村民的生产和生活均相关,因此表格中备注为生产-生活复合空间类型。

续表

"三生"空间	空间功能	用地编码	名　称	备　注
生活空间	满足村民吃、穿、住、用、行及一些特殊目的的日常行为活动用地空间	07	住宅用地	—
		072	农村宅基地	—
		083	教育用地	—
		085	医疗卫生用地	—
		086	社会福利用地	—
		087	文化设施用地	—
		088	体育用地	—
		089	公用设施用地	—
		094	宗教用地	—
		095	殡葬用地	—
		119	水工建筑用地	—
生产空间	满足农业生产、工业建设以及旅游、金融等生产活动，为人们生活提供各种产品与服务的用地空间，具有输出产品的特性	01	耕地	生产-生态复合
		02	园地	生产-生态复合
		05	商服用地	生产-生活复合
		06	工矿仓储用地	—
		1202	设施农用地	—
		1203	田坎	—
		103	公路用地	生产-生活复合
		104	城镇村道路用地	生产-生活复合
		106	农村道路	生产-生活复合

资料来源：作者整理

　　本书从桐梓县自然资源局获得了木瓜镇流域社区的土地利用现状、土地用途分区、建设用地管制区等基础数据（图 2.17）。由数据统计分析可知，木瓜镇流域社区内山地森林为主的生态空间面积约占比 58.55%，村落、集镇等生活空间面积占比 3.13%，工矿产业等生产空间面积占比 0.24%，以农田为主的生产-生态空间占比 38.08%（表 2.3）。村镇社区与城市社区不同，它是兼具村民生活和生产的重要场所，同时生态空间也占大部分比例，总体表现为生态功能＞生活功能＞生产功能，生态环境总体质量较好。当洪涝发生时，灾害不仅影响的是社区内居民的生活问题，还影响到了居民的生产和生计问题，同时灾害的发生与生态环境的本底也密切关联。

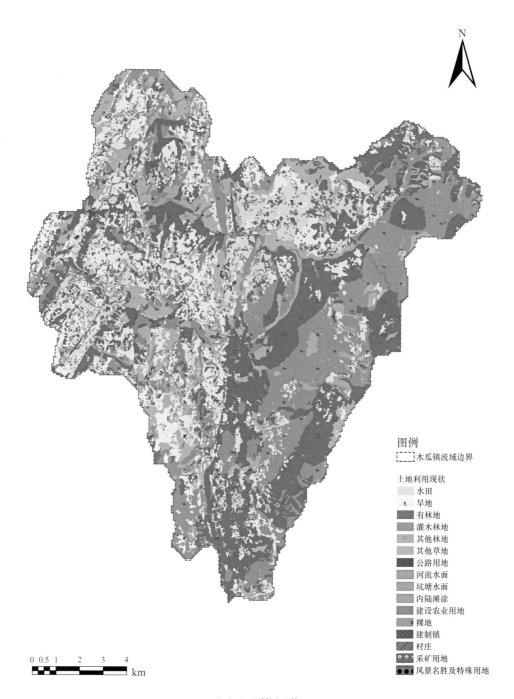

N

图例

┌╌╌┐
╎　 ╎ 木瓜镇流域边界
└╌╌┘

土地利用现状

水田
旱地
有林地
灌木林地
其他林地
其他草地
公路用地
河流水面
坑塘水面
内陆滩涂
建设农业用地
裸地
建制镇
村庄
采矿用地
风景名胜及特殊用地

0 0.5 1　　2　　3　　4
━━━━━━━━━━━　km

（a）土地利用现状

图 2.17　木瓜镇流域社区国土空间分析

图片来源：作者基于桐梓县自然资源局提供资料绘制

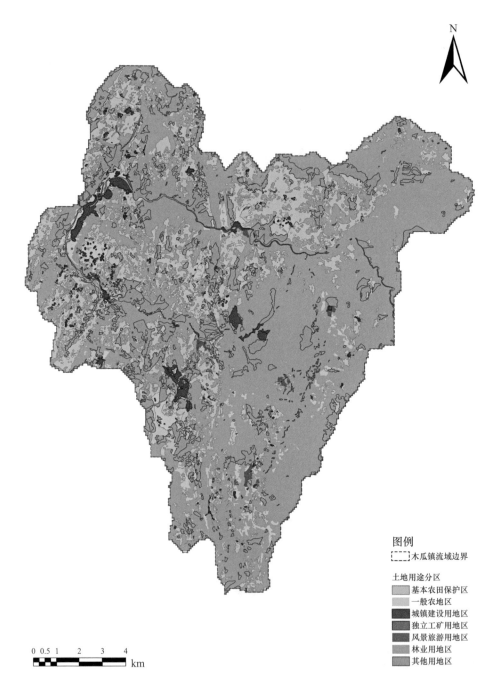

N

图例

┌┄┄┐ 木瓜镇流域边界
└┄┄┘

土地用途分区

基本农田保护区
一般农地区
城镇建设用地区
独立工矿用地区
风景旅游用地区
林业用地区
其他用地区

0 0.5 1   2   3   4
██▨▨▨▨▨█████ km

（b）土地用途分区

图 2.17　续

N

图例

┄┄ 木瓜镇流域边界

建设用地管制区
■ 允许管制区
▨ 有条件建设区
□ 限制建设区

0 0.5 1　2　3　4
km

（c）建设用地管制区

图 2.17　续

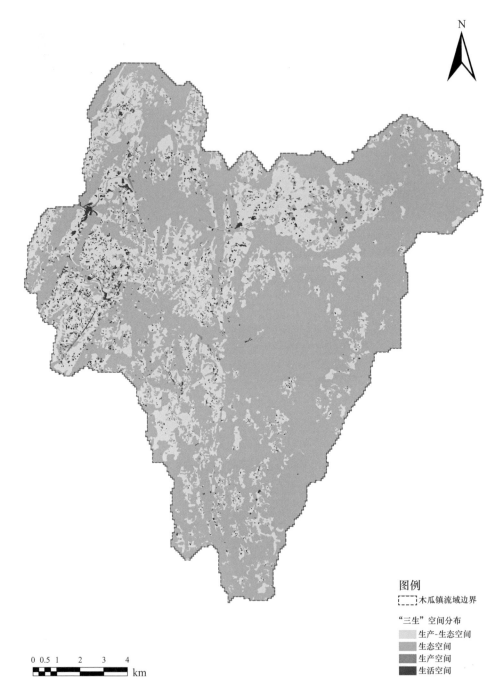

图例

┌╌╌┐ 木瓜镇流域边界

"三生"空间分布

生产-生态空间

生态空间

生产空间

生活空间

0 0.5 1　2　3　4
━━━━━━━━━━ km

（d）"三生"空间分布

图 2.17　续

表 2.3 木瓜镇流域社区水文韧性相关指标

流域社区	分 类	相关指标	数 值	单 位	占 比 /%
木瓜镇 流域社区	规划指标	流域社区面积	214.86	km²	—
		集镇面积	0.6919	km²	—
		镇域面积	170.78	km²	—
		集镇人口	3885	人	—
		镇区人口	30 045	人	—
		城镇化水平	13.1%	—	—
		自然水系面积	0.7305	km²	0.34
		道路交通面积	2.5783	km²	1.20
		建筑基底面积	4.2112	km²	1.96
		非渗透性表面面积	6.7895	km²	3.16
	"三生"空间	生活空间用地面积	6.7251	km²	3.13
		生态空间用地面积	125.8005	km²	58.55
		生产–生态空间用地面积	81.8187	km²	38.08
		生产空间用地面积	0.5157	km²	0.24
	土地用途分区	基本农田保护区	29.2210	km²	13.60
		一般农地区	104.5724	km²	48.67
		城镇建设用地区	1.6329	km²	0.76
		独立工矿用地区	0.0559	km²	0.026
		风景旅游用地区	0.0043	km²	0.002
		林业用地区	10.8719	km²	5.06
		其他用地区	68.5189	km²	31.89
	建设用地管制区	允许建设区	7.6490	km²	3.56
		有条件建设区	10.0125	km²	4.66
		限制建设区	69.7451	km²	91.78

资料来源：作者根据基础数据分析

2. "三生"空间变迁

社会学的研究关注时序性而具有历史穿透力。关于变迁，费孝通先生认为社会是一个替易或发展的过程，从一种变成另一种状态，关键在于比较两种状态的差别。"三生"空间的变迁在集镇范围内变化突出，本书遂将典型山地河谷村镇——木瓜集镇的"三生"空间变迁放置于历史的脉络中，分析不同阶段生态系统的变化和原因。根据谷歌卫星航拍图，木瓜镇流域社区近 20 年来生活空间大幅增加，工业生产空间和农业生产空间相对减少，生态空间大幅减少；生活空间的发展没有得到有限度的控制和引导；道路、高速公路等交通性生产空间的建设一定程度上破坏了山水生态空间，山体坡地质量较低，易造成水土流失、引发滑坡等灾害（图 2.18）。

图 2.18　流域社区范围内"三生"空间问题分析
图片来源：作者绘制

　　如图 2.19、图 2.20，木瓜集镇"三生"空间的演变和发展经历了以下几个阶段：

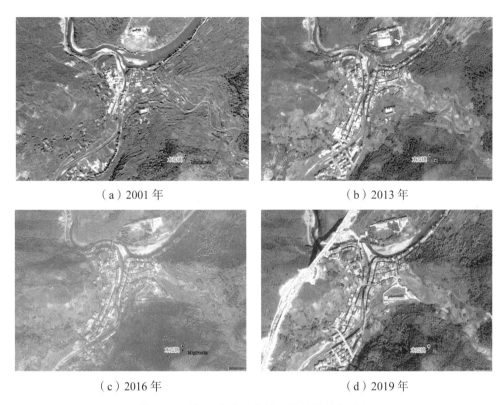

（a）2001 年　　　　　　　　　　　（b）2013 年

（c）2016 年　　　　　　　　　　　（d）2019 年

图 2.19　近 20 年木瓜集镇卫星航拍图像对比

图片来源：谷歌地图

（1）木瓜集镇形成之初，依山傍水、地势平坦成为选址的重要因素；

（2）由于农耕时代技术薄弱，山水地形限定了集镇空间的形态发展和走向，成为决定集镇聚落形态的重要影响因素之一；

（3）随着技术和人口的发展，集镇的发展开始跨越河流，沿山水地形生长；

（4）随着人口的增长，集镇逐步开始生长式蔓延和壮大，出现生态破坏的现象；

（5）工业技术的发展，政治和经济等因素压制了山水等生态因素，生活空间不断扩张并吞噬生态空间、生产空间，对生态安全造成威胁；

（6）集镇的无序扩张，造成生态蓝绿空间的破碎化，生态承载力下降，灾害危险性加大。

在村镇城镇化进程中，木瓜集镇生活空间扩张加快，主要体现为土地利用的非农化、农村劳动力的非农化以及农村建设用地产权流转机制不完善等，导致

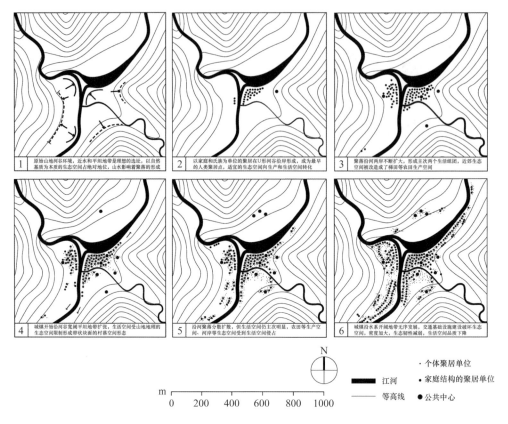

1 原始山地河谷环境，近水和平坦地带是理想的选址，以自然基质为本质的生态空间占地对地位，山水影响着聚落的形成

2 以家庭和氏族为单位的聚居在U形河谷沿岸形成，成为最早的人类聚居点，适宜的生态空间向生产和生活空间转化

3 聚落沿河两岸不断扩大，形成主次两个生活组团，近郊生态空间被改造成了梯田等农田生产空间

4 城镇开始沿河谷宽阔平坦地带扩张，生活空间受山地地理的生态空间限制形成带状块衡的村落空间形态

5 沿河聚落分散扩散，但生活空间仍主次明显，农田等生产空间、河岸等生态空间受生活空间侵占

6 城镇沿水系开阔地带无序发展，交通基础设施建设破坏生态空间，密度加大，生态韧性减弱，生活空间品质下降

N

· 个体聚居单位

■ 江河　　　• 家庭结构的聚居单位

— 等高线　　● 公共中心

m　0　200　400　600　800　1000

图 2.20　木瓜集镇"三生"空间演变分析

图片来源：作者绘制

"三生"空间发展不平衡而无法可持续发展，造成生态环境恶化、人居环境面临洪涝灾害等诸多问题，如山体冲沟及河道淤积、河床过高、缺乏市政排水设施、居住建筑侵占河道、集镇无序扩展、镇郊梯田撂荒等问题（图 2.21）。

3. "三生"空间问题

木瓜镇流域社区"三生"空间经历了从农耕文明下的内生式自然延展到快速城镇化的外向式驱动发展，未来将转变为统筹式协调发展。目前，由于在流域范围内缺乏整体的生态可持续考虑，下游修堤筑坝削弱了镇区下切行洪效率，上游树木砍伐、水土流失，中游河道淤塞且受到不同程度的侵蚀，在一定程度上影响流域生态城镇发展的可持续性。村镇聚落在彰显不同发展阶段印迹的同时，也突显了"三生"空间所面临的问题，如流域社区范围层面的水土流失、道路交通建设破坏山体、采石开挖破坏山体、集镇盲目扩张侵占农田、生活与生产垃圾倾

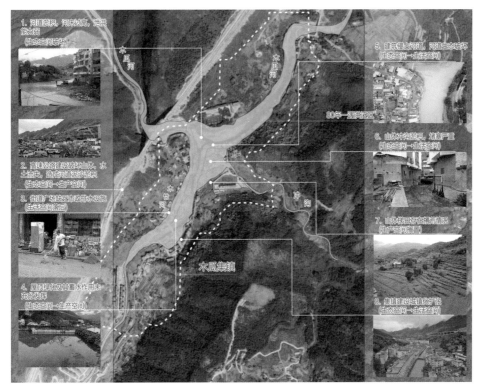

图 2.21　集镇范围内"三生"空间问题分析
图片来源：作者绘制

倒堵塞山地冲沟、河流下游堤坝建设影响洪水下泄等。山地河谷流域社区的"三生"空间各自孤立发展甚至相互产生限制作用和负面影响，体现在"水-地-人"关系的不和谐，严重制约地区经济社会发展，造成社区防灾减灾能力脆弱。流域社区"三生"空间问题具体如下：

（1）山水生态空间失衡

① 山水景观生态格局受到破坏，且疏于环境污染治理和自然生态保护。对生态格局关注的欠缺以及生态维护和建设的不足，导致山地河谷流域村镇特殊的生态环境恶化、缺乏韧性。山水资源被村镇生活空间、生产空间无序扩张侵占，生态环境破坏、水土流失较严重等问题直接制约了村镇的可持续发展。开山辟路、遇河架桥、河道硬化和筑坝渠化等交通、水利基础设施建设对山水生态造成了严重的破坏，具体表现为河道泥沙淤积、泥石流、山体滑坡等生态空间破坏和水土流失现象。

② 生态系统退化，生物多样性减弱。从选址来看，西部大开发前，山地河谷流域经历了人类与自然长期的相互适应过程，人居环境的社会生态系统达到了相对稳定的平衡状态。但随着村镇城镇化过程中的无序扩张，城镇建设或不当的资源开发侵蚀着生态空间与生产空间土地，导致森林、河流和农田生态系统被破坏，生态服务功能下降，生物生境恶化，生物多样性减弱，最终社会生态系统对自然灾害的抵御和适应能力下降，灾害频发，经济损失指数级增长。

（2）涉水生产空间低效

① 木瓜镇区历来集镇商业贸易较为兴旺，是周边村镇的物资集散地。但乡镇企业较少，且规模偏小，发展缓慢。

② 耕作地块破碎化，部分镇郊优质耕地被建设用地侵占，撂荒地出现，土地利用率下降，生产基础设施供给不足。

③ 分散布局的农村工业用地须进一步规范。从土地利用效益看，村镇工业的土地产出效益比农业高得多。然而，煤矿产业等村镇企业的分散布局引发了环境污染治理成本增加、基础设施难以共享、集聚效益和规模效益低、集群竞争能力不足等问题，导致土地产出密度不足，进而造成土地利用的浪费。

（3）生活空间落后无序

① 集镇生活环境污染和淤积严重，无法及时地疏洪、行洪，生活品质、洪涝安全性较低。

② 集镇无序蔓延、用地空间布局不合理，导致公共设施集中化布局困难，发展空间有限。内部过度拥挤、外围无序扩张，不仅破坏了山地河谷流域地区原有自然生态基质的连续性，还降低了生活空间的宜居性。

③ 村庄空心化。大量农村人口迁移到集镇或县城，造成村庄空心化和农民老龄化。青壮年外出务工，致使农地农宅闲置，村庄发展活力不足。

4. "三生"空间优化

对流域社区"三生"空间进行合理的约束和引导非常重要。村镇水文韧性的建设应建立在村镇各层级形态的良好衔接之上，与上位规划形成承接呼应和落位深化，从流域、村镇、公共空间、街道、建筑等不同尺度空间层层入手，以生态空间为主导协同、发展生活空间和生产空间的理念，改善村镇社会生态环境，实现乡村振兴。在保障山地河谷村镇社区雨洪安全的前提下，应重点发挥山水空间的生态调蓄功能，保护村镇社区社会、人文、生态等基底和文脉。从以人为本和安全优先的角度出发，帮助山地河谷村镇社区在土地利用、空间布局、社区空间改善等方面做出理性决策，从而提升土地价值，保障和提高村镇生活福祉，让村镇生活更美好、更安全、更宜居。基于对木瓜镇流域社区"三生"空间的调研和分析，本书提出如下建议：

（1）涉水生态空间和谐永续

① 从无序的自然破坏到有序的生态修复。生活空间的发展不能以牺牲生态空间为代价，生态环境的保护和改善有利于生活空间的健康宜居。依托现有山水生境大力开展生态网络和绿色基础设施建设，推动水文生态的修复，划定蓝绿保护线、耕地保护红线，加快韧性村镇和海绵乡村的建设，提倡低影响开发，提升村镇生态韧性。通过坡改梯、小流域综合治理、中低产的田土改造、退耕还林还草、种果、建立基本农田保护区等措施，恢复生态质量。在生态优先策略下保障生态安全并消除潜在地质灾害危险，在山脊和陡坡地带积极退耕还林，提升水源涵养能力和林地生态系统的稳定性。根据生态保育的划定，坚守生态保护红线、永久基本农田控制线，将坡度 25°（坡比 47%）以上的坡耕地退耕还林还草①，可考虑发展经济林和经济作物，实现生态恢复和生产发展的功能复合。

② 从地域性缺失到景观塑造。推行自下而上的村镇规划和设计工作，结合水文韧性策略有序实施村镇布局和公共空间的整治与修补，挖掘山水特色景观风貌，打造生态旅游小镇形象和山水地域特征景观。

③ 从空间分割到构建山水生态共同体。合理开发利用和保护生态空间，保证河道和河漫滩生态宽度、河湖林生态廊道景观和生物群落多样性，构建多尺度网络化连接的山水林田生态共同体。

（2）涉水生活空间安全宜居

① 从功能单一到复合多样。城镇功能单一为长远发展留下了潜在的制约与不利因素。重点开展公共空间绿色化和复合化织补，导入生态绿色、商业娱乐、文化旅游、邻里交往等生活空间场景，打造如水广场、绿色赶集街道等适度的多

---

① 2000 年 1 月 29 日发布的《中华人民共和国森林法实施条例》第二十二条明确规定："25°以上的坡地应当用于植树、种草。25°以上的坡耕地应当按照当地人民政府制定的规划，逐步退耕，植树和种草。"

功能混合空间和公共服务设施，改善人居环境村镇生态，建设宜居和具有灾害韧性的生态旅游村镇。

② 防灾脆弱型村庄的集中安置。针对位于地质脆弱、洪涝风险高或径流汇聚低洼区等区域的防灾脆弱型村落居民点，采取搬迁并集中安置，促进"三生"空间成片分布和人口适当集中。

③ 对核心集镇和外围村庄的生产空间和生活空间进行合理规划，留出各聚落间的绿色斑块，增强生态水文空间的强度。避免村镇边缘无序扩张，引导流域社区内生产空间、生态空间和生活空间协调有序发展。

④ 村镇建设活动应尽量避免对原始地形地貌和水文环境产生破坏，维持开发前后的水文径流量，重视滨河环境的景观打造，采用柔性岸线的景观处理手法，提供村民亲水游憩设施。

（3）涉水生产空间集约高效

① 农田连片规模经营：在农业生产过程中，加强农业环境管理，提倡科学种田、耕地保护和规模经营，逐步将闲置的农村居民点、宅基地等恢复为农业生产空间或林地生态空间。合理使用化肥，加大对养殖生活污染源的控制和对生活垃圾、粪便、白色污染的控制，不宜使用一次性塑料制品，减少污染。还可考虑在农田间建立经济林网，有效防治山地水土流失的同时提高经济收益。

② 工业集聚环保：根据可持续发展的原则，利用高度集聚自然资源，加大环保和监测力度，推进生产力布局调整和经济结构调整，促进城镇高效集聚和生态可持续地推进城镇化。加快引导工矿业集聚发展，与城镇发展结合统一规划建设，提高土地利用效益，避免土地浪费。在村镇推广清洁工艺，大力开展废物量化工作与工业生产中产生的废水、废气和固体废弃物的综合利用和资源化工作。按照市场经济原则进行市场选择，促进生态环保的产业化、社会化，鼓励生态治理、生态产业、生态优化。

③ 集中打造生态旅游小镇：调整村镇经济结构，聚焦生态旅游创新发展，形成凸显地方特色的旅游小镇。应依托木瓜镇天然的山水自然环境优势及地域水系资源，统筹式协调发展流域山水、梯田、旅游资源，串联村镇聚落生态空间，形成多尺度的蓝绿连接网络，打造田水相间、山水和谐的旅游生态小镇空间格局。提高村民的涉水利益收入，有助于增强流域社区认同感和共同纽带。利用水

银河漂流、梯田等当地文化特色，深化拓展乡村旅游产品，打造地域性的山地河谷特色村镇。鼓励旅游发展与生态农业生产结合，高效利用木瓜镇木瓜河和水银河两侧农田、河漫滩等生态-生产空间，打造耕作体验区和"网红"景点，形成具有山地河谷地域特色的小镇旅游。

2.4　洪涝现象认知

在汛期极端降水条件下山地河谷村镇的洪涝灾害，是本书社区空间形态研究下的一种特征现象。该特征现象限定了研究前提和条件，如极端降水条件、山地河谷流域、洪涝灾害、村镇社区等。清晰描绘与认知特征现象，才能拨开迷雾，进一步厘清关键影响因素，溯源形态与洪涝灾害的互动机制。

2.4.1　洪涝现象的形成及影响

流域是雨洪产汇流的承载空间，当某个区域内的雨洪均汇聚到一个出口时，这个特定的区域便形成流域。自然状态下，雨水径流有它自身的自然渗透和循环，没有也不需要市政管网进行排水：雨水降落到自然生态基底后，一部分蒸发或被植物吸收，通过蒸腾作用回到大气层，一部分渗透到地下补充地下水，其余部分沿着地势进入坑塘、水库和湖泊水系等，完成截流、蒸发、渗透、汇聚、填洼等过程，区域水生态达到自平衡。当植物截流和土壤下渗饱和后，雨水沿着地表坡地空间向下游流动形成径流，最终汇聚到洼地、沟渠、河流水系形成内涝或洪水，即雨洪[①]。

山地河谷流域村镇社区的水循环过程不仅受水文、生态过程的影响，还受村镇建设的制约，受人类社会系统和自然系统双重影响，已不同于原生态的自然水生态循环。村镇建设过程中，非渗透性表面、市政排水设施等人工水文过程替代了部分自然状态下的生态水文过程。村镇地表水循环由自然水循环和人工雨水循环共同构成，雨水产汇流可分为 3 个阶段：产流阶段，自然地表和建设用地承接雨水后再分配形成地表径流；汇流阶段，地表径流通过自然山体或场地地形汇聚至山体冲沟、雨水管渠等；排流阶段，雨水管渠将径流传输至支管线、干管线、

---

① 雨洪，指一定地域范围内的降水瞬间集聚而形成流经该范围的过境洪水。

截洪沟等，最终排至河流水库等受纳水体。当非渗透性表面增多，地表径流量增大，水循环在市政管渠和河道传输过程中受到了阻断和淤积堵塞，或者建设滞后的雨水管网、河道的排水疏洪能力无法应对极端降水的情况下，雨洪这一自然现象在人类社会生态系统中便将造成负面影响，即形成洪涝灾害（图 2.22）。

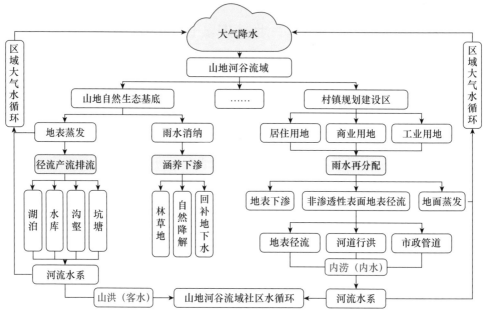

图 2.22　山地河谷流域社区水循环过程
图片来源：作者根据文献梳理

洪涝灾害形成后，山地河谷的雨洪携沙带泥，如猛兽般决堤，毁屋、淹没农田，冲击力、破坏性、危害性很大，且往往伴随着泥石流、滑坡、河流改道等次生灾害。当代城镇由于资源和人口更加集中、系统更加复杂而变得更加脆弱，灾难一旦发生便会急剧蔓延，造成的损失与古代城镇不可同日而语。故洪涝灾害对当代山地河谷村镇社会生态系统的破坏不容小觑，具体影响如下：①生活、生产功能建筑和用地被淹没，村镇运转功能失灵，甚至引发建筑与桥梁垮塌、地面沉降，导致人员伤亡、经济损失惨重；② 耕地被淹、农田被毁甚至农作物减产、绝收，直接影响村民的生计。结合统计数据资料，2006—2020 年，我国每年因洪涝灾害造成的粮食减产高达 1.869×10^7 t，接近全年粮食产量的 3.5%，其中 2012 年因洪涝灾害造成的粮食减产近 4×10^7 t，接近当年粮食总产量的 6.8%；③ 工厂企业停产、停工，企业生产力受损，产值下降；④ 电力与通信基础设施遭受破坏，通信和输电线路损坏，供电以及通信中断，电力和通信行业遭受重大损失；⑤ 桥梁、公路与铁路的基础、路面、轨道、隧道等基础设施的损坏，给交通运输和物流带来严重影响；⑥ 沟渠管道、水堰、水库、堤防等水利设施遭遇堵塞和破坏，甚至出现垮坝和堤防决口等险情；⑦ 易引发山体滑坡和疫情传播等次生灾害。

2.4.2　研究案例群的洪涝现象特征

山地河谷地区地形独特，洪涝灾害的时空分布特征与平原城镇迥异，具有时间分布差异性和空间分布特殊性。

1. 时间分布特征

（1）汛期雨季集中，瞬时降水量大，造成径流洪峰集中、陡涨陡落、峰大量小、峰型尖瘦。案例群所在区域属于亚热带季风性湿润气候，常年降水量为 1000 ～ 1400 mm，降水量充沛。全年 70% 以上的降水量集中在 5—10 月，6—7 月为降水高峰期和河流汛期，洪涝问题突出。

（2）行洪速度快、洪峰消退快，洪涝持续时间较短，但来势迅猛、成灾快。山地流域地形坡度较大，溪河、冲沟密集，径流形成与汇聚速度快，瞬时洪峰量较大、冲击力较强、破坏力大，降水后几小时即成灾受损。但同时洪峰排向下游的速度也相对较快，使得洪涝消退较快，一般在 48 h 之内洪峰过境并结束。

（3）洪峰随着时间的推移，通过河流逐步侵袭下游城镇，沿水系的低洼地带受洪涝影响较大。

2. 空间分布特征

流域地表径流随坡度的增加而速度加快，与土壤有机质含量和粒径、地面硬化程度正相关，与植被的数量负相关。山地河谷流域社区的径流路径特点具有空间分异性，从山体源头到村庄的林地、草地、耕地等柔性景观，到村镇的道路、建筑等非渗透性硬化景观，再到流域的河流出口，水文环境丰富多样。山地河谷村镇雨洪现象具有以下空间分布特征：

（1）地形复杂，径流路径明显、汇聚方向多变。受地形的影响，山地径流会沿着山地岩层沟壑中的缝隙迅速汇聚，因此地势低洼处受淹风险较高。

（2）山地地形坡度较大，导致山地流域的径流流速加快，汇流时间缩短，洪峰来临时间的提前，给本就脆弱的山地村镇市政管网系统造成巨大的压力。由于坡地的倾斜不利于径流下渗，造成综合地表径流系数较平地更大，洪涝灾害更容易发生。

（3）径流易集中在低洼的河谷地带，形成低洼地带的局部洪涝。

（4）喀斯特地貌下的山地径流携泥带沙，并夹杂着杂物和垃圾，容易形成淤积拥堵，且冲击力极大、破坏性强。从"6·22洪灾"消退后木瓜集镇留下的近一层楼高的泥沙情况看（图2.23），可以发现山地流域的山洪冲泻而下，携带了大量的泥沙，比水涝具有更大的破坏力。洪水中的泥沙可瞬间冲垮建筑和掩埋生物。有学者认为，远古的"大洪水"携带的泥沙瞬间将生物掩埋，后经历长期的石化形成了如今我们看到的某些动物化石。这些化石中动物脖子呈现出的上扬状态，可推断是因为溺水而亡，泥沙的迅速掩埋和长期的石化是对生物死亡瞬间的定格，可见山洪的威力之大。

图2.23　木瓜集镇洪水消退后的泥沙淤积状况

图片来源：作者拍摄

（5）洪水的空间分布受流域上游的排洪影响较大，即承接着河流带来的、由上游转嫁的洪涝风险。

2.5　洪涝灾害影响因素

洪涝形成的主导介质是雨洪径流，而雨洪径流的形成和特点与降水规律、土壤渗透性等自然地理条件、流域水文条件等因素有关。当村镇社区无法适应洪涝现象时，该自然现象便成为灾害。因此，除了前端影响因素外，洪涝灾害的形成还与中端的村镇聚落建设、后端的社区组织应对有关。因此，从洪涝到灾害形成的影响因素不仅需要考虑雨洪形成阶段，还需要考虑承灾和应灾的全过程阶段。由于非渗透性表面是雨洪管理、海绵城市中主要关注的指标要素，因此本书将其从村镇聚落建设因素中单列出来论述，以区别于村镇聚落建设因素中的形态研究。

2.5.1　降水规律

强降水条件是山地河谷洪涝灾害的主要诱因之一。案例群村镇所在地域不稳定的气候，往往造成了持续集中的高强度降水。据统计，发生洪涝灾害的村镇往往前期局地短时降水偏多，迅速汇聚的地表径流引发溪沟水位暴涨、土层松动，造成山洪水涝、泥石流、山体滑坡等灾害。从整体发生、发展的物理过程可知，雨洪现象的发生主要由持续降水和短时强降水引发。

研究区内的案例群山地河谷村镇位于亚热带季风性湿润气候和东南季风区，降水集中在夏季，周期性洪涝压力明显。如木瓜镇 2015—2020 年来的逐月降水数据（图 2.24）可看出，类似的山地河谷村镇常年降水量为 1000 ～ 1400 mm，一般 6 月为峰值，5—10 月集中降水季节的降水量占到了全年降水量的 70% 以上，5—8 月为降水集中期、河流汛期和洪涝灾害高发期，每年发生 2 ～ 3 次的区域性极端降水。同时，洪水量级受暴雨降水量、暴雨降水强度以及前期降水和前期土壤含水量等的共同作用和影响。

案例群村镇降水雨核靠前，初始降水量大，暴雨多集中在 24 h 以内。雨头、雨核阶段的降水量占到了整场降水的 80% ～ 90%。洪水涨落迅速，多呈单峰型，

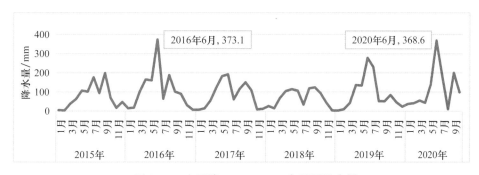

图 2.24　木瓜镇 2015—2020 年逐月降水量

图片来源：桐梓县气象局

短时间内会形成较大强度的径流流量，极易形成洪涝灾害，对河谷村镇的防洪措施造成巨大的安全压力。

2.5.2 地形地貌

自然地理条件中地貌、地形要素是影响洪涝灾害前端的重要因素。喀斯特地貌下的山水生态空间特征不仅决定了村镇聚落空间的形态结构和发展方向，而且影响着村镇社区雨洪径流形成的基本格局。

地形是影响山地河谷村镇径流疏导的重要因素。山地河谷环境下，独特的气候和丰富的地形促使地表水文格局与地形地貌高度吻合，径流路径网络结构呈现树枝状格局。山地径流的特殊性主要表现在径流系数、流速和流向受地形影响较大。山地坡度越大造成径流向低处流动而削弱了重力下渗，地表径流系数也较大。同时，流速加快，汇流时间缩短，洪峰提前而极易引发山地洪涝灾害。流向上也总是沿着地形沟壑进入低洼地带。

地貌是自然地域的综合表征，包含土壤、植被、土地利用等格局状态，直接影响降水蒸发、截流、产流、汇流、渗透等水文循环全过程。与平原和滨海地区不同，喀斯特地貌下的山地河谷流域地理环境复杂，山高谷深、地形起伏坡度大、落差大、汇水路径和区域相对狭窄、冲沟特征明显、蓄水层土壤较薄较硬（如泥质岩、板页岩发育而成的抗蚀性较弱的土壤，遇水易软化、易崩解）而不利于下渗和存蓄雨水。强降水后地表径流迅速汇聚，往往易发山洪灾害。

2.5.3 非渗透性表面

非渗透性表面是流域下垫面因素[①]中地表径流的影响因素之一，山地河谷村镇社区中的非渗透性表面主要集中在集镇区域，包括了道路桥梁、建筑屋顶、街道、停车场、硬质广场、村镇道路等（图2.25）。有研究表明，在非渗透性表面占比较高的高度城镇化地区，暴雨和非渗透性表面共同导致河道洪水的发生频率增加了将近6倍[②]。

---

① 流域下垫面因素包括地形、土壤、地质、植被、湖泊、沼泽、湿地以及流域大小、形状、坡度、径流路径、非渗透性表面等。

② 马什.景观规划的环境学途径 [M].朱强，黄丽玲，俞孔坚，译.北京：中国建筑工业出版社，2006：175.

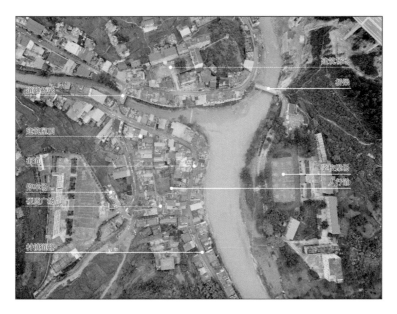

图 2.25　木瓜集镇非渗透性表面示意
图片来源：作者基于航拍绘制

　　在村镇形成以后，街道、建筑屋顶等非渗透性表面的增加导致雨水无法渗透到地下层进入正常的生态循环，造成村镇失去了自然状态下湿地植物或者森林的缓冲作用，地表雨水径流在相对低洼的地方开始积水和形成水涝，因此城镇化后期的径流组织由必要的、标准化设计的市政管网等公共基础设施承担。村镇非渗透性表面系统如停车场、屋面，尤其是街道，为地表径流提供了一个"高速通道"，下雨过后快速进入下游区域和河道，影响低处和下游村镇的安全。这不仅转嫁了洪涝风险，还导致了更加频繁和严重的水涝甚至洪灾现象。在此背景下，防洪线相应变高，洪泛区不断扩大，一些低处的建筑将遭遇水淹的危害，在山地河谷村镇中尤其如此。这就是非渗透性表面对洪涝灾害影响较大的原因所在，大多数的城市河流被污染，防洪泛滥区（flood plain）扩大而危及居住。因此，村镇需要通过多样化的吸收能力尽可能地消化雨水径流，减轻下游的雨洪压力和危险。

　　除了非渗透性表面比例非常低的情况外，雨水径流的径流系数和非渗透性表面所占的比例有直接的关系，因为在非渗透性表面面积不大的情况下，其他地理因素如土壤、坡度等就显得更加重要了。根据研究数据，一般情况下森林的雨水径流的径流系数是 0.1 ～ 0.2，有 80% ～ 90% 的雨水可渗透到地下；耕作地带的雨水径流的径流系数是 0.5 ～ 0.6，有 40% ～ 50% 的雨水可渗透到地下；村庄等居住区的雨水径流的径流系数是 0.4 ～ 0.5，有 50% ～ 60% 的雨水可渗透到地下；城镇区域雨水径流的径流系数是 0.9 ～ 1.0，只有 0 ～ 10% 的雨水可渗透到地下，因此造成了大量的地表径流（图 2.26）。

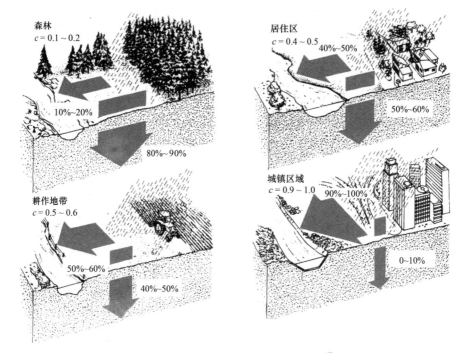

图 2.26　不同地表覆盖下的径流变化[①]

注：c 为地表径流系数。

有研究发现，流域中非渗透性表面面积与河流水质、鱼类衰亡等具有直接关联性。美国流域保护中心研究以及相关研究发现，当一个汇水流域范围内非渗透性表面比例超过 10% 时，河流水质开始受到破坏，鱼类便开始衰亡；当非渗透性表面比例超过 25% 时，汇水流域中的河流将不适合水生生物的生存[②]。因此，有

---

① 马什．景观规划的环境学途径 [M]．朱强，黄丽玲，俞孔坚，译．北京：中国建筑工业出版社，2006.

② 美国俄亥俄州环境保护局对城镇化与流域中鱼类的关系进行了长期的监控，发现当城市用地占流域面积的 0 ～ 5% 时，一些对环境敏感的鱼类消失；当城市用地占流域面积的 5% ～ 15% 时，更多鱼类物种消失，栖息地退化；当城市用地大于流域面积的 15% 时，有毒物质的聚集和富营养化严重，导致鱼类灭绝。

学者认为流域社区中非渗透性表面总面积比例不应超过整个流域面积的 10%。城镇建设的理想状态下，当非渗透性表面比例为 10% 时，自然地表比例为 90%，按照非渗透性表面径流系数为 1.0、自然地表参考森林或绿地径流系数为 0.15 计算，可得出径流控制量为 76.5%、年径流总产生量为 23.5%（综合径流系数相当于 0.235）。这与国家海绵城市的年径流总量控制率标准 75% ～ 80% 的目标相符。

　　然而，从案例群中山地河谷小流域尺度上看，由于自然山水地貌环境仍占绝大部分比例（90% 以上，这里包含了农田等生态-生产复合空间），小流域层级的流域社区范围内非渗透性表面的比例非常小。如图 2.27，即便是洪涝灾害严重的木瓜镇流域社区，非渗透性表面比例为 3.16%（详见本章表 2.3），其余案例山地河谷村镇社区的非渗透性表面比例也未超过 5%。可见案例群中山地河谷流域及其村镇社区，小流域范围内的非渗透性表面比例均非常低，对山地河谷村镇社区雨洪产汇流过程的影响非常小，不能作为山地河谷流域及其村镇社区的洪涝灾害形成的主要影响因素。因此，针对山地河谷流域及其村镇社区的洪涝问题，城市中从非渗透性表面角度出发提出的洪涝应对解决策略并不一定适用，需要回到

图 2.27　木瓜镇流域社区中非渗透性表面分布
图片来源：作者基于国土空间数据分析

山地河谷流域水文环境下雨洪的形成过程对山地洪涝进行认知和研究。

2.5.4 流域水文条件

本书中的流域水文条件系指有关地表水形成、分布和变化规律等条件的总称，并受到自然地理环境、地形和地质等条件的影响。本小节之所以单列出水文条件，旨在从洪涝灾害现象角度出发，突出水文条件对地表径流的综合影响。降水经历流域蓄渗、坡地漫流和沟谷汇流后，切穿地下水形成常年的永久性径流[①]。坡面径流通过重力势能和动能冲破山地地质薄弱处形成沟槽，便是冲沟。当冲沟常年受到流水冲蚀并得到地下水补充后，便形成了河流，继而发育成河谷地带。

山地河谷流域径流水文条件的形成是各种因素共同作用的结果，洛达（J. C. Rodda）在研究控制河流水文的因素后将径流可分为永久性的和暂时性的两类因素，即雨洪径流是一种暴雨非常态状态下暂时性的水流形式，河流水系是一种日常状态下永久性的水流形式。本书在洛达的研究基础上，梳理了径流水文的暂时性和永久性影响因素，如图 2.28。其中，洪涝发生的传导介质是地表径流，而径流路径是山地河谷村镇洪涝灾害中地表径流的主要传导途径，与此同时，其他因

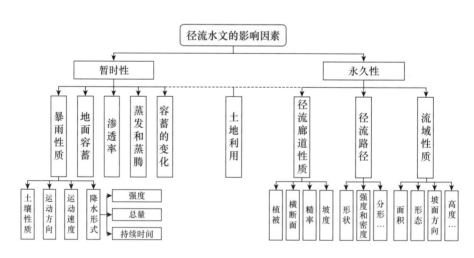

图 2.28　径流水文的影响因素
图片来源：作者改绘自《河流地貌学概论》[②]

① 杨大文，杨汉波，雷慧闽. 流域水文学 [M]. 北京：清华大学出版社，2014.
② 沈玉昌，龚国元. 河流地貌学概论 [M]. 北京：科学出版社，1986.

素在案例群中存在相近或者相似的情况。形态学的研究需要从流域水文形态尤其是径流路径网络结构形态出发对山地河谷洪涝现象进行认知和了解，寻求洪涝灾害发生的生态规律和机制，才能从本质上提出村镇水文韧性的空间策略。因此，本书将径流路径的相关指标因素（形状、强度和密度、分形）作为山地河谷村镇社区空间形态学研究中关于流域水文形态的单一研究变量，进行第 3 章山地河谷流域水文形态对洪涝现象的影响机制研究。

2.5.5　村镇聚落建设

山地河谷村镇建设一方面通过土地开发、基础设施建设等行为改变着山水环境、影响着雨洪形成过程，另一方面又通过宜居性改造抵御着洪涝灾害影响。山地河谷村镇洪涝灾害的发生是由于流域社会生态系统水循环中雨水产流、汇流和村镇排洪排水系统中排流的矛盾和失衡，当村镇聚落无法适应洪涝现象而遭受了损失，洪涝才会成为问题和灾害。村镇聚落形态对洪涝灾害的承载体现在"水–地"关系和空间模式上。从对洪涝灾害现象的承载出发进行梳理，村镇聚落建设方面的问题主要表现为：

（1）流域范围内过度的土地开发、城镇化建设和交通道路设施的修建，对山水地貌环境造成破坏，使自然水循环紊乱，从而加重了人为的山洪灾害和水土流失。另外，集镇居住建筑沿河边蔓延、直逼河岸、挤占河道空间，削弱了河流对雨水的调蓄泄洪功能。

（2）村镇聚落建设缺乏科学合理的村镇规划和设计。由于山地区域地势崎岖，地形变化多样，山地村镇选址大部分趋于平坦、腹地较为开阔、水资源丰富的河谷地带，而这些地方大多又是洪涝隐患和河流威胁最大的地方。当河流水位高于排水系统，村镇即丧失排水能力。地势低洼的村镇区域缺乏合理的、具有韧性适应力的"水–地"空间关系形态和针对雨洪扰动的相关韧性设计及基础设施。

（3）财政薄弱，村镇市政基础设施重地表、轻地下，且严重滞后，无法适应气候变化下的极端降水。山地河谷村镇的排水系统设计标准偏低，地下排水管网的建设投入也严重不足，跟不上城镇化进程和气候变化下的突发性事件。如木瓜集镇等目前仍然是自然形成的开放式地表雨污合流制排放系统，排水沟断面小、易堵塞，雨污无组织排放。

（4）排水工程和河流疏导工程疏于监管和执行。部分雨污合流的排水管道或明沟淤塞严重，增加了洪涝发生概率。山体冲沟、河道积淤严重，河床不断抬高，河水的最高水位相应不断升高，暴雨突发时山洪和内涝无可避免。

2.5.6 社区组织应对

人类对水的治理和利用，取决于人类社会生产工具的改进、社会组织结构的优化和认识能力的提高；而人类治水和用水的理论和实践，反过来又影响着人类社会的组织形式、生产生活方式、价值观和世界观。社区组织应对是洪涝灾害现象中积极影响因素之一，村镇洪涝灾害的受灾程度因社会组织系统的韧性应对而减小，韧性应对避免了灾害扩大和促进村镇生活生产的逐步恢复。从抗灾、应灾到减灾的过程上看，除了生态和工程技术的因素外，"人"的韧性是村镇社会生态系统从灾难中恢复的重要支撑力量。整个村镇社区作为涉及水利益和水安全的村民利益共同体，在灾前准备、灾中救援和灾后恢复过程中都体现出"人"在组织应对中的重要性。

及水

流域水文形态对洪涝灾害的影响机制

第3章 山地河谷流域水文形态研究

3.1 流域水文形态与村镇社区空间

3.1.1 水文形态研究

水，落而为雨，聚而为湖，动而为江河。水自身的形态千变万化，难以界定，却受到外界的约束和影响，正所谓"无形而有迹"。雨洪现象，正是水在自然界的循环运动中形成的。此过程中水的形态问题，与雨洪灾害的发生密切相关，也正是约束和影响水自身形态的物理空间的形态问题。山地河谷村镇所在流域具有明确的汇水边界，径流路径和特征明显，径流的联系作用相对于平原地区更直观且有利于进行模拟实证。本章所研究的以径流路径网络结构形态为中心的流域水文形态，正是通过研究径流路径这一雨洪在物理空间留下的"痕迹"，以研究雨洪运动形成过程中的形态作用，也即是从雨洪现象溯源水文形态的影响机制。

3.1.2 社区空间的水文基础

通过对案例群村镇的调研和研究，作者发现，河槽径流与坡面径流形成的地表空间是山地河谷地区村镇物理空间的重要组成部分。究其原委，一是大多村镇主体坐落在河流沿岸，自然临近河槽径流；二是由于山地较高的地势坡度地表渗透较低，村镇选址无法避免所在区域暴雨时自然形成的暂时性坡面径流，村镇空间与径流空间相互交织。由此可见，山地河谷村镇的社区空间是与水共生的。

社区空间中的径流，不仅是社区空间与自然生态系统的连接纽带，还影响着社区空间中村镇聚落的实际规划和建设，激发着社区组织的适应性演变。流域中的径流水文形态，既是村镇社区空间形态的要素之一，又是村镇聚落形态和社区组织形态发展的水文基础。在水文韧性的视角下，流域水文形态的研究直面了水文韧性的生态维度。

3.1.3 流域社区中洪涝风险分布

基于第 2 章对綦江、松坎河和木瓜河 3 级河流流域范围内的小流域细分边界分析，研究得出案例群村镇所处流域社区的小流域边界。由于流域范围内上游的雨洪顺应地形不断往下游汇聚，下游村镇的洪涝风险压力不断增大。根据洪涝实际发生情况，山地河谷村镇中洪涝的重灾区与高发区往往位于集镇聚落（前文已论述过小型村落洪涝危险性不高的缘由）。鉴于此，本书对案例群中的集镇在小流域内的区位分布进行了梳理和分类，并根据近 5 年洪涝的实际发生情况对案例各自的洪涝灾害风险程度进行了评价。评价结果显示，集镇所在的流域上下游相对区位位置也在一定程度上影响着洪涝灾害发生的风险程度。基于此前提，下文根据集镇所处的流域社区中的相对位置进行了集镇区位形态类型的分类（图 3.1），总结出以下 5 种类型：

集镇区位类型一：集镇位于两个小流域交界下游出口处［图 3.1（a）（b）］。2020 年 6 月，典型案例木瓜集镇、三角集镇遭受了特大洪灾。通过对比研究，两镇集镇均位于两个小流域下游出口处，两条河流从集镇穿过，由两条河流承接着上游溢流下来的雨洪径流，因此洪涝风险程度最高。

集镇区位类型二：集镇位于两个小流域交界中游［图 3.1（c）（d）］。典型案例石角集镇和篆塘集镇位于两个小流域的交接中游处，承接着两个小流域中游以上区域的雨洪径流以及河流带来的上游的洪水，洪涝风险程度较高。

集镇区位类型三：集镇位于单个小流域下游［图 3.1（e）］。典型案例扶欢集镇位于单个流域的下游区域，承接着单个小流域区域的雨洪径流以及河流带来的上游的洪水，因此洪涝风险程度中等。

集镇区位类型四：集镇位于单个小流域中游［图 3.1（f）］。典型案例贾嗣集镇位于单个小流域的中游区域，仅承接着单个小流域中游以上区域的雨洪径流以及河流带来的上游的洪水，因此洪涝风险程度低。

（a）木瓜集镇流域社区

（b）三角集镇流域社区

（c）石角集镇流域社区

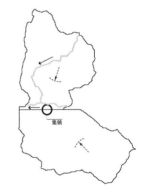

（d）篆塘集镇流域社区

（e）扶欢集镇流域社区

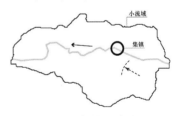

（f）贾嗣集镇流域社区

（g）石角集镇流域社区

（h）郭扶集镇流域社区

图 3.1　集镇与流域相对位置关系的区位形态类型

图片来源：作者绘制

集镇区位类型五 [图 3.1（g）（h）]：集镇位于单个小流域上游，如石角集镇和郭扶集镇。该类集镇位于单个小流域的上游区域，仅承接所在小流域上游区域部分的坡面径流，洪涝风险程度最低。

在地质、地貌、地形和水文条件等自然地理因素，如密集的径流网络形态、地形低洼、土质疏松滑坡、河道拥塞等的影响下，流域社区空间中存在不同引发机制下的洪涝风险分布。在对山地河谷案例群村镇中洪涝实际发生的观察和研究分析中，本书发现案例群村镇流域中存在两类洪涝风险区域：① 流域下游出口位置，案例群村镇中 60% 左右的集镇如木瓜集镇、羊磴集镇、坡渡集镇、松坎集镇、水坝塘集镇、夜郎集镇、小水乡集镇位于流域下游区域，造成集镇往往是洪涝重灾区；② 地形低洼的局部区域，案例群村落中部分村落如水银村、水坝村位于这些位置，由于局部的径流聚集而引发洪涝风险。需要说明的是，此结论是基于其他地理条件相似而重点关注水文形态变量的情况下得出的。根据水文生态学关于水文形态的研究，流域下游出口处集镇的洪涝风险程度不仅与局部的河谷低洼地区有关，由于受到上游雨洪来袭的影响，还与流域整体性的水文形态存在关联，本章将基于此研究基础重点对重灾区的集镇进行水文形态相关指标的分析。而局部性的洪涝风险问题则可通过本章径流模拟技术下的径流汇聚风险点技术判断。

3.2 水文形态分形研究基础

水是生活之源、生产之要、生态之基，是流域形态塑造、生态功能、可持续的关键结构要素，基于生态水文学的流域水文空间形态结构研究对于认识流域洪涝影响机制非常重要。对流域的等级划分和径流形态的认知可建立在分形理论基础上。流域地形地貌主导着山水空间的形成，干流、支流、冲沟等级分明的永久性径流（水系）格局是地貌发育状态、水循环过程的显性缩影[1]，降水条件下暂时性径流的格局形态则是隐性的逻辑，影响着洪涝的形成机制。厘清流域径流形

---

① 任立良，刘新仁，郝振纯.水文尺度若干问题研究述评 [J].水科学进展，1996：87-99.

态的潜在规律，有助于探索山地河谷流域洪涝影响的机制，从本质上探索洪涝灾害的韧性应对之道。

3.2.1　Horton 水系分形定律

分形（fractal），意思是呈碎片的、分裂的、不规则的、中断的，是以非整数维形式充填空间的形态特征，具有自相似特征（self-similarity）和分形维数。分形理论是研究空间形态复杂性的重要工具，在城乡规划、城市设计和建筑学领域主要用于对城镇空间形态、空间结构等方面的研究。流域中的永久性径流（水系）是一种树形分形结构，如树枝状水系、格子状水系、平行状水系、辐射状水系、放射状水系、网状水系（图 3.2），符合帕累托分布和逆幂律[①]，即分形比例规律。如平原地区地貌发育成熟，多呈网状水系形态；山地地区，呈现出冲沟、支流、干流等级明显的树枝状水系形态。自然界中的规律也具有同构性，分形结构也可以用自然界的生长繁殖规律、二元性等规律解释。

1945 年，霍顿（R. E. Horton）在论文《河流及流域的侵蚀发育——定量形态学的水文方法》的研究中，运用数学和统计学方法定量结合定性地对水系河流地貌进行了河流地貌学的分析，开创了数理地貌学的研究，提出了著名的基于水系等级划分的 Horton 水系分形定律，其研究成果成为流域水文形态定量研究的基础，促进了河流地貌学的发展[②]。Horton 水系分形定律规定：最小的无分支的支流为第一级河流，依次汇聚增加等级直到主干最高级。若 I，J 是汇合前的水道级别，U 为汇合后的水道级别，INT 为取整记符，则：

$$U = \max\{I、J，\text{INT}1 = 1/2 (I，J)\}$$

---

① Salingaros 指出数学上的分形特点：第一，在所有尺度上都有结构；第二，有自身相似性。分形数学公式：城市结构遵循一个幂定律：下层结构的重复数 p，乘以其要素尺寸 x 的 m（$1 < m < 2$）次方，得到的结果是一个常量

$$px^m = C \Rightarrow p = C/x^m$$

式中，m 是 1 与 2 之间的数值，由经验决定；C 是常量；x 是要素尺寸；p 则是该要素的重复数。该定律表明，某要素尺度小，其重复数则大。反过来，某要素尺度大，其重复数则小。相同尺寸的构成要素的重复数界定了要素尺度大小。

② Horton R E. Erosional development of streams and their drainage basins[J]. Bulletin G S A，1945，56（3）：275-370.

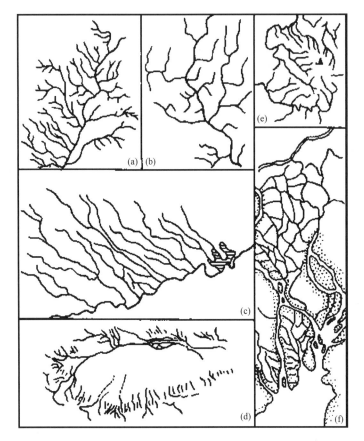

（a）树枝状水系；（b）格子状水系；（c）平行状水系；（d）辐射状水系；（e）放射状水系；（f）网状水系

图 3.2　流域中自然水系形状分形[1]

基于此，Horton 在分析了几百条河流后提出了水系分形定律[2]：

$$N_k = R_B^{m-k}$$

$$L_k = L_1 R_L^{k-1}$$

$$A_k = A_1 R_A^{k-1}$$

$$D_i = \max(1, \lg R_B / \lg R_L)$$

其中，河流的数目、平均河长、平均面积分别为 N_K、L_k、A_k；河流的分支比、长度比、面积比分别以 R_B、R_L、R_A 表示；m 为河流的最高级；D_i 表示分形维数。

① 刘明光. 中国自然地理图集 [M]. 北京：中国地图出版社，1998.

② 沈玉昌，龚国元. 河流地貌学概论 [M]. 北京：科学出版社，1986.

R_B 则表示第 $k-1$ 级别的径流路径与第 m 级别的径流路径数量之比；R_L 表示第 $k+1$ 级别与第 k 级别的径流路径总长度之比[①]。R_B 和 R_L 一般通过回归方式求得，在计算时，通常以各指标的平均值代替求分形维数[②]。

Horton 水系分形定律揭示了流域水系空间结构网络中存在分形秩序：① 不同级别的河流之间存在逆幂律关系，分形维数是水系结构演替的量度指标；② 流域内河道总数目从较低等级向较高等级服从逆幂律原则，一般来说合理的水系结构的分支比都应该为 3 ～ 5，数值越大表明受到的构造扰动越强[③]，流域内河网密度越高，标准分形水系理想分支比为 4[④]（图 3.3）；③ 流域内每一等级河道的累计长度随等级降低呈逆幂律增加。自然的水系分形 R_L 理想值为 2，一般为 1.5 ～ 3[⑤]。

3.2.2　从水系分形到径流分形

本书中径流的分形研究建立在水系分形的研究基础上，基于 Horton 水系分形定律和从河流分支理论发展出的等级维数理论，将流域内永久性径流和暂时性径流一视同仁地进行路径空间网络形态研究，将 Horton 水系分形定律公式运用到流域径流路径网络结构形态研究，尝试探索径流路径与洪涝发生程度的关联性。

本章研究的径流是指降水过程中，受重力作用沿流域地表、村镇地表流动和汇聚的水流，分为坡面流和河槽流。山地河谷流域中，雨水径流常含大量泥沙。由于永久性水系由暂时性径流得到地下水的常态化补充发展形成，同时山地区域的径流由于顺应地貌地形的发展形成而具有了地貌的分形特征，因而本书推断暴

---

①　La Barbera P，Rosso R. On the fractal dimensions of stream network[J]. Water Resource Research，1989，25（4）：735-741.

②　张宏才. 不同尺度数字高程模型提取水系的尺度效应 [D]. 西北大学，2004.

③　Sarmah K，Jha L K，Tiwari B K. Morphometric analysis of a highland microwatershed in East Khasi Hills District of Meghalaya, India：Using remote sensing and geographic information system（GIS）techniques[J]. Journal of Geography & Regional Planning，2012（5）：142-150.

④　龙腾文，赵景波. 基于 DEM 的黄土高原典型流域水系分形特征研究 [J]. 地球与环境，2008，36（4）：304-308.

⑤　罗大游. 基于 RS 和 GIS 的河网水系信息提取及其分形研究 [D]. 昆明理工大学，2018.

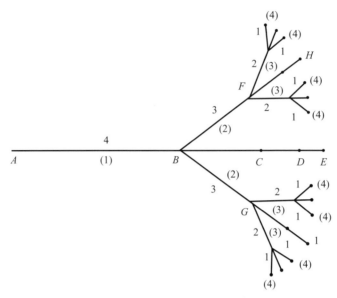

图 3.3　标准分形水系模型[①]

雨状态下的地表径流也同样遵循了水系的分形特征[②③④]。

在山地河谷流域，径流也充当着梯田农业灌溉、生活用水补充和生物生境补水等作用，连同水系影响着村镇建设的选址以及农业、湿地等的布局。径流网络形态结构的分形研究为流域的山水地貌发育阶段研究和流域内洪涝、山体滑坡和泥石流等地质灾害研究提供数据依据，对水土保持、生态环境综合治理具有重要的意义。树形分形结构具有最优能量效率，广泛分布于自然界，但相较于叶形分形结构连接度、冗余度较差，如树状结构从一点到另一点路径唯一，缺少选择性。若切断某一级树枝造成连通阻塞，则该树枝下面层级的小树枝均会死亡。因此，树形分形结构韧性较弱。

---

①　Turcotte D L. Fractals and Chaos in Geology and Geophysics[M]. Cambridge, U.K., New York: Cambridge University Press，1997.

②　马宗伟，许有鹏，李嘉峻.河流形态的分维及与洪水关系的探讨——以长江中下游为例[J].水科学进展，2005，16（4）：530-534.

③　许有鹏，于瑞宏，马宗伟.长江中下游洪水灾害成因及洪水特征模拟分析 [J].长江流域资源与环境，2005，14（5）：638-643.

④　马宗伟，许有鹏，钟善锦.水系分形特征对流域径流特性的影响——以赣江中上游流域为例 [J].长江流域资源与环境，2009，18（2）：163-169.

在降水、地形、土壤、植被等自然地理条件相似的情况下，径流路径形态特征在一定程度上可反映洪涝灾害发生的可能性，暂时性径流路径的网络分形维数越高，径流越复杂，洪涝灾害发生可能性越高。本书参考水文学、地貌学中对水系的分形研究，将水系分形理论和分形维数运用到流域径流路径网络结构形态的分形研究上，结合洪涝发生程度，探索径流路径网络结构的分形特征与流域洪涝风险之间的相关性，从而更好地了解流域水文地貌的生态特性，为流域层面"三生"协同和规划提供决策依据和参考，并继续挖掘流域水文形态分形的生态意义。

3.2.3　径流分形与洪涝的关联依据

在水文生态学的研究中，将雨水径流分为暂时性径流和永久性径流（也即河流）。其中，暂时性径流一般是一些冲沟的干沟，因在流域内不具有一定的水量或水量的分配不均，大多数情况下无经常性的流水而并不能形成河流。暂时性径流与永久性径流（河流）的区别如下：① 暂时性径流无地下水的经常补给，常态下无水流；② 暂时性径流受降水影响较大，致其洪水上涨速度非常快；③ 暂时性径流网络结构密度与地形状态关系较大，而河流网络结构密度与气候和湿度直接相关[①]。可以看出，暴雨状态下的暂时性径流与永久性径流作为地表径流的存在形式，是山地河谷村镇洪涝形成的重要影响因素之一，成为本书的主要研究要素。在河流的带状形态和山脉的地理分布影响下，山地河谷流域冲沟特征明显，洪涝起因以雨洪径流为主要介质。从形态上看，径流路径形态呈现出树枝状的分形形态，路径间以锐角相交。从平面关系上看，径流路径形态与聚居地关系有单一路径型、多路径相交型、多路径平行型等。从径流量上看，山地河谷流域河流季节性明显，丰水期和枯水期水位落差大，汛期河水陡涨，洪水暴发的可能性和威胁大。

在本书中，暂时性径流路径网络结构形态包括暴雨条件下如小河、小溪、冲沟水流、凹谷水流等路径（图 3.4），模拟研究将这些暂时性径流视作流域"看不见的水系"，与永久性径流（河流）整合形成流域水文形态下的完整径流路径网络，运用 Horton 水系分形定律和分形理论进行分形维数、分支比、长度比等

---

① 沈玉昌，龚国元.河流地貌学概论［M］.北京：科学出版社，1986：33.

指标分析。理由是当降水量足够大时这些路径会以可见的水流形式出现，两种形式的径流均对下游的村镇洪涝灾害产生着影响。该模拟研究可直观了解雨洪径流在时间和空间尺度上的汇聚过程及规律，以评估和分析流域社区中村镇所在位置的洪涝风险程度，为解决与雨水径流密切相关的生态问题提供数据支撑和决策依据，具有一定的实用意义。

对于小流域而言，山地河谷流域的冲沟、沟壑、凹谷等地形会形成暴雨状态下汇水的高速路径通道，导致地表径流运动距离缩短，汇聚时间缩短，洪涝发生的可能性越高。由于雨水一旦到达地面，便通过径流主要路径快速地进入沟渠廊

（a）小河　　　　　　　（b）冲沟水流　　　　　　　（c）小溪

（d）凹谷水流

图3.4　木瓜镇流域社区中水文径流路径表现形式

图片来源：作者拍摄

道系统，短时间内造成的洪峰流量更大[①]，洪涝和水土流失现象会更加严重。同等暴雨条件下，雨洪汇聚时间随径流主要路径密度增加而缩短，同等时间内将产生更大的洪峰（图 3.5），增加下游村镇的洪涝灾害风险。而径流路径的密度体现在分形维数等形态指标上，因此反映着流域水文形态的径流路径网络结构形态，与流域下游河谷村镇的洪涝灾害发生程度存在一定的关系，与水文韧性呈负相关的关系。

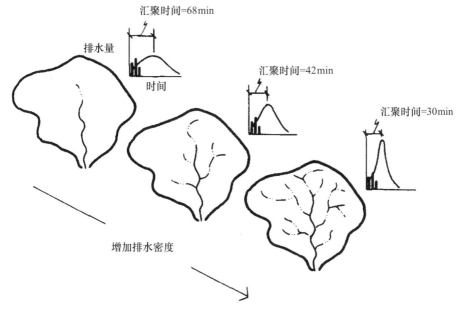

图 3.5　径流主要路径密度与雨洪汇聚时间关系[②]

3.2.4　ArcGIS 软件水文分析评价

地理信息系统（geographic information system，GIS），是一种基于计算机的空间信息系统工具，把地理分析功能、数据库操作（例如查询和统计分析等）与地图的视觉化效果集成在一起，可以为社区设计提供地球空间信息并进行分析和处理，是十分重要的空间信息系统和分析工具。在生态水文学领域，冯平等

---

① 马什.景观规划的环境学途径 [M].朱强，黄丽玲，俞孔坚，译.北京：中国建筑工业出版社，2006：174.

② 同上。

学者基于 DEM（digital elevation model）模型利用 ArcGIS 软件对水系形态特征这一流域形态基础参数进行研究，以分析流域水环境，初步验证了理想情况下计盒维数与 Horton 水系分形定律，得出的分形维数差异不大的结论。Cheng 运用 GIS 工具和数字高程技术，对加拿大奥克（Oak）山脉的冰碛湖流域内的地表径流网络结构形态进行了分形分析[①]。研究方法主要是以 DEM 为基础数据，利用 ArcGIS 的水文分析模块对流域河网水系进行提取，获取流域研究区域的无洼地 DEM、水流方向、汇流累计量、水系网络、分级河网和流域边界等流域信息，进而采用 Horton 水系分形定律和计盒维数方法分析水系分形形态特征，获得长度比、面积比、分支比、分形维数等空间形态特征因子，进一步了解流域地貌侵蚀发育阶段[②③]。本书运用 ArcGIS 进行流域地形、流域边界、径流方向、土地利用、朝向、坡度、高程等基础信息的分析和分类整理，挖掘村镇水文韧性的相关基础数据。

ArcGIS 中的 Hydrology model 水文分析模块是常用的流域水文数据分析模型程序（图 3.6），涉及 DEM 的预处理（Fill 工具）、流向分析（Flow Direction 工具）、汇流单元分析（Flow Accumulation 工具）、水系结构网络提取（Map Algebra & Stream Link 工具）、流域边界生成（Watershed 工具）等。利用 ArcGIS 软件进行 DEM 数据处理并提取流域水系已成为水文水力学研究的常用手段[④⑤]。下文以木瓜镇为例针对 ArcGIS 软件的分析逻辑和局限性进行说明。

1. 分析逻辑

（1）DEM 生成：通过奥维地图等地理空间数据网络共享平台软件获得村镇所在大致流域范围的 10 m 地形等高线，将地形等高线导入 ArcGIS 软件生成地形

① Cheng Q，Russell H，et al. GIS-based statistical and fractal/multifractal analysis of surface stream patterns in the Oak Ridges Moraine[J]. Computers and Geosciences. 2001，27（5）：513-526.

② 冯平，冯焱. 河流形态特征的分维计算方法 [J]. 地理学报，1997（4）：38-44.

③ 涂琦乐，刘晓东，梅生. 基于 DEM 的西苕溪流域水系形态特征分析 [C]//2016 第八届全国河湖治理与水生态文明发展论坛论文集. 中国水利技术信息中心，东方园林生态股份有限公司，2016：6.

④ Jenson S K. Application of hydrologic information automatically extracted from digital elevation models[J]. Hydrological Processes，1991（5）：31-44.

⑤ Tarboton D G，Bras R L，Rodriguez-Iturbe I. On the extraction of channel network from digital elevation data[J]. Hydrological Processes，1991（5）：81-100.

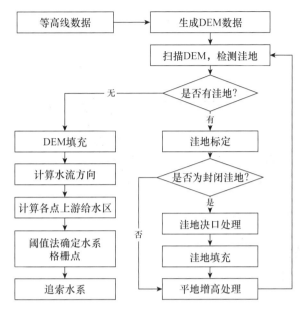

图 3.6　洼地处理提取水系算法流程

图片来源：作者改绘自文献[1]

高程 TIN 模型[2]［图 3.7（a）］，再通过 From TIN to Raster 工具将 TIN 转换成具有高程的 DEM 模型。

（2）无洼地 DEM 生成：利用 Fill 工具对 DEM 数据进行洼地填充，生成无洼地的 DEM 模型［图 3.7（b）］。基本原理是当格栅点的水流不能流向其他任何方向时，该点即为 DEM 中的洼地，因此利用水流方向数据可找出洼地区域，进而进行洼地填充，以保证径流路径向下汇聚的连续性。

（3）水流方向计算：根据水流总是沿斜坡最陡方向流动的规律，利用 Flow Direction 工具，通过单流向算法的 D8 法[3]确定每个 DEM 格栅单元内的流动方

① 陈永良，刘大有，虞强源. 从 DEM 中自动提取自然水系 [J]. 中国图象图形学报，2002，7（1）：91-96.

② 地形图对于了解地理水文、确定环境敏感区等很有帮助，如利用地形图确定一些易于受到侵蚀的陡峭的地方，或者通过地形图确定易遭洪水淹没的低洼地带。参见：梅尔霍夫. 社区设计 [M].谭新娇，译.北京：中国社会出版社，2002：121.

③ Jensen S K. Application of hydrology information automatically extracted from digital elevation model[J]. Hydrological Processes，1991，5（1）：31-44.

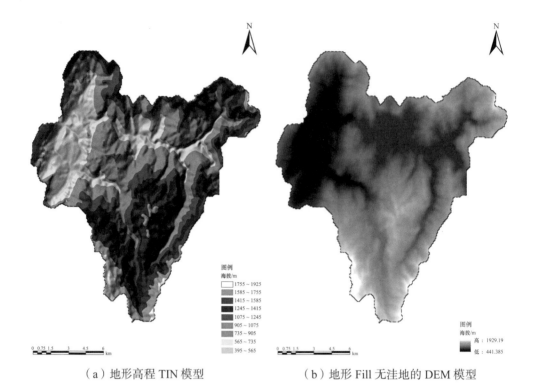

图例
海拔/m
1755 ~ 1925
1585 ~ 1755
1415 ~ 1585
1245 ~ 1415
1075 ~ 1245
905 ~ 1075
735 ~ 905
565 ~ 735
395 ~ 565

图例
海拔/m
高：1929.19
低：441.385

（a）地形高程 TIN 模型　　　　　　　　　（b）地形 Fill 无洼地的 DEM 模型

图 3.7　流域社区地理条件分析
图片来源：作者基于国土空间数据分析

向，进而推导整个流域内的地表径流流向。在九宫网格格栅内，比较被处理的格栅单元与四周相邻的 8 个格栅单元的高程，该格栅单元的径流流向方向为该格栅单元与高差最大的格栅单元中心的连线方向。格栅上的数字代码 1、2、4、8、16、32、64、128 分别表示东、东南、南、西南、西、西北、北和东北 8 个方向，表示该格栅单元流向其他单元的水流方向，图 3.8 便是木瓜镇流域社区网格流向与流水累计矩阵生成过程。

（4）汇流累计量计算：利用 Flow Accumulation 工具，假定 DEM 每个格栅单元有 1 个单位的水量，根据水流方向数据矩阵可追溯上级的所有格栅单元，累计每个点往上等级的格栅单元水量即可得到流经每个格栅单元的理想降水量，即汇流累计量。

（5）水系网络生成：利用 Map Algebra 工具，通过汇流累计量给定阈值，将大于和等于阈值的格栅赋值为 1，小于则为 Nodata，即可输出相应阈值的水系路径

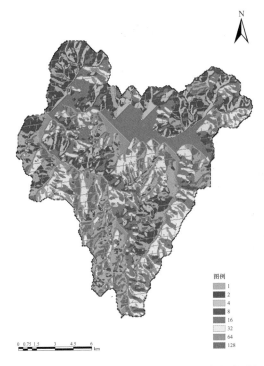

图 3.8　ArcGis 网格流向与流水累计矩阵生成过程
图片来源：作者基于国土空间数据分析

网络 Stream。利用 Stream to Feature 工具可将栅格河网导出矢量河网线条。一般情况下，DEM 的单元格栅精度越高，流域水系径流路径和子流域划分边界越清晰。

（6）流域边界的确定：通过 Stream Link 工具捕捉倾斜点，将径流相关路径连接起来，接着使用 Watershed 工具，设定集水面积阈值，通过水流方向反推追踪至径流起始点即可得到不同等级子流域的边界范围。如图 3.9 分析得出木瓜集镇涉及的两个小流域边界划分。

2. 局限性

传统标准的二维坡地地形图等上位规划设计图纸并不会标明径流是分散或者集中的方式、流向等信息，无法准确地提供可靠的城市设计或村镇设计决策依据。与之相较，ArcGIS 在水文分析上已有了很大的提升，但仍具有如下的局限性：

（1）洼地填充的原始弊端：洼地填充回避了对流域洼地径流汇聚风险区域的发现和判断，分析生成过程不具有可视性，导致无法从整个水文分析工具中判

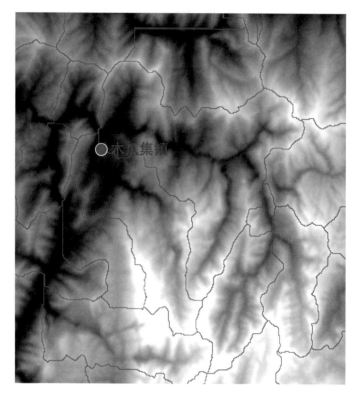

图 3.9　木瓜镇涉及的小流域边界划分分析
图片来源：作者绘制

断危险区域。

（2）汇流分析过程不具开源性：ArcGIS 的水文分析往往通过调整汇流累计量阈值（Flow Accumulation 工具）得到不同细分程度的径流水系网络（图 3.10）。为了得到与实际水系网络（图 3.11）相匹配的河网，往往需要不断往复改变汇流量阈值并进行比对才能得到准确的水系网络路径，但数据输入与输出计算过程不具有开源性。

（3）径流水文模拟不具动态可视化：ArcGIS 中径流汇聚路径为汇聚主干分支，无法清楚地得知流域内每个点或者位置的径流汇聚路径，可视化程度较低。

因此，针对以上局限性问题，有必要采用三维的、可视化的、开源的表达方式和方法技术呈现径流的走向和汇聚方式，以便更清楚直观地为村镇规划和设计提供决策依据和数据支撑。

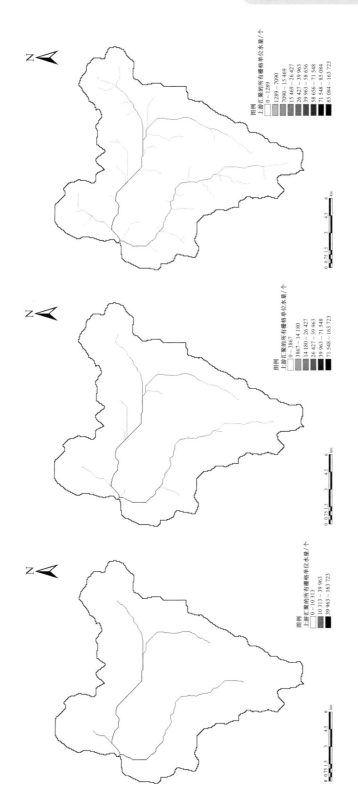

图 3.10　ArcGIS 中不同汇流累计量阈值得到的径流水系网络对比

图片来源：作者绘制

图 3.11　木瓜镇流域社区水系网络现状
图片来源：作者绘制

3.3　水文形态实证模拟

在水文学科的研究历史中，20 世纪 40 年代便有国外团队开始探索雨洪模拟方法，形成了水文模型和水力模型[①]两种主要的雨洪模拟方法，如基于 HEC-HMS 软件的单位线法、基于 SW 毫米软件的非线性水库法和动态波法，主要用于产汇流测算和河道演算等，属于雨洪计算层面的分析。此处还有基于 ArcGIS 软件的半可视化水文分析等。不同于水文学科中基于数理模型的产汇流定量分析的数据追求，本章基于 GIS、Rhinoceros 和 Grasshopper 软件进行的水文径流模拟分析，主要服务于山地流域水文形态的作用机制研究，提供村镇规划和设计层面决策的可视化依据。

3.3.1　技术路线

本章尝试进行流域社区水文形态的研究，力图建立起村镇设计与流域社区地理、水文特征的关联。GIS 数据分析大多基于二维的平面分析，功能强大，但

---

①　水文模型在计算流域产汇流时采用黑箱系统或灰箱系统，即建立流域降水与产流的经验或者半经验式的关系，如 HEC-HMS 中的单位线法；水力模型着重于微观的水动力公式，以连续性方程、能量方程、动量方程为基础计算流域产汇流过程。

缺乏更加直观的三维动态可视化模拟。而且 GIS 对于数据的生成过程是封闭的，难以从数理逻辑上对过程和结果进行调节和把控。因此，本书结合 Rhinoceros、Grasshopper 等软件对山地河谷流域地形进行了三维可视化模拟和汇聚风险点分析，达到形态研究的直观效果。Grasshopper 编程的优势在于它的自由度和开源性，一方面能用来验证结论并实时反馈和调节，另一方面也能通过分析的过程正向推导分析结果，可以带很多启发。

通过流域径流路径网络结构的分析，揭示洪涝过程与流域水文形态的关系，是认识行洪过程、水文生态功能、洪涝发生机制和进行韧性策略调控的关键途径，技术路线如图 3.12。首先，研究在奥维地图软件中下载的本章所研究的 9 个村镇所在流域大致范围的地形等高线 CAD 数据，基于该等高线数据运用 GIS 软件生成数字高程 DEM 地形图像、汇水流域边界、径流主要路径等；其次，将等高线数据导入犀牛软件中生成三维地形 Brep 曲面，在 GIS 生成的村镇社区对应的小流域边界范围内（非河流水系带来的雨水径流汇聚区域最小范围）借用同济大学建筑设计研究院（集团）有限公司工程技术研究院技术支持编写的Grasshopper 程序模拟暴雨条件下雨洪的汇流路径、区域径流汇聚风险点、汇聚量等数据；再次，提取径流主要路径拓扑树形分形网络结构进行诸如径流交叉口密度、径流段数量密度、径流分支最大高差（m）、径流段平均长度、分支比R_B、长度比 R_L 以及分形维数 D_i 等指标的计算和定性与定量分析；最后，建立 9个山地河谷村镇流域社区在"6·22 洪灾"中的洪涝程度与相关指标的关联性，得出流域水文形态与集镇洪涝发生风险程度的相关性结论，以便根据流域水文形

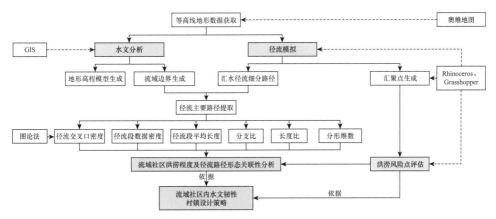

图 3.12　小流域尺度水文形态模拟与风险点分析技术路线
图片来源：作者绘制

态对村镇聚落布局进行统筹决策，针对径流分形路径进行适应性的策略应对。

3.3.2 数据来源

本小节数据取自测量地形图、卫星图像化处理信息、软件可视化模拟和高清卫星地图下载平台等，如通过奥维地图获得 10 m 等高线 dxf 数据，通过 Bigemap 获得流域社区范围内道路、建筑、水域、植被、不透水面、土地利用等几何校正后的遥感图像解译信息数据，以及谷歌高清卫星航拍图像。从 20 世纪起，水文形态与生态环境的关联性研究一直活跃在相关学科领域。其中，水系及径流形态结构作为重要的水文形态类型，是研究流域地形地貌、水文地质环境的重要参数。

研究通过将綦江支流之一的松坎河流域下的木瓜镇、狮溪镇、夜郎镇、松坎镇、新站镇、水坝塘镇、小水乡、羊磴镇、坡渡镇 9 个山地河谷村镇地形等高线数据导入 ArcGIS 生成 DEM 模型，得到 9 个村镇流域社区的边界和面积，以及与所在流域社区边界的位置关系，并在此基础上进一步进行流域水文形态的分析。从前文对整个綦江 3 级流域的全域小流域细分可见，由于山地河谷村镇通常地处流域出口河谷，会受到上游 2 ~ 3 个小流域雨洪径流的影响，因此流域社区的面积往往覆盖 2 ~ 3 个小流域，面积分布为 18 ~ 215 km^2。例如，图 3.13 中木瓜集镇位于两个汇水小流域的交界和径流、水系出口处，集镇洪涝受到南侧小流域（小流域面积约为 77.07 km^2）和东侧小流域（小流域面积约为 137.79 km^2）两个区域径流汇聚的共同影响。因此，本书将两个小流域合并起

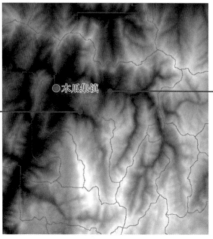

图 3.13　木瓜镇流域社区边界溯源

图片来源：作者绘制

来作为木瓜镇流域社区的研究边界范围，总面积约为 214.86 km²。

基于以上方法和逻辑，本书通过分析划归得出 9 个村镇流域社区的面积分布范围为 18 ～ 215 km²，河流贯穿流域社区而过（图 3.14）。具体而言，木瓜镇流域社区面积为 214.86 km²，羊磴镇流域社区面积为 117.75 km²，坡渡镇流域社

（a）木瓜镇流域社区

（b）羊磴镇流域社区

（c）坡渡镇流域社区

图 3.14　9 个山地河谷村镇流域社区与集镇边界

图片来源：作者绘制

（d）松坎镇流域社区

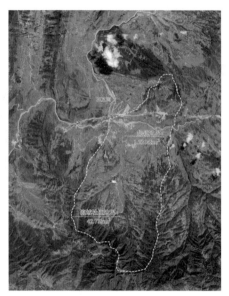

（e）水坝塘镇流域社区

（f）狮溪镇流域社区

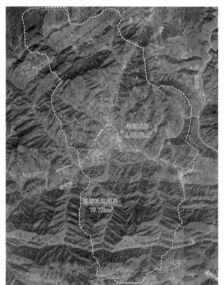

（g）夜郎镇流域社区

图 3.14　续

（h）新站镇流域社区　　　　　　　　　　（i）小水乡流域社区

图 3.14　续

区面积为 36.97 km²，松坎镇流域社区面积为 71.46 km²，水坝塘镇流域社区面积为 42.78 km²，狮溪镇流域社区面积为 132.93 km²，夜郎镇流域社区面积为 79.72 km²，新站镇流域社区面积为 40.19 km²，小水乡流域社区面积为 18.25 km²。

3.3.3　径流路径分级

本书借鉴水文学和数理地貌学中对径流（图 3.15）路径进行分级的方法，研究径流的分形结构，从而了解径流的汇流模式、流动方向以及流域洪涝风险程度等内容。径流的树形网络结构分级分为 Strahler 分级和 Shreve 分级两种方法（图 3.16）[①]，两种方法都将没有支流的径流路径段视为一级水流。Shreve 分级中，每一级径流路径等级等于汇入的径流路径等级之和。本书借鉴水系中的 Strahler 分级方法，将所有没有支流的径流路径段视为一级径流，仅当同一级别的两条径流路径汇聚成一条时，径流等级升级，当低等级径流路径段汇入更高等级径流路径段时，径流路径段等级不变。

---

① 罗大游. 基于 RS 和 GIS 的河网水系信息提取及其分形研究 [D]. 昆明理工大学，2018.

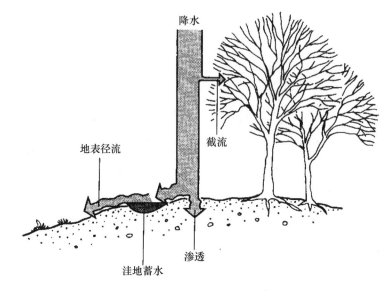

图 3.15　地表径流的形成[①]

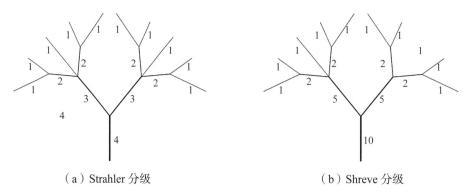

（a）Strahler 分级　　　　　　　　　　（b）Shreve 分级

图 3.16　Strahler 分级和 Shreve 分级示意

图片来源：作者改绘

3.3.4　形态生成

研究基于图论法[②]将流域社区范围径流路径网络如水系河道、山体冲沟、暴雨径流等抽象为简化网络模型，定义其中的节点、边等要素。径流路径，包含永久性径流，被视作流域水文形态的载体，并应用于网络拓扑结构的定量和建模分析，以测度相关流域水文形态指标。径流路径的形态反映着流域的水文形态，与

---

①　马什.景观规划的环境学途径［M］.朱强，黄丽玲，俞孔坚，译.北京：中国建筑工业出版社，2006.

②　图论法（graph theory）：由节点（也称点或顶点）和连接（或称为边）形成图，不考虑元素的几何形状或大小，只考虑呈现的拓扑结构，用于分析不同元素之间的结构关系。

流域水文韧性存在一定的关系。

　　不同于 ArcGIS 通过九宫网格与中心格栅单元最大高差连线法生成径流水流方向和计算汇聚量，本书借鉴了同济大学建筑设计研究院（集团）有限公司工程技术研究院研发的建筑屋面径流模拟技术（图 3.17），进一步用于模拟山地地形下的雨水径流。其原理逻辑是通过记录降水粒子在重力吸引子定义的向量场中的移动轨迹模拟不同的粒子运动轨迹。首先，在地形 Brep 曲面上均匀分布网格点阵，代表着降水落点和径流起始点。其次，在该点所在的曲面法线方向上向上移动得到单位距离的空间点，该空间点在重力方向上下落交于曲面得到径流生成的下一路径点，两点连线再投影到曲面上即得到单位距离上径流的汇聚路径，以此规则迭代连接所有点即可得到一条完整的径流汇聚路径，直到区域的最低点。当模拟汇聚点粒子的数量达到一定量时，该汇聚点将作为径流分支路径的一个起点，也形成径流主要路径的起点。理由是现实山地中，形成主要路径的起点与山地地形下的沟壑、冲沟、凹谷的始端对应，由此建立了径流路径网络形态与地形地貌分形的关联性（详见本书 1.3.1 小节）。再次，研究对比 9 个流域的水文路径交叉点、路径长度、分支比等指标。最后，将这些数据结合同等降水条件下村镇洪涝发生程度进行分析，得出流域径流路径形态指标与洪涝风险程度关联性的相关结论。

　　ArcGIS 虽然同样可以对流域地形 DEM 数据进行径流路径的生成分析，方法是通过调整 Flow Accumulation 中的累计格栅属性等级得到不同径流等级的水系路径，但是生成过程不开源，对于细分径流如何汇聚不具有可视化的呈现功

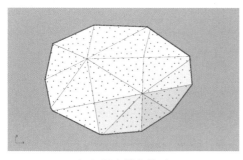
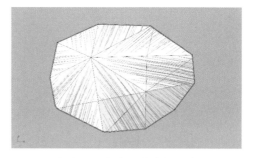

（a）径流模拟粒子　　　　　　　　　　（b）屋面径流汇聚路径生成

图 3.17　径流汇聚模拟

图片来源：同济大学建筑设计研究院（集团）有限公司工程技术研究院，张开剑

能，不能为流域范围内"三生"空间的规划布局和空间形态设计提供更加直观的依据和参考。本书将建筑屋面径流模拟技术衍生运用到了山地河谷流域的径流路径模拟中，将流域中径流汇聚进行了可视化呈现（图 3.18），同时可实现汇聚风险点的产汇流计算和风险点分析（图 3.19）。

在径流的三维模拟中，山体凸起和凹下的部位径流的方向是不一样的，凸坡上的径流是分散的，而凹谷上的径流是集中的。凸坡地势通常陡峭，径流分散

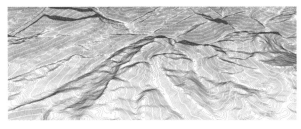

（a）山地地形等高线　　　　　　　　（b）山地地形下径流粒子路径

图 3.18　木瓜镇流域社区地形等高线 Rhino 建模与径流路径模拟

图片来源：作者绘制

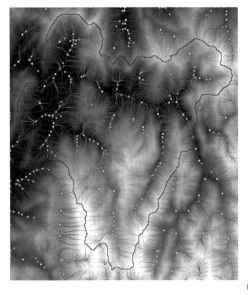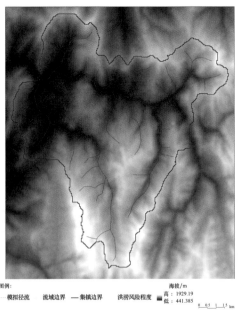

图例：　　　　　　　　　　　　　　　　　　　　海拔 /m

—— 模拟径流　　流域边界　—— 集镇边界　　洪涝风险程度　高：1929.19
　　　　　　　　　　　　　　　　　　　　　　　　　　　　低：441.385

0　0.5　1　1.5 km

（a）风险点分析　　　　　　　　（b）山地径流主要路径提取

图 3.19　木瓜镇流域社区雨水径流模拟及主要径流路径提取

图片来源：作者绘制

易干涸，而山地中的凹谷往往集聚了周边快速汇聚的、携泥带沙的坡面径流，承受巨大的冲击力和洪峰量，若不能及时地排流和泄洪，雨洪更易对凹洼地带的建筑设施和环境造成灾难性的破坏。因此，仅仅依靠坡度的传统二维坡地地图可能会对规划意图造成误导，如分析控制土地利用对坡地排水系统、水质和其他如栖息地等相关因素的影响。三维径流路径的模拟以一种直观清晰的路径方向表达方式，给村镇规划和设计的决策提供一种全新的方式[①]，为流域社区范围内的"三生"空间布局规划和村镇规划提出建议和反馈。

　　基于前文论述的径流模拟技术路线以及径流路径的分级方法，本书模拟实验得出以下 9 个村镇流域社区的径流路径分级分形图（即通过 Grasshopper 插件程序模拟得出每个降水粒子点的径流汇聚路径以及阶段性的径流汇聚低洼地带，再对结果进行人工填挖和连接处理，也就相当于 ArcGIS 中 Fill 工具这一过程，使水流根据地表径流漫流模型联系在一起，汇入现状水系并流出流域边界）。Fill 工具的 DEM 数据预处理就是将数据中的洼地改造成斜坡的延伸部分，调整凹陷点高度使其与周围最低点的高程值一致，然后每 9 个点为一组进行平滑处理，以保证生成的流域径流路径的连续性[②]。但也正因为 Fill 工具的使用，洼地在 GIS 中无法呈现或者可视化被识别。由于分析过程并不开源，无法从结果上判断局部径流汇聚的风险点位置。本章的参数化模拟过程即旨在弥补这一分析漏洞。局部径流路径汇聚的洼地可以通过人工数字化洼地填洼处理，以解决由洼地引起的径流主要路径不连续等问题，便于后期人工数字化得到主要径流路径拓扑空间网络。人工数字化过程中，每个初始矩阵点代表了一个基本单元的降水量，本书径流主要路径生成原则为当初始矩阵点形成的路径数量汇聚到一定程度时（以 5 条原始粒子径流汇聚时为初级路径起始值，该依据形成的径流主要路径与山地沟壑对应，作为 9 个村镇流域社区同等程度径流量的对比基础），便作为径流主要路径的起始点。径流路径网络生成后，根据 Strahler 分级方法，9 个山地河谷村镇流域社区径流拓扑空间网络路径分级如图 3.20 所示。

---

　　① 　马什.景观规划的环境学途径 [M].朱强，黄丽玲，俞孔坚，译.北京：中国建筑工业出版社，2006：90.

　　② 　李昌峰，赵锐.流域水系自动提取在西苕溪流域的应用 [J].热带地理，2003（4）：319-323.

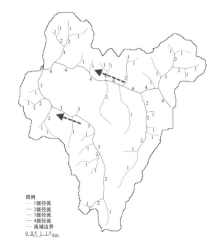

（a）木瓜镇流域社区

（b）羊磴镇流域社区

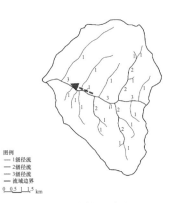

（c）坡渡镇流域社区

（d）松坎镇流域社区

（e）水坝塘镇流域社区

图 3.20　9个山地河谷村镇流域社区径流拓扑空间网络路径分级（箭头代表水流流向）

图片来源：作者绘制

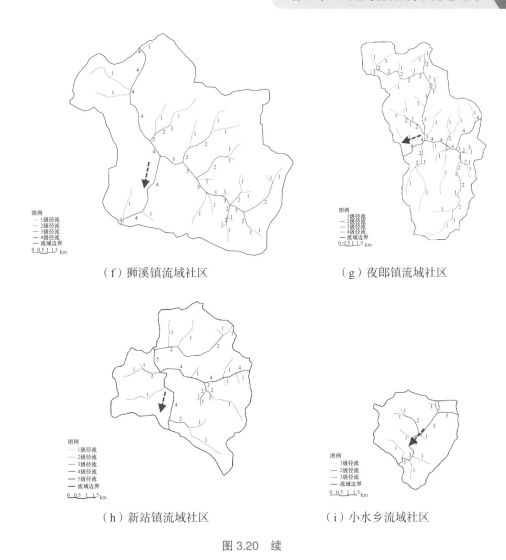

（f）狮溪镇流域社区　　　　　　（g）夜郎镇流域社区

（h）新站镇流域社区　　　　　　（i）小水乡流域社区

图 3.20　续

3.4　水文形态研究指标分析

3.4.1　形态指标体系构建

1. 指标体系的构成

流域水文形态与流域下游出口处村镇的洪涝影响度评价指标，根据水文生态学已有研究及构建原则从形状维度（流域社区面积、流域形状系数）、强度和密度维度（河流长度、径流交叉点密度、径流段平均长度、径流网络密度、径流路径最大高差）、分形维度（分支比、长度比、分形维数）3 个一级指标维度进行构建，分别选取具有代表性的指标因子，建立综合表征流域水文形态的指标体系（表3.1）。

表 3.1　流域水文形态指标体系

一级指标	二级指标	指标说明	计算公式	洪涝关联性
形状维度	流域社区面积	流域周边分水岭和出水口断面所围绕的投影面积，即地面径流的集水面积	面积	待进一步研究
	流域形状系数	流域分水岭边界周长与相同面积下圆周长的比值，体现了流域形状和相同面积圆形之间的形状区别	$K_e = L/L_0$ 其中，K_e 为形状系数；L 为流域边界周长，单位为 km；L_0 为同面积圆的周长，单位为 km	强正相关
强度和密度维度	河流长度	流域范围内自然河流水系的总长度	长度	待进一步研究
	径流交叉点密度	径流交叉点总数量 / 流域面积	径流交叉点总数量 / 流域面积	待进一步研究
	径流段平均长度	径流路径总长度 / 径流路径段数量	径流路径总长度 / 径流路径段数量	待进一步研究
	径流网络密度	单位流域面积上径流路径的长度	$D = \sum L / A$ 其中，D 指径流网络密度；单位为 $km \cdot km^{-2}$，$\sum L$ 为 A 流域内径流总长度，单位为 km；A 为流域总面积，单位为 km^2	待进一步研究
	径流路径最大高差	流域内径流路径的源头与最低点的高差	高差	待进一步研究
分形维度	分支比	流域内除最高级别水系外，每一级别水系的总数与比它高一级别总数的比值，常以平均分支比计算	$N_K = R_B^{m-K}$ 其中，N_K 为 K 级河流的数目，R_B 为河流的分支比，m 为河流的最高级	待进一步研究
	长度比	流域内除最高级别水系外，每一级别水系的平均长度与比它高一级别平均长度的比值，常以平均长度比计算	$L_k = L_1 R_L^{k-1}$ 其中，L_k 为 k 级河流的平均河长，R_L 为河流的长度比，m 为河流的最高级	待进一步研究
	分形维数	不同级别的河流之间存在逆幂律关系，分形维数是水系结构演替的量度指标	$D_i = \max(1, \lg R_B / \lg R_L)$ 其中，D_i 为分形维数，R_B 为分支比，R_L 为长度比，引自河流水系定律的概念	强正相关

资料来源：作者基于文献整理

2. 构建原则

本书中流域水文形态包括流域形状和径流路径网络形态，这些形态的相关指标体现了小流域水文形态与洪涝发生的关联度。径流路径网络形态是流域水文形态的重要组成部分，也是水生态修复、水环境治理、水资源管理和水文韧性研究的基础参数。为构建一套易于操作、易于推广和合理可行的流域水文形态指标体系，遵循以下原则：

（1）综合与典型结合原则

指标需要能反映水文韧性形态的主要特质，突出水文形态的主要方面，排除数据冗余，归纳关键性的指标。

（2）可比性原则

指标应在相近的时间、空间和尺度上具有可比性，保证流域对比和相似地理条件下的可比性，有利于指标的自我优化与精准性。

（3）可操作性原则

所有指标均可获得或测量，指标计算力求简单，以保证指标的可推广性和可操作性。

3. 适用范围与使用方法

本书的水文形态指标体系适用于山地河谷村镇社区流域尺度下以水文韧性为视角的洪涝关联度研究，可深入了解水文条件与流域下游出口处村镇的洪涝风险关联机制，也可作为村镇选址、"三生"空间布局等相关领域研究的决策依据和技术支撑。

3.4.2　指标分析

流域的水文特征要素包含流域内永久性径流和暂时性径流，洪涝风险程度与暴雨后雨洪聚集速度、时间、洪峰时长等有关。流域的洪涝形成与流域形状、径流路径网络结构有关，如：扇形流域的径流汇水点水势增长较快，洪峰聚集迅速，易发生洪涝灾害；网络状河流水系渗透效率高、水势变化缓慢，不易发生洪涝灾害。本书根据 Horton 水系分形定律对 9 个山地河谷村镇流域社区进行了流域社区面积、流域形状系数、河流长度、径流交叉点密度、径流段平均长度、径流网络密度、径流路径最大高差、分支比、长度比和分形维数 10 个流域水文形态指标的研究，计算各个流域相应指标数值并进行对比，尝试得出一定的结论（表 3.2）。

表3.2 9个山地河谷村镇流域社区流域水文形态指标分析

流域社区	径流路径提取	输入水端 降水量	流域社区面积	流域形状系数	河流长度	径流交叉点密度	径流段平均长度	径流网络密度	径流路径最大高差	分支比 R_B	长度比 R_L	分形维数 D_i	响应端 集镇积水深度
单位		mm	km²	—	km	个·km⁻²	km	km·km⁻²	km	—	—	—	m
木瓜集镇		174.6	214.86	1.60	27.79	0.20	2.05	0.31	0.96	4.79	1.63	3.21	4
羊磴集镇		152.0	117.75	1.37	18.76	0.39	1.56	0.78	0.88	4.64	2.40	1.75	—
坡渡集镇		168.6	36.97	1.16	6.32	0.49	1.66	0.99	0.64	5.52	2.64	1.76	—
松坎集镇		77.4	71.46	1.59	5.21	0.48	1.39	0.93	0.90	3.48	1.54	2.88	—
水坝塘集镇		97.3	42.78	1.33	4.06	0.28	1.78	0.75	0.95	3.04	1.69	2.12	—

续表

流域社区	流域社区径流路径提取	输入水端 降水量	形态状态 流域社区面积	流域形状系数	河流长度	径流交叉点密度	径流段平均长度	径流网络密度	径流路径最大高差	分支比 R_B	长度比 R_L	分形维数 D_i	响应端 集镇积水深度
单位		mm	km²	—	km	个·km^{-2}	km	km·km^{-2}	km			—	m
狮溪集镇		88.5	132.93	1.32	21.49	0.17	2.09	0.55	1.05	4.20	2.37	1.66	—
夜郎集镇		0.6	79.72	1.45	8.11	0.41	7.70	4.54	0.91	3.91	3.64	1.06	—
新站集镇		23.8	40.19	1.35	10.59	0.42	1.42	0.90	0.69	3.30	2.96	0.87	—
小水乡集镇		19.0	18.25	1.20	5.95	0.49	1.29	0.83	0.33	3.96	6.33	0.75	—

资料来源：作者绘制

（1）流域社区面积：流域分水岭边界和出水口断面之间围合形成的投影面积，即流域径流集水面积。在流域气象、土壤、植被、地形等相似综合自然地理条件下，流域社区面积和流域出水口径流量成正比。从图 3.21 中可以看出，9 个山地河谷村镇流域社区面积分布在 18 ～ 215 km² 的范围内。与村镇洪涝相关的流域社区面积，是以河谷村镇为径流出口的上游小流域汇水区面积。因此，同等情况下，流域社区面积越大，山洪量也就越大，洪涝发生概率也相对越高。但由于流域社区面积与村镇受影响的上游小流域数量有关，故与洪涝发生程度的关联由于目前指标数据的有限，有待进一步研究。

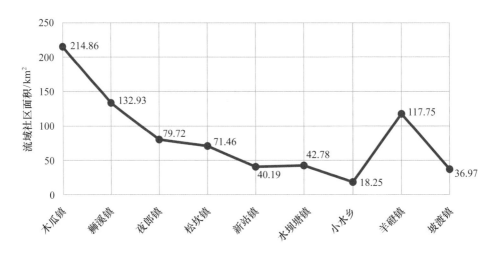

图 3.21　9 个山地河谷村镇流域社区面积折线

图片来源：作者绘制

（2）流域形状系数：流域边界周长与相同面积下圆周长的比值，体现流域的形状和相同面积圆形之间的接近度。公式如下：

$$K_e = L/L_0$$

其中，L 为流域边界周长，L_0 为同等面积圆的周长，K_e 为流域形状系数。K_e 愈趋近于 1 的流域形状越趋近于圆形。

水文生态学研究通常认为流域形状系数越趋近于 1，流域形状越接近于圆形，发生洪涝灾害的可能性也越大，原因在于暴雨下的径流汇流过程中，圆形流域的河流易于向干流汇聚形成较大洪峰进而造成洪灾。当流域形状系数、完整系数越远离 1 时，流域形状愈狭长，越不易形成大的洪峰。因为地表径流汇聚平缓，洪水宣泄时间较长而不宜造成洪灾[①]。以上既有研究针对流域形状的结论是基于永久性径流的，而根据本书的实证研究，对于山地河谷村镇中基于暴雨状态下暂时性径流和永久性径流的整体结构，结论可能并非如此。

通过 9 个山地河谷村镇流域社区流域形状的对比发现（图 3.22）了与既有研究相反或者例外的情况：流域并非越接近于圆形，洪涝越严重。在 "6·22 洪灾"降水量接近的木瓜镇、狮溪镇、夜郎镇三镇的对比下，发现木瓜镇流域形状系数最大，最不接近于圆，却发生了 100 年一遇的洪涝，而另外两个镇洪涝灾害并不明显。因此，本书认为在山地河谷流域和小流域的研究尺度层面，当其他指标趋同的情况下，可能存在流域形状越接近于圆，越不容易发生洪涝的情况。本书按照流域形状系数粗略地将流域划分成近圆形和狭长形流域。从洪涝发生的角度上来说，本书推断理想的山地河谷流域的形状应该是圆形，强降水下地表径流汇流的过程中，径流分布越均匀，径流汇聚变化越平缓，越有利于渗透、削弱和延缓洪峰，延长洪水的宣泄时间、减少洪峰量，从而不易形成洪涝灾害。当形状系数 K_e 数值越大、流域形状同圆形形状差距越大，流域表现为狭长形流域。流域形状越狭长，地表径流路径相对越短，汇聚变化越急促，渗透和洪水宣泄时间不

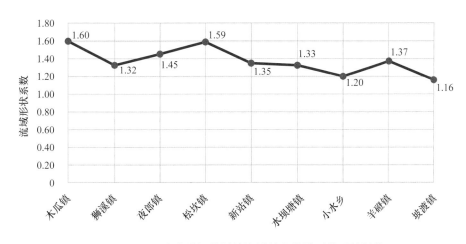

图 3.22　9 个山地河谷村镇流域社区流域形状系数折线
图片来源：作者绘制

---

①　沈玉昌，龚国元. 河流地貌学概论 [M]. 北京：科学出版社，1986：15.

足，易形成较大的洪峰和洪涝灾害（表 3.3）[1]。但通过 9 个山地河谷村镇流域社区相关指标与对应暴雨情况下的洪灾发生程度的对比，本书发现并非完全如此，存在个案情况。

表 3.3　本书中山地河谷村镇流域社区流域形状系数分析

流域类型	流域形状示意	形状系数	洪涝关联性
近圆形流域	○	K_e 趋近于 1	强降水下地表径流汇流的过程中，径流分布越均匀，越有利于渗透和延缓汇聚时间，形成的洪峰量较少，此类流域不易形成洪涝灾害
狭长形流域	⬭	K_e 远离 1	越狭长的流域形状具有相对越短的径流路径，渗透时间和洪水宣泄时间不足，易形成较大的洪峰，此类流域易形成洪涝灾害

资料来源：作者绘制

（3）河流长度：流域范围内自然河流水系的总长度。从图 3.23 中可以看出，木瓜镇流域中河流长度最长。河流长度可能与流域社区的沿河方向跨度有关，故河流长度与洪涝发生程度的关联由于目前指标数据的有限，有待进一步研究。

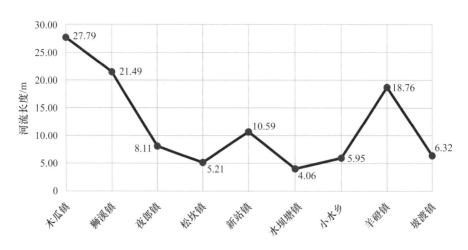

图 3.23　9 个山地河谷村镇流域社区河流长度折线
图片来源：作者绘制

① 沈玉昌，龚国元.河流地貌学概论［M］.北京：科学出版社，1986：15.

（4）径流交叉点密度：径流交叉点总数量/流域面积。从图 3.24 中可以看出，木瓜镇流域社区的径流交叉点密度排在倒数第二位。径流交叉点密度与洪涝发生程度的关联由于目前指标数据的有限，有待进一步研究。

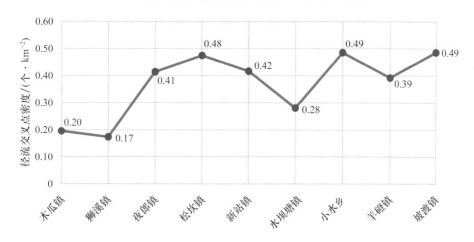

图 3.24　9 个山地河谷村镇流域社区径流交叉点密度折线

图片来源：作者绘制

（5）径流段平均长度：径流路径总长度/径流路径段数量。从图 3.25 中可以看出，木瓜镇流域社区的径流段平均长度排在第三位，夜郎镇流域社区的径流

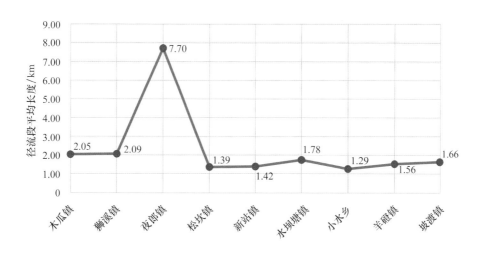

图 3.25　9 个山地河谷村镇流域社区径流段平均长度折线

图片来源：作者绘制

段平均长度最长。径流段平均长度与洪涝发生程度的关联由于目前指标数据的有限，有待进一步研究。

（6）径流网络密度：单位流域面积上径流路径的长度。数理公式如下：

$$D = \sum L / A$$

其中，$\sum L$ 指 A 流域内径流总长度，A 为流域总面积，D 指径流网络密度。径流网络密度是描述地貌发育程度和地表抗蚀能力等的一个重要因子。

径流网络密度越大，地面上径流路径支系越多、沟壑发育越充分、地形越破碎，地表物质的稳定性越差，地表径流越容易形成，地表稳定性越差，降水对地表土壤冲刷愈强烈，水土流失越严重。从图 3.26 中可以看出，木瓜镇流域社区的径流网络密度最低。径流网络密度与洪涝发生程度的关联由于目前指标数据的有限，有待进一步研究。

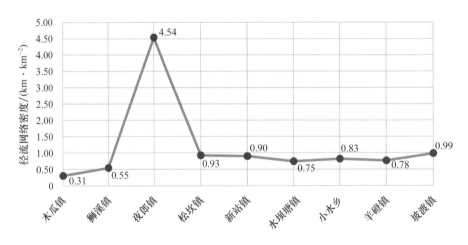

图 3.26　9个山地河谷村镇流域社区径流网络密度折线
图片来源：作者绘制

（7）径流路径最大高差：流域内径流路径的源头与最低点的高差。从图 3.27 中可以看出，木瓜镇流域社区的径流路径最大高差位列第二。最大径流路径高差与洪涝发生程度的关联由于目前指标数据的有限，有待进一步研究。

（8）分支比 R_B：指流域内每一级别径流路径总数与比它高一级别径流路径总数的比值，常以平均分支比计算分形维数。整个流域径流路径的分支比为所有等级径流路径分支比的平均值。分支比越大，说明路径越多，山地区域沟壑越

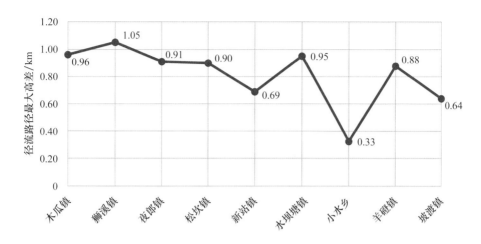

图 3.27　9 个山地河谷村镇流域社区径流路径最大高差折线

图片来源：作者绘制

多，其分维也就越大。从图 3.28 中可以看出，木瓜镇流域社区的径流路径平均分支比位列第二。分支比与洪涝发生程度的关联由于目前指标数据的有限，有待进一步研究。

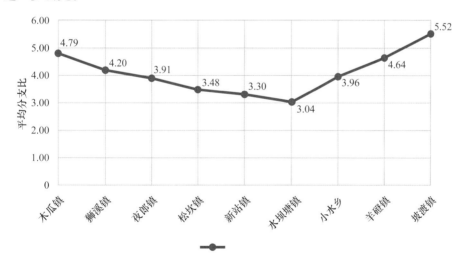

图 3.28　9 个山地河谷村镇流域社区径流路径平均分支比折线

图片来源：作者绘制

（9）长度比 R_L：指流域内每一级别径流路径的平均长度与比它低一级别径流路径平均长度的比值，常以平均长度比计算分形维数。从图 3.29 中可以看出，

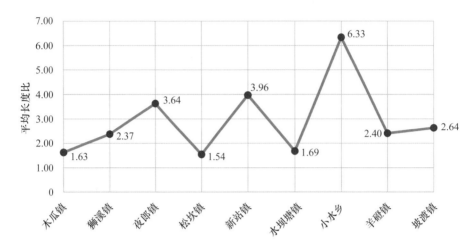

图 3.29　9 个山地河谷村镇流域社区径流路径平均长度比折线

图片来源：作者绘制

木瓜镇流域社区的径流路径平均长度比最低。长度比与洪涝发生程度的关联由于目前指标数据的有限，有待进一步研究。

（10）分形维数 D_i：反映流域中径流路径分布的密布性和覆盖率，分形维数 D_i 越高则网络覆盖率越高、等级结构越清晰、越复杂。公式如下：

$$D_i = \max\ (1,\ \lg R_B\ /\ \lg R_L)$$

其中，D_i 表示分形维数，R_B 表示分支比，R_L 表示长度比，引自 Horton 水系分形定律的概念。从图 3.30 中可以看出，木瓜镇流域社区的径流路径分形维数最高。

通过指标对比发现，暂时性径流路径（暴雨状态下）和永久性径流（日常状态下）的分支比、长度比、分形维数指标含义不同，径流是非常态现象，而水系河网是常态现象，径流路径代表径流的产生，对洪涝具有加剧作用，而水系河网对洪涝具有缓解和调蓄作用，是对降水、径流时程上的再分配。因此，两种现象网络的指标含义具有相反的作用。永久性的水系网络分形维数越高，河网越密布，水系越复杂，洪涝灾害发生的可能性越低[①]。而暂时性径流路径分形维数越高，径流路径网络覆盖率越高，等级结构越清晰、越复杂，山地谷地和沟壑越

---

① 马宗伟，许有鹏，钟善锦. 水系分形特征对流域径流特性的影响——以赣江中上游流域为例 [J]. 长江流域资源与环境，2009，18（2）：163-169.

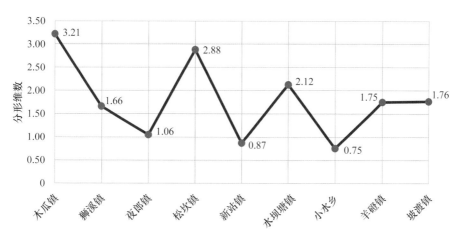

图 3.30　9 个山地河谷村镇流域社区径流路径分形维数折线
图片来源：作者绘制

多，暴雨时径流路径密布以致雨水径流会更快地汇聚到达低洼处，洪涝灾害发生的可能性越高。

根据"6·22 洪灾"中同等的降水条件下，通过对降水量接近的松坎河流域 9 个山地河谷村镇的洪涝灾害程度作联合比对，并结合流域径流路径网络结构相关指标对比，得出相关结论。木瓜镇分形维数最高，流域形状系数最大，当遭遇与师溪镇、夜郎镇相近强度暴雨侵袭时，发生了最严重的洪涝灾害。

3.5　水文形态对洪涝灾害的影响机制

通过上文对流域水文相关形态的指标分析，本书得出山地河谷村镇流域水文形态指标中流域形状系数、径流路径网络结构分形维数与流域下游出口处村镇的洪涝灾害程度的关联性。在降水、土壤、地形、植被等自然地理综合条件相同或相似的情况下，两个指标与洪涝风险程度的关联性结论如下。

3.5.1　流域形状系数

山地河谷流域形状系数与流域下游出口处村镇的洪涝灾害程度呈正相关关系，即流域形状系数越大，形状越不接近于圆，同等降水量情况下洪涝灾害发生可能性越高；相反，流域形状越接近于圆，流域社区中集镇洪涝灾害风险越低。

基于此，本书提出以正圆形小流域形状作为水文韧性视角下山地河谷村镇流域社区理想的小流域形状（图3.31），其下游出口处村镇的洪涝风险最低。

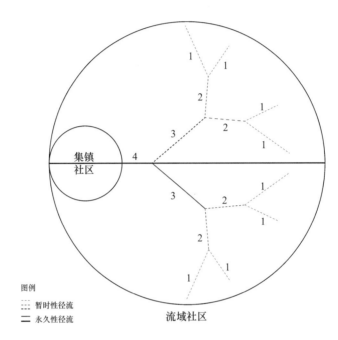

图3.31　山地河谷村镇流域社区理想的小流域形状与径流路径网络形态
图片来源：作者绘制

3.5.2　分形维数

径流路径网络结构形态分形维数与流域下游出口处村镇的洪涝灾害风险呈正相关关系，即径流路径分形维数越高，同等降水量情况下洪涝灾害风险越高。径流路径网络结构形态分形维数代表了沟谷和沟壑的分布密度，在汛期降水量丰沛且集中的情况下，暴雨时径流路径越密布，雨水径流会越快地汇聚到低洼处，下游村镇洪涝灾害风险越高。因此，水文韧性视角下，理想的山地河谷村镇流域社区的径流路径网络结构分形维数也应是最低的。

需要补充说明的是，以上关于流域形状系数和分形维数的结论，是基于典型山地河谷小流域的研究，仅适用于与上述流域在降水规律、地形地貌、植被等综合自然地理条件相似的情形，即：典型的长江上游干流区间流域的山地河谷流域环境，河流水系从流域穿过并流经村镇，流域社区尺度为 $18 \sim 215 \ km^2$ 的小流域层级。

3.6 水文形态下的水文韧性策略

山地河谷村镇的洪涝灾害应对，宜针对山地河谷流域径流产汇流的特点，因循生态水循环过程，基于径流水文分区、径流路径格局和山地沟壑发育程度等地理水文条件对流域上游、中游、下游不同的雨洪径流特征进行分片、分区策略研究。上游、中游、下游的径流管理、洪涝应对原则包括：上游以水土保持、削减径流峰值为主，兼顾分洪存蓄；中游以延滞洪峰时间、拦截存蓄雨水为主，兼顾堤防加固；下游以快排为主、增强河道的排泄能力[①]，兼顾雨洪多样化利用。本节水文形态下的水文韧性策略从径流路径空间和径流汇聚风险点两个方面出发，探索如何对径流路径上的生态空间进行保护和根据径流汇聚风险点进行社区空间的布局选址，致力于实现"大灾可避、小灾如常"的设防目标和水文生态保护的常态目标。

3.6.1 径流路径空间

针对径流路径的源头、径流廊道和径流路径交叉点等不同水文生态位置和区域，应采取不同的生态保护策略和措施。具体设计原则如下：① 从场地流向集水区或河流径流路径最大化；② 减缓径流速度以延长汇聚时间；③ 单位流域面积地表径流量最小化；④ 维护林地、湿地等缓冲带，保护洼地等集水区域和河流，禁止开发破坏；⑤ 使雨水径流避开或环绕关键性地形区域，如陡坡、不稳固的土壤等。径流路径的生态保护对流域社区社会生态系统的水文韧性和可持续发展具有重要作用。随着降水强度的增加，流域内产生坡面径流区域也随之变大。当流域内存在自然缓冲带，如高渗透性的土壤、林区、湿地、蓄水洼地、人工坑塘或者梯田等，地表溢流量会大大缩减，很大程度上可减少流域向河流排放的暴雨洪水流量。

1. 径流路径源头保护

本书中径流路径网络的一级径流的源头（图 3.32）是径流汇聚到一定量的初始点，为水源涵养地区，须得到必要的保护。流域外围高地是地表径流产生的主

---

① 中国城市规划设计研究院, 建设部城乡规划司, 总主编；华中科技大学建筑城规学院, 四川省城乡规划设计研究院, 册主编.城市规划资料集第三分册小城镇规划 [M].北京：中国建筑工业出版社, 2005：149.

图 3.32　木瓜镇流域社区径流路径网络源头
图片来源：作者拍摄

要初始区域，但径流流量小且分散、洼地较少，洪涝风险性较低。应从保护水资源的角度安排流域空间用地布局，保护源头处的生态用地，禁止开山采石、开矿、兴建建筑等行为。山地区域的上游源头以入渗和蓄积策略为主，山地居民的梯田等坡改梯工程体现了宜居性改造智慧。径流水源涵养地区以外，流域上游的高地开发区内，建设需要考虑对雨水径流的就地滞留和处置，使雨水经过最长的路径后进入流域的上游汇聚点，滞留之后再缓慢释放到周边较浅的沼泽林地以增加渗透。

　　2. 径流路径的维护和利用

　　径流汇聚主要路径基于山地地形地貌条件产生，暴雨时径流路径上雨洪汇流和冲刷，也反过来蚀刻着山体地形。在暴雨和雨水冲刷、浸润的情况下，山体土壤成为泥浆，加大了径流路径上发生泥石流和滑坡的可能性。当径流沿下坡方向汇聚，水流量逐渐增大。径流集中在沟渠沟壑中时，其侵蚀能力大大加强，使坡地形成冲沟，冲沟通过破坏表土进入底层土壤使得沟壑谷底区域变得脆弱（图3.33）[1]。因

---

　　① 马什.景观规划的环境学途径 [M].朱强，黄丽玲，俞孔坚，译.北京：中国建筑工业出版社，2006：86.

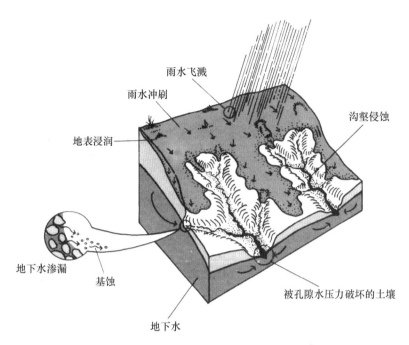

图 3.33　径流对坡地稳定性和侵蚀的影响[①]

此，山地河谷流域中径流路径的识别、维护和生态化利用有助于减小下游的洪涝风险和上游、中游保持水土。

　　山地河谷流域中生态空间廊道包括山体廊道、林地廊道、山谷廊道、河流廊道和径流廊道等，类型多样。在山地河谷地理环境下，河道、沟谷等径流路径作为线性景观廊道，将乡镇、村庄、农田、林地等各个孤立的社会生态系统要素联系起来，形成生态物质流交换的通道，承担着非常重要的生态功能，如多样性物种栖息地、物种迁移的通道、分割区域的过渡缓冲带，影响着周边生境。

　　径流主要路径是山地生态空间廊道的一种类型，代表了水系、山体沟壑（图 3.34）以及暴雨时的水流空间，应得到有效的保护。在山地河谷区域，非常态的、隐形的径流路径往往也是泥石流和山洪的排泄通道，系生态敏感和脆弱地带。当遇到陡坡土层较薄、土壤成分不稳定时，极易引发水土流失、滑坡、塌方、泥石流等自然灾害，需要进行水土保持、灾害避让、生态维护和动态实时监测。因此径流路径廊道上禁止开展建设活动，须进行必要的水土保

　　① 马什.景观规划的环境学途径［M］.朱强，黄丽玲，俞孔坚，译.北京：中国建筑工业出版社，2006.

图 3.34 山体流域中的沟壑
图片来源：作者拍摄

持、植树造林、还田于林和坡改梯等工作，避免地质灾害的发生。建议在二级以上的径流路径通道两侧留出不小于 20 m 的防护林带，作为未来山洪和泥石流的疏泄通道、缓冲区域和生态绿色廊道[1]。可在径流路径汇聚路线上适当设置截水设施以利于灌溉。部分村庄聚落居民点，由于选址不利和建设基础准备工作不足，坐落在径流主要路径上，易因暴雨山洪引发滑坡或建筑倒塌的危险，造成人员伤亡和财产损失。

山地流域中的径流路径常态下主要的呈现形式是冲沟，即山地沟壑地形中由间断水流在地表冲刷形成的沟槽，在丘陵和山区很普遍[2]。冲沟是侵蚀沟中规模最大的一种，长度可达数千米或数十千米，深度可达数米或数十米，有时可达百米。冲沟的形成与降水性质、地形和岩性有关。沟谷系统包括纹沟、细沟、切沟、冲沟、坳谷等，由暂时性径流冲刷而成，最终形成溪谷或河谷[3]。因此，水流对山地空间地貌进行了塑造。山地区域的冲沟在暴雨时形成径流快速流通的路径，缩短径流汇聚至河流和村镇区域的时间，是洪涝控制的不利因素。此外，冲沟也是山地滑坡和泥石流的危险地带。因此，应在山地冲沟地带种植保持水土的植被、实施水堰等拦蓄措施和实施坡改梯、梯田等生态保护措施，同时严禁破坏与开发建设。例如伏牛村中的梯田改造路径（图 3.35），村民在山体间凹谷部位

① 叶林. 城市规划区绿色空间规划研究 [D]. 重庆大学，2016.

② 王数，东野光亮. 地质学与地貌学 [M]. 2 版. 北京：中国农业大学出版社，2013.

③ 赵梦琳. 基于功能和过程的水生态空间韧性结构管控——以自流井南部片区生态保护规划为例 [C]// 中国城市规划学会. 共享与品质——2018 中国城市规划年会论文集. 北京：中国建筑工业出版社，2018：10.

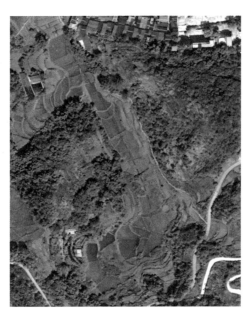

图 3.35　伏牛村山坳中径流路径上的蓄水存储空间

图片来源：作者基于谷歌地图绘制

的径流路径上进行了梯田改造，将山体汇聚下来的径流通过梯田进行了滞留和蓄存，减少对下游溢流的同时保存了"天上来水"，用于农田种植。

3. 径流路径交叉点和洼地的利用

国内学者岳隽等在对水系的研究中提出，在河流廊道的关键节点采取农耕和生态措施等工程与非工程措施手段对涉水生态环境进行有力保护[①]。维持径流生态连续性和具有瓶颈作用的关键区域在于流域径流路径交叉点。其中，径流路径的关键节点包括径流源头、径流路径交汇处、坑塘等洼地区域、水堰水库等蓄水区、径流路径与其他社会生态廊道的交汇点、径流路径与村镇社区边界的交界处、径流路径出山地河谷流域边界的交界处、点源污染排放处以及径流路径阻断地段等。

洼地（图 3.36）的集水区在山地少水的地域条件下，有着近水的先天优势，往往受到村镇选址的青睐，因此，需要平衡洪涝风险和水利益之间的关系。实际建设和选址中，应避开洪泛区、给水以空间，禁止侵占河道，退让足够的距离的

---

① 岳隽，王仰麟，彭建. 城市河流的景观生态学研究：概念框架 [J]. 生态学报，2005（6）：1422-1429.

图 3.36　木瓜镇流域社区径流路径上的洼地

图片来源：作者拍摄

同时可保证充足的水域景观。3.6.2 小节通过径流汇聚风险点分析技术，对流域地形中的洼地进行径流汇聚量的分析和洪涝风险的评估，有助于识别地势低洼的地带，因地制宜地进行策略实施。

针对山地河谷村镇社区聚集式开发区域，可采取滞留池的方式汇聚地块性雨水径流。同时，利用干井和洼地也是收集和存储雨水的有效方式，一方面延缓了洪峰集聚时间，另一方面也可形成优美的水景景观。径流路径交叉点代表了暴雨时雨洪汇聚点，洼地代表了雨洪聚集停留的区域，应采取生态韧性、工程韧性和社会韧性措施进行综合控制与保护，具体的径流路径节点控制措施见表 3.4。

表 3.4　径流路径节点控制措施

径流路径网络	生态韧性措施	工程韧性措施	社会韧性措施
径流路径交汇处	防洪线以下的河流滩涂、河漫滩等作为自然生态湿地进行保护	建设区按防洪标准设置防洪堤	防洪线以下禁止农耕活动或鼓励耕种耐涝性作物
径流进出湖泊、塘库等位置	湖泊、塘库岸线生态化处理，利用湿地滞纳污染物，净化水质	采取水堰、拦水坝等截流滞洪措施	湖泊、塘库沿岸一定范围内引导生态友好型农耕生产方式，严禁施用化肥

续表

径流路径网络	生态韧性措施	工程韧性措施	社会韧性措施
径流进出城市建设区	在进出聚居地区域设置人工湿地，滞纳污染物的同时净化水质	建设区按防洪标准设置柔性防洪堤	发展都市生态农业，加强防护林带建设
径流（包含水系）出山谷处	加强生态防护林带，增加生物迁徙可能性和生物多样性	拓宽河流廊道宽度，增加行洪能力	防止农耕活动、城镇建设等侵占河道的行为
径流沿线点源污染排放处	建设人工湿地滞纳污染物，净化水质	建设污染物净化工程	控制排放或转移污染物
径流与其他交通廊道的交汇处	桥梁下沿河流两侧增设植被带，增加生物迁徙可能性	道路建设应采用生态化技术措施	—

表格来源：作者根据文献资料总结

3.6.2　径流汇聚风险点

1.径流汇聚风险点分析

前文研究得出的关于流域形状系数和径流路径网络结构分形维数两个指标，是基于对流域整体性水文形态的研究，可用于对下游出口处村镇洪涝风险程度进行判断，作为村镇空间选址时避免和远离风险的依据。而径流汇聚风险点分析是本章径流模拟分析过程中的产物，是基于对流域局部性水文形态的研究，可用于对局部低洼区域的洪涝风险程度进行判断。

径流汇聚风险点，即通过径流模拟分析得出的阶段性径流粒子汇聚区，代表了流域中区域性的低洼地带。由于受到地形地势的影响，径流汇聚风险点也在一定程度上代表了部分洪涝灾害发生的可能性区域。流域下游区域的河谷村镇由于汇流的集聚效应，也同样受到周边及上游径流汇聚风险点的影响，前文中是通过分析流域水文径流路径形态的典型指标进行洪涝风险判断的。

借助当地气象数据，可获取历年监测到的最大日降水量；根据单位粒子所覆盖区域的降水量、径流系数以及分析得出的风险点的汇聚径流粒子数量，便可获得研究区风险点的雨水径流量。雨洪径流的量化计算在水文、水利专业中可以借助 SW 毫米等专业软件进行计算，而本书的研究目的旨在建筑学下，通过形态分析的技术和手段对径流现象进行可视化直观呈现，以助于对策略的探索。

本小节径流汇聚风险点的洪涝风险程度根据风险点的单位粒子汇聚于该处的数量判定，汇聚的原因是地形坡度在该点范围内不再往下游倾斜。数量越多的位置圆柱体越高，从而对径流路径上的高风险点进行直观的识别。风险点位置柱状图的高低和颜色从绿色到红色的变化表示径流汇聚量逐渐增大，局部区域的洪涝风险也逐渐增大。当然，洼地的径流量汇聚到一定程度，聚集的水将会通过溪流、冲沟、河流等空间漫溢出该区域，继续沿着径流主要路径向下游汇聚，进而形成整体性问题。沿着径流路径的汇聚方向，需要对上游所有的风险点数值进行累加才能得到某特定风险点的准确径流汇聚量。从这个意义上来说，流域下游出口处由于汇聚了上游的所有径流，在全流域尺度上的洪涝风险是最高的，这也便呼应了前文基于流域水文形态对流域出口处村镇的洪涝风险程度的分析。

如图 3.37，通过对木瓜镇流域社区的径流汇聚风险点分析可以看出，风险相对较高的局部汇聚风险点的位置在水坝村、水银村和柿花村，而"6·22 洪灾"中木瓜集镇所处的流域出口位置遭受了最严重的洪涝灾害。因此，图 3.37 中的高风险点代表了流域中区域性的径流汇聚集中点和低洼地带，代表了局域性的问题。分析结果仅代表了相对的汇聚风险程度，并非绝对的洪涝高风险地带，往往在流域出口处更易形成较大的洪涝风险。

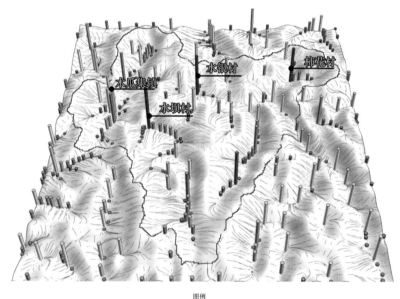

图例

—— 模拟径流　　　流域边界　　—— 集镇边界　　▮▮▮ 洪涝风险程度

图 3.37　木瓜镇流域社区径流汇聚风险点分析
图片来源：作者绘制

2. 径流汇聚风险点的应用

径流汇聚风险点分析方法有助于提前分析和预判洪涝灾害较易发生的位置，有助于提前采取防汛预案措施和降低灾害造成的经济损失[1]，减轻经济活动所受的灾害影响。根据局部风险点识别可进行流域社区"三生"空间的布局和选址考量，避免建设在洼地和洪涝高风险地带，从选址上做到"大灾可避"，为上位规划、政府管理和决策等提供依据。

径流汇聚风险点的辨识有助于具有针对性地制定洪涝应对策略。在径流汇聚风险点的分析中，风险点均为雨水汇流阶段性区域聚集区，若该区域大部分坡度较为平缓，可能会是局部宜建设区，则应加强建设风险防范；若该区域坡度加大，本身不利于村镇建设，则可根据地形低洼的特点进行雨洪径流的蓄积，用于生产、生活所需，也可减小对下游的雨洪排泄量。另外，在流域尺度上通过水文形态指标分析和径流汇聚风险点分析可辅助区域性规划与土地利用评价，体现因地制宜地选址、源头控制和预防为主的原则。

另外，流域水文形态指标分析和径流汇聚风险点分析可以为该地区的洪涝保险预判、费率标准等的制定提供依据。山地河谷村镇在确定洪水保险费率时，可参考本书径流模型水文形态指标及径流汇聚风险点分析执行差别费率，制定洪涝灾害风险级别分区图，按洪涝发生的风险和破坏程度，设定不同级别的费率，以因地施策，有助于吸引更多的村民加入洪涝灾害保险。根据水文形态指标分析和径流汇聚风险点分析，汇聚量较低的低洼地带和流域形状系数较小、径流路径分形维数较低的村镇流域社区可考虑制定较低的保险费率标准。

3. 径流汇聚风险非转移原则

流域上下游通过水的重力流动性关联到一起，上游洪水流量与下游泄洪能力存在着冲突和矛盾。针对流域中局部的径流汇聚风险点，应遵循洪涝风险"非转移原则"，不应将村镇建设造成的过多的径流量排向下游，增大下游的洪涝风险，即需要保证建设后的径流量与建设前的自然状态一致。流域上下游以及各个层级流域均须做好雨水径流的控制和洪水管理，政策参考如《欧盟水框架指令》，其是目前最全面和综合的流域水管理政策。该指令要求每个流域和子流域制订相

---

① 经济损失既包括房屋和基础设施以及工农业产品、商储物资、生活用品等因灾破坏所形成的财产损失，又包括社会生产和其他经济活动因灾导致停工、停产或受阻等所形成的损失。

应的管理计划，要求每个成员国遵守洪涝风险"非转移原则"，禁止任何成员国增加其他成员国洪涝风险的可能。尤其对于荷兰这个下游的海平面以下的国家来说，若上游的国家加高堤坝增加排洪量必须征求荷兰的意见[①]。可以说，水文韧性的建设需要跨国域、省域、市域、县域、镇域进行区域间的协同合作，避免上游将洪涝风险转嫁给下游。

---

① 弗朗西娅胡梅尔，沃凡德托恩弗托夫.城市水问题新解译：荷兰水城的设计与管理 [M].王明娜，陆瑾，刘家宏，等，译.北京：科学出版社，2017：19.

及地

村镇聚落形态对洪涝灾害的承载机制

第4章 山地河谷村镇聚落形态研究

4.1 山地河谷地区的村与镇

　　山地河谷地区村与镇的形成、发展和分布与山水环境息息相关。水是关系村民生活以及农业生产的重要因素，而永久性径流和临时性径流是除地下水以外流域内村镇生产、生活用水的主要来源。故綦江、松坎河、木瓜河、水银河、木竹河等永久性径流的格局及暴雨状态下形成的冲沟、小溪等暂时性径流的格局，在一定程度上影响着山地河谷村镇空间的选址和布局。

　　村镇社区社会生态系统中雨水产流、汇流量和"水−地"空间模式、村镇市政建设以及河道等防洪排洪能力之间的矛盾是山地河谷地区村镇洪涝灾害的内在原因。当村镇选址在不宜建设的洪泛区、"水−地"关系不和谐以及空间布局不合理，洪涝现象才会成为问题和灾害。

4.1.1 村镇聚落

　　聚落，广义上为人类各式聚居地的总称。本书借用了城市形态学的方法对集镇与村落的形态进行拓展研究，为了避免歧义，遂将村镇统一在村镇聚落形态的语境下进行形态学层面的研究。山地河谷流域社区上游、中游、下游范围内的村镇聚落形态呈现出多元化的特点，其洪涝风险程度也各不相同。为满足开垦、排水、取水等生产、生活需求，山地河谷村镇大部分选址于山地内开阔度较好的山脚、河谷或山间坝地上，沿河流水系两侧的开阔地带往往分布着较大规模的集镇和村落。以木瓜镇流域社区范围内的村镇聚落为例，从水缘关系上看，本书将山地河谷村镇可分为以下 4 种类型：河谷水系主导型团块聚落、支流水系影响型带状聚落、支流水系影响型团状聚落和隐性径流影响型散居聚落（图 4.1）。

（1）河谷水系主导型团块聚落：以集镇为主的聚落，位于山地河谷较为宽阔的流域下游地带，水资源丰富，通常 8% 以内的地形坡度适合于村镇建设。由于该类型丰富的水资源有利于村镇的发展，聚落类型多为较大规模的团块形集镇，如木瓜集镇。从水生产、水生活和水安全角度上看，该类型聚落形态受到河谷水系的影响较大，洪涝的风险性也最高。

（a）河谷水系主导型团块聚落

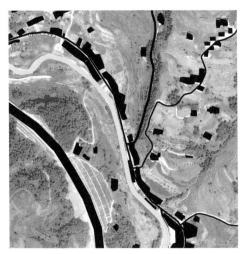

（b）支流水系影响型带状聚落

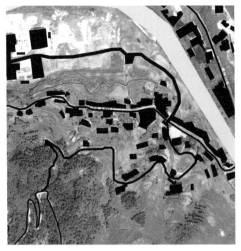

（c）支流水系影响型团状聚落

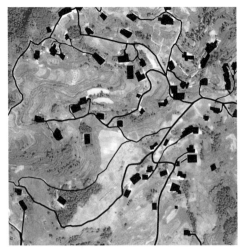

（d）隐性径流影响型散居聚落

图 4.1　流域社区内村镇聚落类型
图片来源：作者基于谷歌地图绘制

（2）支流水系影响型带状聚落：受到山地地形的制约，此类聚落形态沿支流水系呈条带状分布，聚落沿水系两侧或者一侧发展。由于地形的限制，聚落类型多为中心村聚落，如白石坝村。从水生产、水生活和水安全角度上看，该类型聚落形态受到支流水系的影响，洪涝的风险性中等，且灾害造成的损失不大。

（3）支流水系影响型团状聚落：由于受到支流水系的影响较小，聚落空间并非完全顺着水系发展，而更多地受到如交通、生产等其他因素的影响，聚落呈现团状的空间分布形态，如中山村。由于距离水系较远，该类聚落洪涝风险性较低。

（4）隐性径流影响型散居聚落：出于初期农耕时代开荒拓土或梯田耕作的需要，聚落居民点散落分布在农业生产空间内，规模不大、公共设施和基础设施配套不完善，如核桃湾村等。农业生产需求促使村庄大多散落布局在山地中，以便进行大面积的土地耕作。降水状态下呈现的雨洪径流对该类聚落的布局影响较小，主要体现在农业生产空间通过梯田、坑塘等方式对雨水的存蓄利用上。由于坡地径流快速向下游汇聚的原因，洪涝风险较低，对雨洪的滞留成为生产灌溉的主要考量因素。

4.1.2　集镇聚落

由于案例群中山地河谷流域社区的大部分村落位于上游和中游，规模小、功能单一，农业生产的需要又造成其中村户有机散落布局，处于与山-水-林-田-塘共融共生的状态，自然的水文循环过程很少受到破坏，洪涝现象下其灾害损失问题不严重且不突出。

与上述村落不同，由于水源充足、土壤肥沃、地势较开阔平整且景观资源丰富等有利因素，案例群中山地河谷流域社区的集镇多位于下游的河谷地带，而河谷地带作为流域内径流汇聚的集中区域和行洪出口，是洪涝灾害发生的高危地带，且集镇规模较大、经济发展较快，受到洪涝影响而产生的损失也更大。因此，本章村镇聚落形态的研究对象便主要集中于洪涝灾害特征现象下的河谷集镇。集镇聚落与自然环境之间和谐的共生关系一定程度上影响着洪涝灾害的严重程度。对河谷集镇聚落形态的研究，有助于从早期人类聚居发展、人水调适的角度揭示基于"水-地"关系的宜居性建设智慧。

　　山地河谷集镇的形成与山水地貌的自然环境相适应，体现出随山体地势、河流走势变化的自由空间形态，如木瓜集镇中（图4.2），集镇建筑沿着木竹河和木瓜河河谷较为平坦的地带蔓延生长，路网也顺应着山体地形和河流走势蜿蜒形成。从地形坡度上看，山地河谷集镇可分为 V 形河谷集镇（如木瓜集镇、狮溪集镇、羊磴集镇等）、U 形河谷集镇（如楚米集镇、水坝塘集镇等）；从河流形态上看，山地河谷集镇可分为曲折河流的凸岸集镇（如夜郎集镇、羊磴集镇、松坎集镇等）、凹岸集镇（如水坝塘集镇、坡渡集镇等）以及河道交汇型集镇（如木瓜集镇、狮溪集镇、新站集镇等）。山地地区地形坡度大（图4.3），水随到随流，不宜停留，造成在河谷地带水又大量汇聚在上游径流。一旦遇到强降水，水从高处冲下，集聚快、威力大，位于河谷地带的集镇洪涝问题尤其突出。

（a）木瓜集镇建筑肌理　　　　　　（b）木瓜集镇山、水、路网格局

图 4.2　木瓜集镇建筑肌理与空间格局示意

图片来源：作者绘制

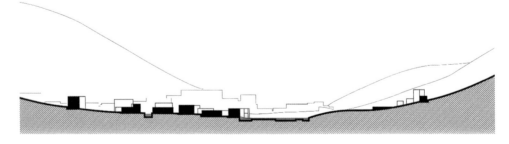

图 4.3　木瓜集镇沿木瓜河横断剖面示意

图片来源：作者绘制

4.2　集镇聚落形成过程中的形态要素

　　山地河谷地区村镇的集镇虽然规模各异，但在形态上皆体现出一些早期城市的特征，即有较为明确的形态边界、结构和单元。至于其背后的原因，本书认为包含 3 方面：① 从人口构成、产业类型以及建设要求等方面上看，集镇与小城镇十分类似（详见本书表 1.5 案例群中山地河谷村镇社区与平原城市社区的特征对比分析）；② 集镇本身承载了村镇居住、商业和公共服务等功能，是村镇居民主要的生活空间；③ 自新农村建设和城乡一体化建设以来，我国对集镇也有了与城市相同的自上而下的空间规划，集镇的规划与建设一定程度上受到城市形态学的影响。因此，本章借鉴了城市形态学中的形态要素分析方法，运用到集镇聚落形态要素分析中。

　　美国学者斯皮罗·科斯托夫在《城市的组合——历史进程中的城市形态的元素》[①]一书中，将城镇的形态元素分为：城市边界、城市分区、公共场所和街道。虽然他没有明确形态元素分类，但是通过书中的论述，我们仍然可以发现这简单 4 项涵盖了城镇形态的边界、结构和单元。其中，城市边界、城市分区搭建了城镇形态的边界和结构，城镇内的公共场所形成了形态单元，而街道比较特殊，一方面它是公共空间的一个类型，另一方面又形成了公共空间和分区的骨架。

　　本章集中于对集镇聚落形态的研究，借鉴了斯皮罗·科斯托夫的城镇形态分类方法，在其对城镇形态元素的研究基础上，结合水文韧性的视角，将集镇聚落形态的要素衍生为集镇边界、分区与径流、基础设施和"水-地"街道单元。其中，作为形态边界的集镇边界限定了集镇聚落形态的轮廓，分区与径流构成了集镇聚落形态的结构骨架，基础设施是特殊的形态单元，"水-地"街道单元是集镇聚落形态的基本单元。

---

　　① 科斯托夫. 城市的组合——历史进程中的城市形态的元素 [M]. 邓东，译. 北京：中国建筑工业出版社，2008.

4.2.1 形态边界与结构

1. 集镇边界

斯皮罗·科斯托夫认为，"边界是城市形态的一个重要特征"，而对于集镇聚落形态，边界的重要性可能并非如此。一方面，集镇作为村镇社区空间的一部分，其在物理空间上没有明确的内外之分，集镇到村落、山水环境边缘的过渡往往是自然而循序渐进的。另一方面，集镇往往是镇区商贸和居住集中的区域，在行政和经济层面属于村镇的一部分，其边界不具备"关税线"的意义。

当河谷集镇位于河流水系的一侧，"水–地"的贴邻边界便成了集镇的边界，限制着集镇整体聚落的发展。如松坎集镇等河谷集镇早期由于受到山水地理边界的限制，集镇边界与"水–地"边界重合，在沿河发展成长的过程中由于用地需求扩大、技术和经济得到长足发展后才实现跨河扩张。此外，集镇"水–地"边界也体现了聚落空间发展的亲水性特征。

2. 分区与径流

城市因其庞大的规模和复杂的系统功能，需要将其物质形态的结构与社会结构进行匹配。由这种匹配而来的分区根据社会的发展呈现出不同的面貌，比如现代的城市通常具备四大分区：宗教区、行政区、贸易区和居住区。然而，集镇的规模和人口尚不需要，也无法体现明确的功能分区，往往只能体现建设时间的分段：如老区、新区。因此，对集镇分区的研究是建立在集镇边界的演变之上。

如前文所论述，河谷集镇边界的形成和变化与集镇中径流路径网络格局息息相关。由此可推论集镇聚落形态的分区亦和径流有所关联。

本章研究集镇聚落形态，将因径流（包括前文所述的永久性径流和暂时性径流）形成的新旧分区定义为集镇聚落形态结构的要素，原因在于径流的存在一定程度上限定了集镇空间分段的发展，也触发了不同类型的"水–地"街道单元形成。此外，作为形态单元的集镇水文基础设施也分布在径流路径附近。

4.2.2 形态单元

1. 基础设施

与常规的城镇聚落形态研究不同，本章集镇聚落形态的研究是在水文韧性的视野之下，聚焦洪涝灾害现象下的互动机制研究。因此，集镇中的涉水基础设施比之传统公共空间，更具有节点形态单元的作用。

本章将集镇中的避难空间、涉水功能复合空间、沟渠、蓄水池、水文站、水坝等水文相关的公共基础设施定义为集镇聚落的特殊形态节点单元。在实际的案例中，这些水文基础设施也多与集镇的公共空间有着紧密的联系。

2. "水–地"街道单元

正如第 3 章山地河谷流域水文形态研究中所发现的，流域社区村镇聚落中包含大量的径流路径空间。集镇中作为形态实体的建筑和虚体的开放空间与"水"密不可分。以径流为主的水文形态既是集镇聚落形态在不同维度的社区空间形态元素，又是集镇聚落形态的水文基础。

传统城镇形态研究中，由于建筑功能决定了建筑尺度和平面类型。形态单元或以不同功能的建筑划分，或以不同功能建筑组合而成的组团划分。本章对集镇聚落形态的研究聚焦于洪涝灾害现象和水文韧性，相较于具体的建筑功能，建筑、公共空间与水形成的不同"水–地"关系，更能体现形态单元的关系模式。因此，本书的研究将"水–地"街道单元（图 4.4）定义为集镇聚落形态的基本单元，其中包含了作为公共空间的街道、街道两侧的建筑和以不同方式经过街道与建筑的径流，包括永久性径流和暂时性径流。

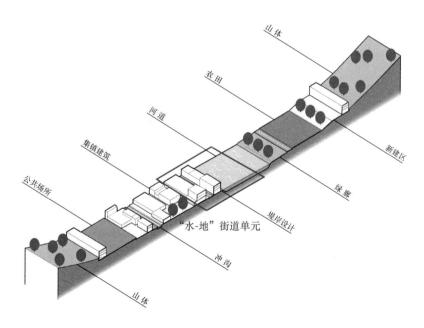

图 4.4　山地河谷村镇横断面下"水–地"街道单元示意
图片来源：作者绘制

4.3 聚落形态要素的水文韧性特征

美国学者尼克斯·A.萨林加罗斯在《城市结构原理》一书中，基于数学模型分析，总结归纳了关于城市网络、城市空间信息、城市尺度分配、分形城市等一系列极具启发性的修复现代城市、使城市具有活力的研究成果；Jack Ahern 基于对变化、干扰、不确定性和适应性的思考，从"失败到安全"转向"安全应对失败"的韧性理念，提出多功能性、冗余度和模块化、社会和生物多样性、多尺度网络连接以及适应性五大韧性策略[①]。法国学者 Serge Salat 的《城市与形态——关于可持续城市化的研究》一书根据对城市形态学框架下的有机模式、网络布局、分形结构、连接城市不同尺度的隐藏秩序、形态韧性等问题的研究，提出了一系列形态韧性评价指标和原则，如强度、分形、多样性、连接性、冗余度和耦合性等。这些都是对聚落形态要素的水文韧性特征研究的基础。

空间形态格局影响韧性过程，韧性适应过程又反过来创造、改变和影响着空间形态。河谷集镇聚落形态的形成和演变是人类千百年来不断适应水环境、对人居环境进行宜居性改造的劳动结晶，其水适应性是集镇聚落形态工程韧性维度的体现。从形态韧性的角度看，河谷集镇聚落形态在演进过程中形成了有一定韧性的形态特征，如强度、分形、多样性、连接性、冗余度、耦合性等。从形态特征到形态策略的过程是一个概念具象化、韧性效能向实体空间形态转化的过程，这些形态的韧性特征同时也对村镇聚落形态的设计策略提出了相应的要求，以促进"水-地"和谐关系的构建和社区水文韧性的提升。例如，强度特征包含水文生态空间的保护和增强，多样性特征包含下垫面和功能的多样性，连接性包含径流路径网络空间格局的构建，冗余度包含开放空间的承洪冗余度，以及耦合性包含"水-地"边界的耦合等。

韧性特征中，从形态特征上看，大和密优于小和散；从分形上看，遵循逆幂律的分形分布优于均质分布；从多样性上看，多样优于单一；多尺度的连接优于分散与孤立；功能上的冗余优于匮乏；从耦合性上看，流域形状以圆形最优，同

---

① Ahern J. From fail-safe, to safe-to-fail: Sustainability and resilience in the new urban world[J]. Landscape & Urban Planning, 2011, 100（4）：341-343.

时耦合优于独立（图 4.5）。本书对分形的研究主要集中于径流路径网络结构的形态研究，详见 3.4 节，本章将不再赘述。

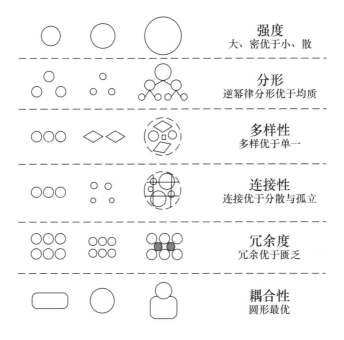

强度
大、密优于小、散

分形
逆幂律分形优于均质

多样性
多样优于单一

连接性
连接优于分散与孤立

冗余度
冗余优于匮乏

耦合性
圆形最优

图 4.5 韧性形态特征示意
图片来源：作者根据文献梳理

4.3.1 强度

1. 概述

强度（intensity），用于度量给定尺度和面积上形态空间的密集程度或集中程度，常用比值来确定。水文形态的强度涉及河网、水体和湿地等蓝绿生态空间的集中程度，即保存或恢复的自然水文功能百分比。蓝绿生态空间为流域社区提供着生态系统服务，是应对洪涝灾害对社会生态系统产生的扰动的终极保障。山地流域内河流、洼地、沟塘等具有调节径流的作用，是调蓄雨洪、涵养渗流的天然"蓄水容器"。

2. 水文生态空间的保护与增强

山地流域中河网地表水系通过对地表径流在时空上的再分配实现对雨洪的调蓄作用。汛期时节，水循环从高水位的河流向低水位的两岸地下水渗透，吸收了部分洪峰流量，使得流域出口断面的河流流量滞后于降水过程线，降低了洪涝风险。枯水时节，水循环从高水位的两岸地下水反向流向低水位的河流，补充了旱季河流水量和流域出口流量[①]。保护和恢复被填埋的冲沟、河流、河漫滩和湿地以增加地表水面积，并结合流域低洼地带、工业废窑坑，建立新的蓄水坑塘，有助于增强水文生态空间强度，发挥雨洪调蓄、净化水质、水土保持等水文韧性功能[②]。其中，从生态设计的角度看，流域尺度的生态功能包括对防洪工作至关重要的湿地保护，因为湿地在洪峰持续期间有蓄洪和吸收雨洪作用。例如，雄安新区的国土空间规划中，遵守生态化国土空间格局和提升蓝绿生态空间的强度，规定蓝绿空间不低于70%，将森林覆盖率由11%提高到40%。

4.3.2 多样性

1. 概述

多样性（diversity），即具有不同尺度的元素数量，代表给定尺度上同类对象的混合性和多样性，如下垫面的多样性、功能的多样性和径流路径尺度的多样性等。人类聚居环境是一个复合生境系统，一个由多种生境构成的嵌合体，而其生命力就在于丰富的多样性。多样性可以增强适应性，对于韧性十分重要，如多样化的下垫面能促进径流的下渗，多样化的功能空间能提供不同的生态生活需求，多样化的经济或谋生方式可促进灾后村民生活的重建，等等。生态系统的稳定性在不同尺度的单元里存在，每个单元都对外来干扰做出不同反应。萨林加罗斯研究认为系统内部单元的多样性保证了对于不同类型的干扰的基本稳定性，其中大的生态单元对外部干扰的反应较慢，而小的生态单元反应更为迅速[③]。

2. 下垫面的多样性

流域将作为一个具有韧性的生态系统，雨水应通过下垫面等多样化的自然途径补充回到地下水，促进水生态循环，降低洪涝风险。保证下垫面的多样性，如蓝绿空间、透水路面、生态湿地等，甚至通过树木冠层拦截降水，有利于减少地表径流。村镇需要多样化的吸收能力，以尽可能地消化雨水径流，减轻下游的雨

---

① 马宗伟，许有鹏，钟善锦.水系分形特征对流域径流特性的影响——以赣江中上游流域为例［J］.长江流域资源与环境，2009，18（2）：163-169.

② 俞孔坚，等.海绵城市：理论与实践［M］.北京：中国建筑工业出版社，2016：148.

③ 萨林加罗斯.城市结构原理［M］.阳建强，等，译.北京：中国建筑工业出版社，2010：124.

洪压力和危险。控制和降低村镇非渗透性表面比例是水文韧性建设的重要方面，可以通过控制硬质街道面积、增加街道透水性、绿色街道等措施实现。

3. 功能多样性

功能多样性属于集镇空间形态要素中多样性特征的范畴，可以通过功能整合、重叠或者错时使用实现，具有空间和经济上的高效，并通过得到多种功能相关的社区成员和利益攸关方的支持而受益。功能多样性支持所提供功能中响应的多样性，尤其在集镇中心区域，将多种功能置入水管理功能，对于提升村镇水文韧性具有重要作用。根据水文韧性形态构建原则打造村镇社区多功能复合空间，须从"三生"空间综合协同出发，即生活运转性能、空间生产性能和生态韧性性能，协同建立在对每种空间使用要求深入分析的基础上，寻求多功能复合使用的空间优化策略，实现对社会生态空间的性能最优化。村镇公共空间功能多样性使用包括如下水广场、赶集街道的空间优化设计。

（1）水广场

水广场是在设计时考虑允许村镇广场、集市或其他公共场所在强降水过程中被有引导性地淹没，而不对居民的人身安全构成威胁，即将生活空间在一定的时间序列上转化为生态空间。山地河谷村镇集市广场适用于此目的，如多功能性水广场①公共空间设计解决了为暴雨径流提供更多空间和功能复合使用之间的矛盾。水广场通过下沉式广场的设计，整合了非常态时暴雨蓄洪功能以及日常性的集镇公共服务功能，缓解周边街区雨洪问题的同时与周边集镇环境、生活相融合，营造出多样化的公共空间。

例如在木瓜集镇中，作为集镇中心公共空间的集市广场由大小两个广场组成，两个广场被集镇街道分隔，其中大广场是集镇公共活动空间和集市赶集空间，尺寸约 35 m×18 m；小广场坡度较大，大多数时候被挤占成停车空间，尺寸约 14 m×14 m。通过调研和问卷访谈发现，集市广场缺乏多功能的复合化运用，同时集镇的社会服务功能及体育等公共设施建设不足，难以满足居民的日常

---

① 2005 年的第二届鹿特丹建筑双年展以"洪水"为主题，第一次提出将密集城市中的临时储存水空间水广场作为"鹿特丹水城 2035"计划的一部分。该计划致力于为未来的鹿特丹提供更多的雨水存贮空间，以应对极端降水情况和城市排水系统的局限性，是鹿特丹未来城市发展的探索性模型。

生活需求。因此，能够整合雨洪管理中传统雨水系统基础设施和多功能服务公共基础设施的水广场提供了集镇中心空间改善的可能性，是兼具多样化下垫面、公共服务功能和美学特征的公共空间。本书建议水广场可基于集镇现有的集市广场空间（图 4.6）进行复合更新设计，平日作为公共广场为公众提供娱乐休闲、集市赶场（图 4.7）等功能；暴雨时作为蓄水池收集存蓄雨水，延缓洪峰时间，还可形成特色景观，以提升集镇的公共服务功能和提供绿色生态空间。

具体设计上，木瓜集镇水广场设计可考虑由一个或多个下沉式广场组成，雨水可在不同储水区域循环流动，还可取作淡水资源，用绿色环保的方式满足集镇居民娱乐、休闲、停车等需求。设计将现有的两个广场及中间的街道进行一体化打造，形成一个整体的绿色公共空间，两个广场进行下沉式设计，结合 10 年

（a）两个广场航拍实景　　　　　　　　　（b）集市广场小鸟瞰

图 4.6　木瓜集镇集市广场现状

图片来源：作者拍摄与绘制

图 4.7　木瓜集镇集市广场赶集全景

图片来源：作者拍摄

一遇、50 年一遇和 100 年一遇的暴雨强度进行分级跌落台阶设计，形成围合的交流空间。水广场中存在不同的标高区域，如低洼处的篮球场和跌落式的下沉广场。两个广场通过绿色街道的径流绿色廊道连接，可以承接来自周边山体和集镇街道汇聚至此的雨水径流。

日常情景下，水广场保持干燥状态，主要被用作休闲运动和公共空间广场 ［图 4.8（a）］。集市情景下，作为村民的赶集交易场地，充当和维持目前的集镇集市功能。来自周边乡镇和村庄的商品摊位在不同高差的场地上纵横摆布，将形成一个丰富多样的"三生"空间 ［图 4.8（b）］。中小型降水时，广场不至于蓄满雨水，雨水可冲洗街道并直接排放到市政管道中。极端降水状态下，雨水将经由周边山体、街道和沟槽流入并淹没水广场的不同高差上的下沉区域。来自街道、建筑屋顶、广场等非渗透性表面的降水初期雨水混有大量地面灰尘和污染物，将被排放到市政管道。随着降水的持续，更洁净的雨水将在水广场进行蓄积。随着广场内水面高程的变化，营造出了一个充满活力和动态变化的集镇景观池塘 ［图 4.8（c）］，可为儿童提供嬉水场地。暴雨结束后，随着洪峰的消散，集镇排水系统恢复工作阈值，水广场里的雨水将逐渐排放到附近的河道或市政管网中，水广场再次恢复常态。汛期内极端降水频率为每年 1～2 次，因此，出于卫生考量，下沉广场储存的雨水不超过 36 h，而这个时间也大于木瓜集镇"6·22 洪灾"连续大暴雨的持续时间，最后雨水可直接排入木瓜河、补充地下水以应对干旱或用于蓄水灌溉。

（2）赶集街道

赶集街道兼顾考虑了日常生活空间 ［图 4.9（a）］和赶集期间生产空间错时多功能整合 ［图 4.9（b）］的街道。赶集街道的设计同时考虑了在木瓜集镇 15 m 有限宽度和空间的情况下整合赶集的生产功能、居民日常的生活功能以及水文韧性、径流管理的生态功能。设计压缩但保证了街道的 7 m 车行通道宽度，较窄的车行宽度可有效地降低集镇中心区的车行速度。在剩下的两侧 4 m 宽度的人行通道范围内，设计了一条 2 m 宽的生产-生态复合空间。该空间既实现了赶集功能，又满足了绿色街道的需求。每间隔一定距离设置了径流绿色花园，以增加径流的渗透和汇聚空间，绿色花园间设置了暗沟以增强径流路径的连通性。人行道上加长加深的植物池也是有效增加雨水渗透功能的措施。

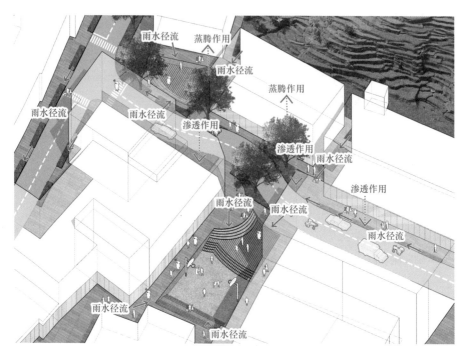

（a）日常情景示意

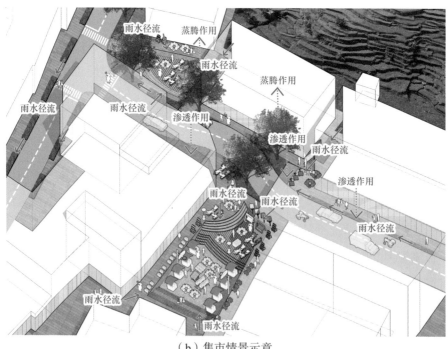

（b）集市情景示意

图 4.8　木瓜集镇水广场不同情景下的设计示意

图片来源：作者绘制

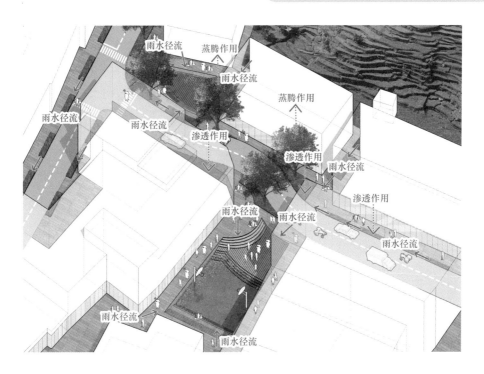

（c）暴雨情景示意

图 4.8 续

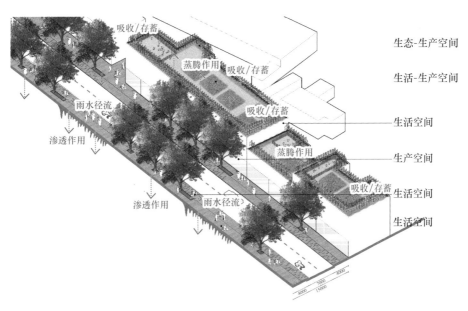

（a）生活空间主导下的情景示意

图 4.9 赶集街道不同情景下的设计示意（单位：mm）

图片来源：作者绘制

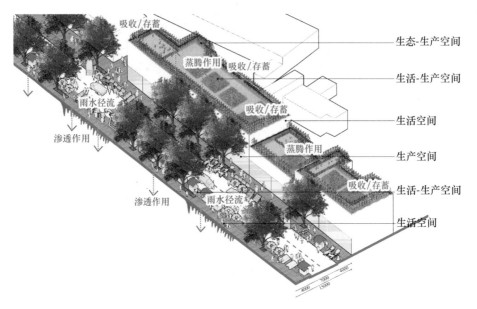

吸收/存蓄

生态-生产空间

蒸腾作用 吸收/存蓄

生活-生产空间

雨水径流

吸收/存蓄

生活空间

渗透作用

生产空间

蒸腾作用

渗透作用

吸收/存蓄

生活-生产空间

雨水径流

生活空间

（b）生产空间主导下的情景示意

图 4.9　续

4.3.3　连接性

1. 概述

连接性（connectivity），定义为某一系统或网络的相对可到达性或空间相互连接性，例如径流路径网络、街道网络、建筑物网络和绿色网络等。连接只形成于性质不同的元素间，或经由充当催化剂的第三方过渡才能形成，因为只有差异互补的集镇功能才能达成有效的连接。连接性可以是几何关联性、节点间的路径连接或人员互动和信息交流。从分散到连接（图 4.10）是村镇社区生态空间网络发挥水文韧性的基本前提。

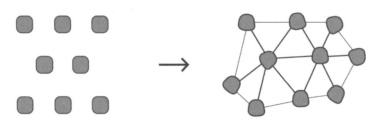

图 4.10　从分散到连接的网络示意
图片来源：作者绘制

相关研究表明，具有半格结构的叶脉比树形结构的树干更具有韧性，从树叶受到空洞破坏仍能维持功能不难看出。克里斯托弗·亚历山大在《城市不是一棵树》中详细论述了有机城镇属于类似树叶的半格结构[①]，而人为设计的城市属于类似树干的树形结构，就丰富性和连接性而言，后者要比前者逊色得多，复杂的半格结构要比简单的树形结构更能反映有机历史古城各组件间彼此交织和连接的关系[②]。为提高集镇韧性，集镇聚落形态肌理应在小尺度上强有力地连接起来，并且在大尺度上松散连接，以更加接近于半格结构，其复杂的连接性增强了韧性。其中，径流网络空间格局的连接性可增强雨洪调蓄能力，减轻集镇排水系统的压力。

2. 径流路径网络空间格局构建

流域内水系的单向汇聚形成了树形结构的格局，结构优点是具有高效性，最有利于流量从上一级向下一级传输，在热力学理论中已得到证明，第二次世界大战后因其高效性能可迅速完成战后建设而被大量使用。缺点是缺少连接度，结构单一脆弱。正是由于流域中永久性径流和暂时性径流路径网络的拓扑结构为树形而非叶形结构，因此在承洪韧性上较为脆弱。故对径流路径等水文生态廊道应避让和保护，避免径流路径网络结构的中断和破坏，同时应通过搭建互联互通的蓝绿生态网络使得原本为树形结构的径流路径网络结构更加接近叶形结构，以增强连接性，从而提升水文韧性。

依托流域河流与绿色空间廊道、联系绿色基础设施形成的蓝绿生态网络有利于集镇抗洪减灾。蓝绿生态网络把溪流、坑塘、湿地、低洼地和公园等连成一体，形成由一系列蓄水池和不同承载力的净化湿地构成的互惠共存的生态系统，可减少地面雨水径流量、增加渗透、净化水质和促进水陆生物的多样性，创造更好的生存和繁衍环境。

将蓝绿生态网络构建运用到山地河谷村镇建设过程中，主要是指通过将山地河谷流域中各类蓝绿斑块和生态廊道相互连接，提高连接性，以发挥最大的生态

---

① 半格（semi-lattice）结构，数学中的专用术语：有且仅有重叠的子集都属于一个集合，并且所有元素同属于这个集合，那么这个集合形成一个半格。树形结构：有且仅有属于一个集合的任何两个子集中，或者一个子集完全包含在另一个子集中，或者一个子集与另一个子集完全无关的，那么这个集合形成树。

② Alexander C. A city is not a tree[J]. Design，1965（206）：46-55.

效应和提升水文韧性。然而，目前山地河谷村镇中，部分集镇河道被挤占、填埋或覆盖导致河网结构破坏、自然水循环和原有排水模式被打破，排水功能减弱，水生态变得脆弱。未来的集镇发展和建设过程中应维持原有蓝绿生态网络的连接性和完整性。在村镇设计和更新中，可采用"连点成线，连线成面"的原则（图4.11），通过绿色空间廊道连接陂塘、河道、农田等生态空间，构成村镇社区中多尺度复合的蓝绿生态网络，有助于提升水文韧性、保障动物迁徙和生物多样性、调节村镇微气候等。具体措施上，针对雨洪问题，本书认为对于山地河谷村镇水文韧性蓝绿生态网络格局的构建，由"山体–生态沟渠–雨水保持设施（湿地、坑塘）–绿色街道–水系"等单元组成蓝绿生态网络，采用可渗透路面、下凹式绿化、蓄水坑塘、雨水花园等海绵措施，构建丰富的蓝绿生态网络空间系统[①]。

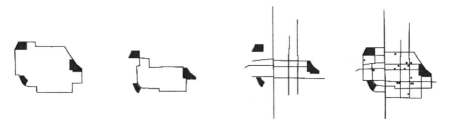

图 4.11　多尺度的蓝绿生态网络连接示意
图片来源：作者绘制

4.3.4　冗余度

1. 概述

冗余度（redundancy），即从安全角度预留和考虑多余的空间与功能，以保障集镇在非正常情况下也能正常运转。冗余度分散了跨时间维度、跨地理区域和跨多个系统的风险。当主要的集镇功能或服务由集中的实体或基础设施提供时，它更容易受到失败的影响；当多余的分布式或分散系统提供相同的功能时，它对扰动的弹性更大。复杂而有张力的集镇具有高冗余度的交织网络，切断任意两节点间连接，仍可正常运作。

集镇的承洪冗余度主要依靠可洪泛区的数量和分布，大规模挤压可洪泛区等调蓄空间将导致集镇承洪冗余度急剧减弱。2012年，香港学者廖桂贤提出承

① 陈碧琳，孙一民，李颖龙.基于"策略–反馈"的琶洲中东区韧性城市设计 [J].风景园林，2019，26（9）：57-65.

洪韧性评价指标——"可浸区百分比"，即可泛洪土地总面积占洪泛区[①]的比例，用以评估城市的承洪韧性。为阻止上游洪水，开辟远郊地区作为洪泛区是提高可浸区百分比的有效策略之一，如荷兰的"还地于河"计划、美国萨克拉门托河的约洛疏洪区和英国的"给水空间"政策[②]。

2. 开放空间的承洪冗余度

周期性非常态的极端洪水造成集镇防不胜防，而选择性地统筹开放空间将其作为受淹区域，增加集镇的承洪冗余度成为韧性应对的策略之一。具体而言，水文韧性设计允许暴雨时节不影响正常生产、生活运转情况下的洪水进入村镇可洪泛区域，如河漫滩、滨水绿地、洼地区域的架空街道、可短期淹没和存蓄雨水的水广场、底层架空式建筑物或外廊等。

其中，汛期洪水易被淹没的河漫滩（图 4.12）、河谷地带是流域内集镇重要的洪泛区和海绵缓冲区，可用于临时蓄洪，也是富有生物多样性的河流生态敏感地带，应考虑重点保护、退用还河、恢复湿地。这些区域非汛期的时间大多数时候处于干涸状态，可对滩涂进行多功能错时运用，平时成为村民游玩、锻炼的活动空间，汛期暴雨时可转换成行洪空间。河漫滩作为紧急溢流区，可增强承洪冗余度，错开上下游的洪峰集中时间后再向下游排水，比加固堤防、建设堤坝的投入成本低很多[③]。

当河漫滩同时作为洪泛区和农田种植时（图 4.13），植被或农作物可选择耐水性植物，被淹造成的损失相对于居民生活财产处于可接受范围。而选择耐涝耐旱的作物类型或者采取作物轮作模式的避洪农业方式在古代的季节性洪泛区则比较流行。作物轮作的方式与周期性洪水节律巧妙适应，在古代尼罗河、孟加拉国的洪泛区较为常见。与此同时，洪水浸泡后的河漫滩土壤湿润肥沃，洪水过后播种作物，可获得足够的水分养料，有助于次年丰收[④]。

---

① 这里的洪泛区指的是在谷壁（valley walls）间的整个谷底（valley floor），而不是以洪水间歇来定义，因为更大规模的洪水可能随时出现。

② 廖桂贤，林贺佳，汪洋. 城市韧性承洪理论——另一种规划实践的基础 [J]. 国际城市规划，2015，30（2）：36-47.

③ Hooimeijer F，Van Der Toorn Vrijthoff W. More Urban Water：Design and Management of Dutch Water Cities[M]. London：Taylor & Francis，2008.

④ 俞孔坚，等. 海绵城市：理论与实践 [M]. 北京：中国建筑工业出版社，2016：28.

（a）河漫滩灾前实景　　　　　　　　　　（b）河漫滩灾中实景

图 4.12　木瓜河灾前状态与灾中承洪状态的河漫滩实景对比

图片来源：作者拍摄

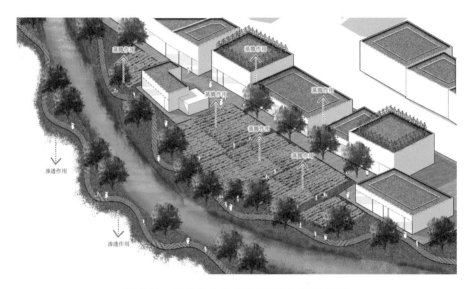

图 4.13　多余的农业用地用于临时蓄洪示意

图片来源：作者绘制

4.3.5　耦合性

1. 概述

耦合性（coupling），指存在对比和反差的元素间通过相互作用而彼此影响和联合。耦合性通过相异元素在边界上的配对实现，并且在视觉效果上以平衡的状态而存在着。本书中"水""地"作为成对的元素，其水文韧性也受制于相互边界耦合的状态，两者柔性耦合的边界界面有助于洪涝的减轻和滨水生态的保护。具体而言，柔性的"水−地"滨水岸线关系促进相互间物质、信息和能量的交流与互换，有着增加雨洪渗透和促进生物多样性等意义。

2."水-地"边界耦合

硬性工程下的"水-地"边界中，混凝土堤坝等阻断了"水"和"地"相互间的雨洪渗透，不存在彼此影响和作用。因此，流域内河道应避免河道渠化、水泥防洪堤岸等硬性工程，限制硬性的。城镇化的高强度开发、居民违规建设和防洪堤硬性工程等严重侵占和压迫了集镇的滨水空间，将高渗透率的自然滨水土地改造成非渗透性表面和堤坝工程，阻碍了河流水系与地下水的自然水生态循环与交换界面的耦合性，一方面地下水得不到很好的补充，另一方面与城市地表径流共同造成了河道洪水水位提高和洪峰时间的提前。如河道从农业发展开始淤积而后逐渐在城镇化发展中淤积达到顶峰，随着城镇化过程的加剧，雨水径流增加，河道退化，"水-地"边界失去了耦合性特征（图 4.14）。

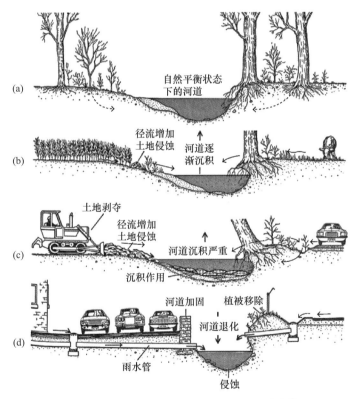

图 4.14　城镇化进程中的"水-地"边界变化①
注：（a）自然平衡状态；（b）农业发展；（c）郊区住宅开发；（d）城镇化。河道从农业发展开始淤积而后逐渐在城镇化发展中淤积达到顶峰。随着城镇化进程，雨水径流增加，河道退化。

---

①　Marsh W M. Landscape Planning Environmental Applications[M]. New York: John Wiley & Sons Inc, 1992.

具有耦合性的集镇"水-地"边界应是柔性的、有褶皱和具有自然生态渗透性的。柔性水岸边界利用其生态化的自然基底（包括土壤和植物等自然要素），维持了雨洪径流在"水""地"间的渗透与自然水循环，促进了彼此间的作用和影响，是增强边界耦合性的有效方式。山地河谷村镇应维护和恢复水系的柔性水岸边界，禁止任何侵占河道的建设行为，保持和增强水系的雨洪承载和受容性。

柔性水岸边界在河道纵向方向上体现为滨河生态廊道，主要包括人工生态河岸、河漫滩、湿地植物带、草带、林带等，是水陆植被缓冲边界、水生态系统中生物生境的天然屏障以及生物多样性的重点地带，对调蓄雨洪、增加渗透及净化过滤起积极作用，能有效增强水文韧性。滨河生态廊道网络系统的构建需要控制沿河的开发建设，保证沿岸廊道和植被的有效宽度和连续性，为生物提供良好生境的同时充分发挥河流的生态功能。实践中，美国有关城镇规定河岸生态缓冲带的宽度为 20 ～ 220 m。华盛顿大学的 Christopher W. May 等学者研究认为，宽度小于 10 m 的缓冲带几乎不起作用，在一些生态敏感地带，缓冲带宽度应该达到 30 ～ 50 m[1]。据景观生态学的研究发现，宽度大于 30 m 的河流生态廊道能够有效降低温度和过滤污染物、增加河流生物食物供应、促进生物生境的多样性；宽度大于 80 ～ 100 m 的河流生态廊道能有效稳定沉积物及水土流失[2]。在受纳水体周边设置适宜的植被缓冲带，对阻滞、隔离、净化污染物，保护和恢复各流域水系水质和生境的安全具有重要意义。

滨河生态廊道的具体设计（图 4.15）中，应禁止突破河流保护线进行建设，恢复水体原有生态岸线和两侧连续的纵向廊道，并种植本地潮间带植物作为河流廊道的缓冲带，减缓流水侵蚀河岸，以增强水系吸纳雨水的能力。潮间带植物可考虑芦苇、菖蒲、柳树、水杨、榛树等喜水植物，这些植物发达的根系可加固河岸水土，抵抗水动力侵蚀。《管子·度地》中提出："树以荆棘，以固其地，杂之以柏杨，以备决水。"即用于加固河岸水土洪泛缓冲带的植物在

---

① May W C，Horner R R，Karr R J，et al. Effects of urbanization on small streams in the Puget Sound Ecoregion［C］//The Practice of Watershed Protection. Ellicott City：Center for Watershed Protection，2000：79-90.

② 朱强，俞孔坚，李迪华. 景观规划中的生态廊道宽度［J］. 生态学报，2005，25（9）：2410.

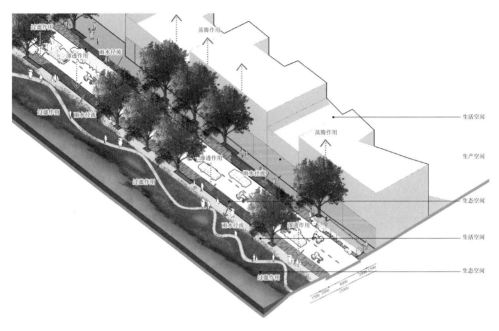

图 4.15　滨河生态廊道设计示意（单位：mm）

图片来源：作者绘制

低水位时应可以挺水生长，兼做警示效应，防止落水事故的发生，在洪水时也应能抵抗一定时间的水涝。此外，滨河生态廊道中可考虑增设亲水平台。亲水平台应较常态水位高，以供居民散步和娱乐休闲。当暴雨来临达到河流高水位时，亲水平台和人行步道可以被淹而暂时性失效，河道变宽提升蓄洪冗余度，缓解洪涝风险。

4.4　聚落形态对洪涝灾害的承载机制

村镇聚落演进过程中，一方面，形态要素的韧性特征体现了聚落对洪涝现象的适应；另一方面，洪涝问题下的韧性需求也一定程度上塑造了聚落形态中的"水−地"关系。"水−地"关系的研究有助于理解和研究山地河谷村镇聚落形态下洪涝应对机制，是一个"及地"的过程。山地河谷村镇中"水−地"和谐的人居环境系统体现出大山之下和广川之上的聚居特点。同时，水利和水患也是相辅相成的，村镇的发展又受限于山水地理环境。对于河谷的河流，"近水"建设犹如一把双刃剑：一方面可以排出低洼的谷底集聚的山洪径流，另一方面也会带来上游的洪水危险。从村镇聚落形态的"水－地"关系研究中，我们可以发现人类对聚居地的宜居性改造与水防治、水利用密切相关。

本书对山地河谷村镇的"水－地"关系进行梳理，建立"离""间""合"的"水－地"关系现状抽象结构模型，有助于从形态学的角度探究山地河谷村镇居民对河谷水环境宜居性改造的实践智慧以及对洪涝的形态适应策略。其中，"水"指径流，包括永久性径流和暂时性径流，如水系、山体冲沟等；"地"指工程维度下的"水－地"街道单元（详见 4.2.2 小节）。

4.4.1 "离"

从水安全的角度上看，通过竖向高差关系和横向距离关系上隔离"水"的威胁，表现在"水－地"街道单元的选址建设上，可形成先天性的御洪排涝优势。河谷集镇通过平衡近水的驱动利益与洪涝风险，避开洪泛区，选择地势较高、排水顺畅的高地地区和非洪泛区，形成了"水－地"相离的关系。通过"离"的"水－地"关系有效地回避洪涝对于村镇生活的影响。本小节从高地选址和远离选址两方面（图 4.16）分析"离"的集镇"水－地"空间关系。

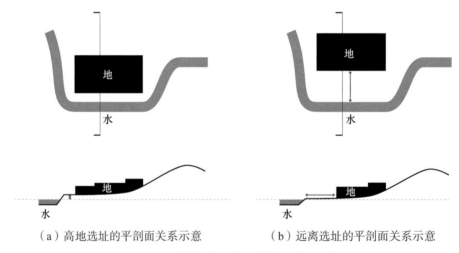

（a）高地选址的平剖面关系示意　　（b）远离选址的平剖面关系示意

图 4.16　"离"的"水－地"关系结构示意

图片来源：作者绘制

1. 高地选址

山地河谷集镇空间通过近水以获得生活及灌溉用水、便利的水运交通、排水等支撑，而高地缓坡上的选址可在有效避免近水洪涝之灾的同时保证水系的可达性。高地选址在山地河谷地区的古代城镇聚落建设中发挥了重要的作用，其原因正是对生态、景观诸因素的注重、审辨和选择。《管子·乘马》中"凡立国都，非于大山之下，必于广川之上；高毋近旱而水用足，下毋近水而沟防省"讲到了大凡建立都城，常位于大山之下、河川之上，地势高地有利于免于干旱、用水充足，而又不至于遭遇洪涝问题。一方面说明了山、水是城市选址的第一构成要素，另一方面也体现了中国古代人民基于长期的"人-水-城-产"协同实践得出的"山水交汇，负阴抱阳，背山面水"的理想城镇选址原则。王其亨先生在《风水理论研究》中对理想聚落的选址进行了示意［图4.17（a）］，即位于山水环抱的中央，坐北朝南，南侧河流弯曲而过，后靠来龙山主峰，东西两侧次峰，河对岸以案山为对景。

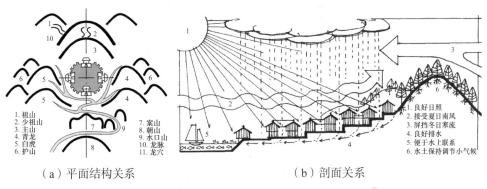

（a）平面结构关系   （b）剖面关系

1.祖山 2.少祖山 3.主山 4.青龙 5.白虎 6.护山 7.案山 8.朝山 9.水口山 10.龙脉 11.龙穴

1.良好日照 2.接受夏日南风 3.屏挡冬日寒流 4.良好排水 5.便于水上联系 6.水土保持调节小气候

图4.17 传统风水观念呈现的理想聚居选址和形态[①]

风水选址的背后其实是对生存环境适应的经验性总结和适应。从剖面示意关系［图4.17（b）］上看，风水理念中的理想聚居形态包含着"离"的"水-地"关系，是古人对适应恶劣的生存环境进行回避和排除的经验性智慧，即将不需要的、可能带来灾害的"水"排除在城镇聚落空间之外。高地选址形成了良好的生态和局部小气候，以弥补薄弱的工程技术力量、"靠天吃饭"的社会与人居环境现实。具体策略上，背靠大山可屏挡冬季寒冷的西北季风；面水朝阳可获得充足的日照，迎接夏季凉爽的东南季风；近水又可便利地获得生活与生产用水、交通水利、排水等生存支撑；高地缓坡可有效回避洪涝侵犯[②]。四川阆中便是典型的

① 王其亨，等.风水理论研究［M］.2版.天津：天津大学出版社，2005：39.

② 同上。

风水文化影响下形成的古城，公元前 361 年周朝巴国建国于此。阆中四面环山，三面临水，其山川形胜为典型的理想风水格局（图 4.18）。选址营造融山、水、城为一体，充分体现了"天人合一""择中观""度地卜食""依山傍水""涉险防卫"以及"水陆交通要冲"等的规划思想和风水要求。另外，如常被人夸赞的故宫、青岛等案例很少内涝，一方面的确由于当时的建设质量较好，另一方面也是由于故宫选址较高、青岛选址于焦岩基底上海滨高地的客观事实，具有先天性的排水优势而不易积水。

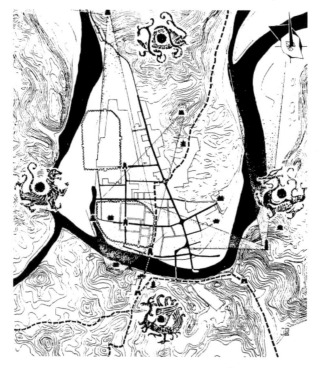

图 4.18　阆中古城风水格局[①]

在技术不发达的社会发展阶段，高地选址的"水–地"关系在地形起伏变化的山地河谷集镇十分常见，如图 4.19。木瓜集镇和松坎集镇的中学均选址在了高地区域，体现了集镇重要公共建筑对防洪的高要求；与此同时，高地上的校园操场又为灾害救援和疏散转移提供了临时应急场所。

---

①　王其亨，等 . 风水理论研究 [M]. 2 版 . 天津：天津大学出版社，2005.

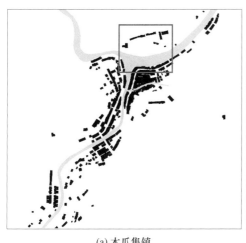

<table>
</table>

(a) 木瓜集镇　　　　　　　　　　　　　　(b) 松坎集镇

(c) 木瓜集镇中的中学高地选址　　　　　(d) 松坎集镇中的中学高地选址

图 4.19　河谷集镇中的高地选址
图片来源：作者基于谷歌地图绘制

2. 远离选址

　　农耕时代，由于工程技术薄弱、社会生产力低下，山地河谷村镇聚落不得不采取远离的"水-地"关系形态，以被动的方式应对洪涝灾害影响。村镇建设实践过程中，往往利用自然地势条件，通过远距离选址回避雨洪水涝对村镇聚落可能产生的危害，如水坝塘集镇和夜郎集镇聚落通过建设在较稳定的阶地或自然堤上，近河但不临河（图 4.20）。实际上，"离"的关系策略运用将不需要的、具有危害性的"水"空间直接排除在集镇聚落建设空间之外，是一种"排除"和"回避"的防灾减灾思想体现。

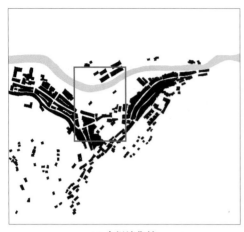

(a) 水坝塘集镇　　　　　　　　　　　　(b) 夜郎集镇

(c) 水坝塘集镇中的"水-地"相离空间　　　(d) 夜郎集镇中的"水-地"相离空间

图 4.20　河谷集镇中的远离选址
图片来源：作者基于谷歌地图绘制

　　远离的"水-地"关系可释放出近水的开放空间，在河谷集镇主要表现为集镇公共广场空间、农田空间和河边湿地空间。这些空间平时发挥集镇公共生活和生产、生态的功能，保证了集镇生活的品质；在洪涝状态下可以转化为蓄洪空间，增加行洪期间河道的承洪冗余度，可有效降低洪涝灾害的风险。

同时，"离"的"水–地"关系有助于对"水–地"边界中柔性水岸、河漫滩等的保护，尤其是对于应保持开放以疏导流量较小而频率较高洪水的常规分洪区，该区域不应有建筑物或障碍物。洪道边缘区及其外侧在有防洪保护措施的条件下可适当建设，在100年一遇洪水的情况下会受到轻度淹没（图4.21）。在大部分山地河谷村镇中，由于没有得到很好的上位规划和政府管理，建筑侵占河道常规分洪区的现象时有发生，阻碍极端降水下河道行洪的同时也加大了洪涝的风险和受灾程度。

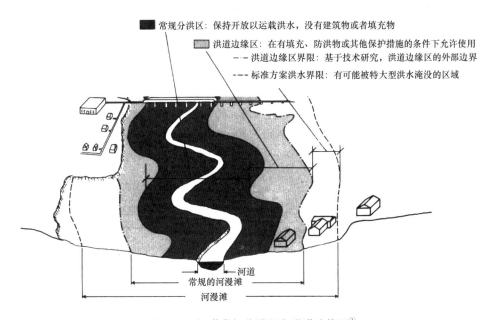

图 4.21　河道常规分洪区和洪道边缘区[①]

举例而言，在扶欢集镇和小水乡集镇中，蜿蜒的河流从三面围合出了凸岸地带，而目前的村镇的建设并未侵占河岸空间，保持了滨河生态湿地和农田空间等"水–地"边界关系的耦合性（图4.22）。同时，这在行洪过程中给洪峰预

---

① 美国国家洪水保险计划（U. S. National Flood Insurance Program）根据排水量数据、水流海拔高度与水流河谷的地形将河漫滩分为：常规分洪区，河漫滩上最低的区域，用来疏导流量较小而频率较高的洪水；洪道边缘区，处在常规分洪区的外侧，被100年一遇洪水轻度淹没的区域。位于分洪边缘区的建筑物可在一系列的洪水保护设施下得到适宜的安全保障。图片来源：马什.景观规划的环境学途径 [M].朱强，黄丽玲，俞孔坚，译.北京：中国建筑工业出版社，2006.

留了充分的水空间，这些局部放大的河岸空间区域极大地增大了集镇内的承洪冗余度，在"6·22洪灾"中，扶欢集镇和小水乡集镇均安全地度过了极端降水灾害。

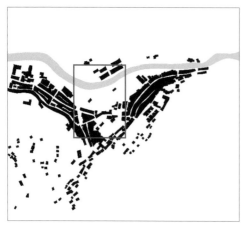

| (a) 扶欢集镇 | (b) 小水乡集镇 |

(c) 扶欢集镇中的"水-地"相离空间　　　　　(d) 小水乡集镇中的"水-地"相离空间

图 4.22　河谷集镇中的远离选址

图片来源：作者基于谷歌地图绘制

4.4.2 "间"

间，即穿越其间、置于其中和间隔。从水安全、水生态角度上看，河谷集镇也存在水空间与地空间间隔并置的状态，平面上呈现出穿插形式。该"水-地"关系模式有利于对水景观资源的最大化利用以及对暴雨径流的"监视"，并在地空间中提供足够的径流通行空间，保证水文循环的连接性。本小节从山地河谷集镇中径流状态出发，分为永久性径流——可见水系与暂时性径流——隐性水流或暴雨状态下可见的水流两种水流状态（图 4.23），分析两种水流空间与地空间的相间关系。

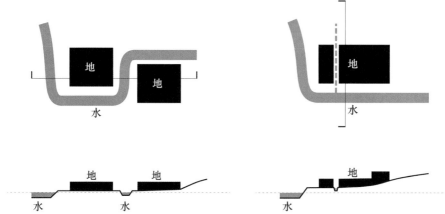

（a）永久性径流与"地"的平剖面关系示意　（b）暂时性径流与"地"的平剖面关系示意
图 4.23　"间"的"水-地"关系结构示意
图片来源：作者绘制

1. 永久性径流与"地"相间

山地河谷集镇中，永久性径流即为常态下可见的河流水系。河谷村镇中由于河流的蜿蜒走向、汇聚和村镇聚落的有机发展，形成了永久性径流——河流与"地"穿插间隔的场地关系。在新站集镇中，表现为"河道空间-公共广场-建筑-街道-滨水空间-沿河街道-建筑-山体"的横向断面形式；在永兴集镇中，表现为河道空间-滨水湿地-街道-建筑-院落空间-建筑-水系空间-滨水农田-山体的横向断面形式（图 4.24）。

一方面，"间"的关系下通过水系间隔地空间，创造了更多的亲水空间和景观资源，提升了生活空间的品质；同时通过创造更多的"水-地"柔性界面和缓冲带，促进了"水-地"边界的耦合性和生物的多样性。

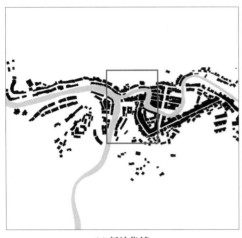

(a) 新站集镇   (b) 永兴集镇

(c) 新站集镇中的"水-地"相间   (d) 永兴集镇中的"水-地"相间

图 4.24　永久性径流与"地"相间的河谷集镇聚落形态

图片来源：作者基于谷歌地图绘制

　　另一方面，"间"的关系提升了水空间的强度。北京大学周正楠副教授等通过研究发现同等水域面积情况下，分散式的地表水系由于对雨洪径流系数进行了综合折减，比集中式的地表水系更具有雨洪韧性①。同理，山地河谷集镇沿着弯

---

　　① 周正楠，邹涛，曲蕾.滨水城市空间规划与雨洪管理研究初探：以荷兰城市阿尔梅勒为例[J].天津大学学报（社会科学版），2013，15（6）：525-530.

曲的河流水系有机布局，相当于增大了集镇中地表水系的密度和分散情况，有利于对山地径流的消纳滞蓄，从而提升水文韧性。

2. 暂时性径流与"地"相间

暂时性径流主要指山地沟壑中的冲沟、暴雨状态下的沟壑径流，这两种类型的径流对集镇生活空间的影响不大，但对于集镇的水安全和水灌溉具有重要作用。常态下处于干涸状态的冲沟、沟壑等暂时性径流路径，需要得到足够的重视和保护，定期清理保持沟渠的畅通，以免在极端降水条件下未能及时排出山体径流而形成山洪，引发下游的洪涝灾害。

石角集镇和木瓜集镇中的冲沟、松坎集镇和夜郎集镇中的山体沟壑（图4.25、图4.26）在暴雨下汇聚了集镇周边山地的雨洪径流，足以将雨洪径流排入河道而不需要市政管网，也无须投入巨大的排水成本。并且，冲沟、山体沟壑的断面截面积远大于埋入地下的市政管道面积，利用生态排洪措施可实现低成本和绿色可持续。然而，在"6·22洪灾"中，通过调研和当地居民访谈发现，木瓜集镇和松坎集镇的冲沟中生活垃圾淤积，淤泥也未能及时清理，阻碍了山洪的排泄，进一步恶化了集镇洪涝受灾程度。针对冲沟进入集镇的区域，可采用本章后续论及的冲沟街道设计进行优化和保护。

4.4.3 "合"

从水生活、水资源的角度上看，"合"的"水-地"关系主要体现在"水"和"地"相互间贴邻、环绕和包含；从空间形态操作目的性来说，体现了人类对水资源的最大化利用甚至侵占。未能把握好水利用程度的集镇，往往洪涝风险较高，洪灾带来的损失往往也较大。

由于受到地转偏向离心力的影响，水流和河床相互作用，造成了河流并非一条直线而是弯弯曲曲的自然形态。因水流环流作用和冲刷，弯曲的岸线便有了凹进和凸出两种状态。本小节根据山地河谷村镇于弯曲河道的凸岸与凹岸选址，将"水-地"的关系归结为凸岸的汭位关系和反弓水岸的"凹"位关系（图4.27）。

1. 环抱为"汭"

凸岸即弯曲河流河岸凸出的部位，古代风水中称其河水为"环抱水"。主要表现为集镇对"水"的紧密贴合，受制于山地地形限制、经济发展等因素，"地"

(a) 石角集镇　　　　　　　　　　　　　　　　(b) 木瓜集镇

(c) 石角集镇中冲沟与"地"相间　　　　　　(d) 木瓜集镇中冲沟与"地"相间

图 4.25　河谷集镇中暂时性径流冲沟与"地"相间

图片来源：作者基于谷歌地图绘制

与"水"相合关系出现如松坎集镇中的单边贴邻，木瓜集镇中的双边贴邻（图 4.28）和三角集镇、狮溪集镇中的三边贴邻（图 4.29）情况。

河流弯曲部位的表层水流从凸岸流向凹岸，造成凸岸受水流冲击小，而下层水流从凹岸回向凸岸，将河床的泥沙带向凸岸，沉积形成岸边滩。凸岸水流冲击小，水浅而形成河岸边滩，岸基较稳固，往往是村镇选址和农田耕种的上

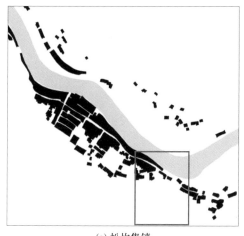

(a) 松坎集镇　　　　　　　　　　　　(b) 夜郎集镇

(c) 松坎集镇中沟壑与"地"相间　　　　(d) 夜郎集镇中沟壑与"地"相间

图 4.26　河谷集镇中暂时性径流沟渠与"地"相间
图片来源：作者基于谷歌地图绘制

佳位置。同时，水系较发达的区域，由于河流的泄洪和存蓄作用，往往降低了洪涝发生的风险。古代风水选址中所谓的"攻位于汭"，即指选址应寻河水内湾环抱处的凸岸，并称该河流为"玉带缠腰"。汭位是古代技术落后、抵御自然灾害能力弱的情况下，人类对于取水安全、农业生产和日常生活需求的自然选择。

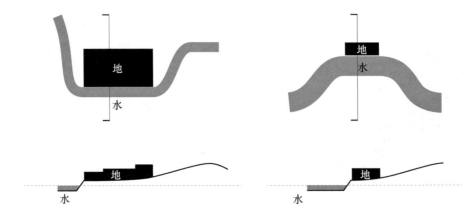

（a）环抱为"汭"的"水-地"平剖面关系示意　（b）反弓为"凹"的"水-地"平剖面关系示意

图 4.27　"合"的"水-地"关系结构示意

图片来源：作者绘制

水空间与地空间相互的围合和包围不仅创造了有利的生活、生产空间，而且是最佳的景观视野所在地。例如，在木瓜集镇中，木瓜河、木竹河以及背河沟三条河流围合着集镇的核心地带，给村民创造出了优美的生活环境〔图 4.28（b）（d）〕。

然而，为了占有近水优质景观资源和土地资源，集镇扩张建设使得沿河建筑界面"密不透水"，不断侵占和挤压河道空间。当河道空间的负载受到侵占和挤压而无法承载上游倾泻下来的雨洪径流时，便阻碍了洪峰的下泄和径流路径的畅通，最终造成洪涝灾害无法避免，甚至后果加重。另外，在两河交汇处的集镇"水-地"两边或三边贴邻的情况下，洪峰流量较大、排泄不及时等因素也增加了洪涝风险。木瓜集镇、三角集镇和狮溪集镇在"6·22洪灾"中受灾均比较严重，部分原因即是城镇化建设造成了这些集镇的河道空间受到挤占，且这些集镇均属于两边或三边贴邻的情况。

2. 反弓为"凹"

凹岸即弯曲河流河岸凹入的部位。水流在地转偏向力的作用下，凹岸水流较急、旁蚀作用较强，造成河岸内凹形成圆弧状且河岸较陡峭。凹岸边的河流在风水中叫"反弓水"，易受洪水冲击造成决堤甚至河流改道，且不利于取水，属于聚落选址的不利位置。

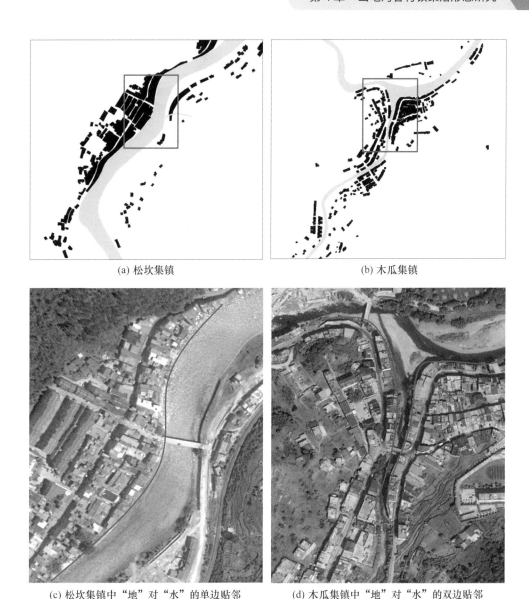

(a) 松坎集镇 　　　　　　　　　　　　　　(b) 木瓜集镇

(c) 松坎集镇中"地"对"水"的单边贴邻　　　(d) 木瓜集镇中"地"对"水"的双边贴邻

图 4.28　"地"与"水"相合的河谷集镇空间形态

图片来源：作者基于谷歌地图绘制

　　本书案例群中的山地河谷集镇选址，大部分都位于凸岸区域，凹岸位置地势较陡、腹地狭小，很少成为聚落集中建设的区域。然而，也存在凹岸选址的特殊情况。由于凹岸较陡峭、吃水深、泥沙不易淤积和河面开阔避风，可满足船舶水运和停泊等河道码头的建设需求，这也是大江大河上形成大型码头、港口型城市的原因之一。从广兴镇的凹岸集镇布局中，我们可以看出，集镇聚落形态更大程

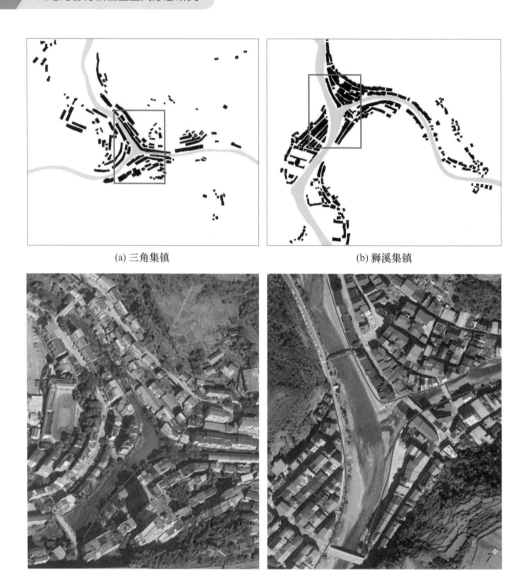

(a) 三角集镇   (b) 狮溪集镇

(c) 三角集镇中"地"对"水"的三边贴邻   (d) 狮溪集镇中"地"对"水"的三边贴邻

图 4.29　"地"与"水"相合的河谷集镇空间形态
图片来源：作者基于谷歌地图绘制

度受到交通因素的影响，主要交通道路笔直通向河岸的码头，利用了凹岸水深利于河运的优势［图 4.30（b）（d）］。虽为凹岸选址，但广兴镇的集镇布局垂直于河岸发展，并未沿着河岸，因此受到的河流冲击影响较小。

　　本书通过对以上案例的研究和对比发现，凹岸集镇的选址存在着一些削弱河流冲击和侵蚀的因素：① 河面较宽阔，位于綦江流域的下游，如贾嗣集镇、广兴集镇、篆塘集镇和西湖集镇（图 4.30、图 4.31）的河道宽度均较前文所述的凸岸集镇宽阔，河流流速日常情况下较为平缓，河流对集镇的冲击相对较小；②凹岸弧度和半径均较大，河流转向并不紧张局促，因此水流的冲蚀作用也较小，如贾嗣集镇、广兴集镇主体部分选址于河流弧度较大的凹岸区域；③凹岸上游处河中存在石头削弱河流的冲击和来势，这种情形也同样出现在都江堰水利工程

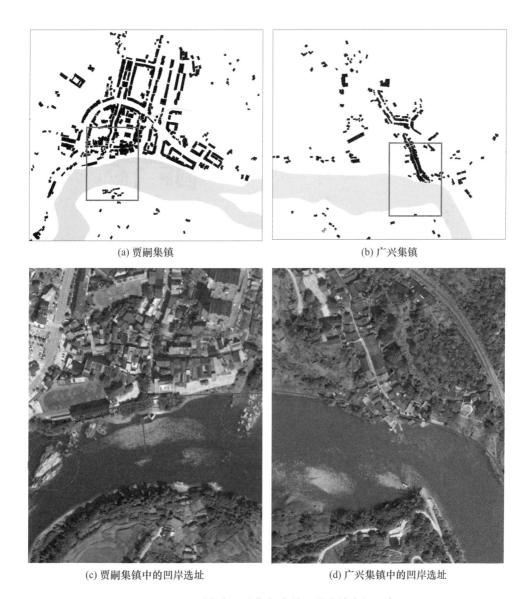

(a) 贾嗣集镇　　　　　　　　　　　　　　(b) 广兴集镇

(c) 贾嗣集镇中的凹岸选址　　　　　　　(d) 广兴集镇中的凹岸选址

图 4.30　"地"与"水"相合的河谷集镇空间形态

图片来源：作者基于谷歌地图绘制

中，如贾嗣集镇的河流弯曲处有天然的巨石，利用自然地物的阻隔减轻了河岸的水流冲刷和洪峰压力［图4.30（a）（c）］，挡住来水的同时迫使其流向对岸形成环抱水势，减小了水患风险；④ 通过凹岸的缓冲地带和控制建设来避免河流冲击的影响，如篆塘集镇和西湖集镇（图4.31）凹岸的建筑稀疏地布置在河岸的较远处，并未贴近凹岸边界，通过让开缓冲地带避免了河水的冲击。

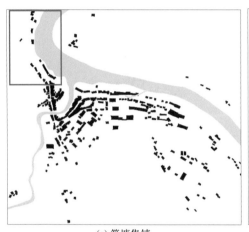

(a) 篆塘集镇

(b) 西湖集镇

(c) 篆塘集镇中凹岸选址

(d) 西湖集镇中凹岸选址

图 4.31　"地"与"水"相合的河谷集镇空间形态
图片来源：作者基于谷歌地图绘制

　　由此可见，山地河谷村镇有选择性地进行凹岸选址，体现了山地河谷村镇居民在适应自然环境过程中因势利导地利用场地环境进行选址和控制建设的和谐共生智慧。

4.5　聚落形态下的水文韧性策略

　　"离""间""合"既是山地河谷村镇现状下的"水–地"关系模式和洪涝灾害承载机制，又在一定程度上体现了山地河谷居民为防范洪涝对环境状态进行宜居性改造的实践结果。本书认为有效的水文韧性策略应当致力于使"水–地"关系形成以上 3 种模式下有利于防范洪涝的环境状态，从这个层面上讲，"离""间""合"在一定程度上可转化为实施的策略。因此，在"水–地"现状关系模式下，可以"离""间""合"为策略进行聚落空间形态水文韧性潜能的发掘。本节中的水文韧性策略其实是"人"通过对"地"的宜居性改造实现对"水"适应和与"水"共生的实现途径。

　　基于"离""间""合"的策略的具体措施在于遵循自然水循环过程，通过优化村镇聚落空间形态提升水文韧性。山地河谷村镇社区的"水–地"关系矛盾体现在生态维度和工程维度上，是由村镇开发建设过程中一味追求土地利用效益最大化、忽视了"水"的自然循环过程导致的。

4.5.1　基于"离"的策略

　　基于"离"的策略借鉴其"水–地"相互隔离、远离的关系，强调通过地理区位上的"水"绕行、"地"远离，合理调配山洪径流，主动地处理"水–地"关系以屏蔽、规避洪涝灾害风险。该策略具体可分为绕道策略和搬迁策略，其中绕道策略主动将水空间改道绕过集镇区域，削弱了上游过境雨洪的威胁；搬迁策略则被动迁移地空间，远离了洪涝的威胁。两者均是对水空间安全问题的选择性规避，为既有的集镇低洼选址事实提供了新的应对可能，从根本上降低了洪涝风险。该策略手段可看作对水空间的再分配和对地空间的再选择，致力于实现水文韧性中"大灾可避"的设防目标。

1. 绕道策略

绕道策略，借鉴了荷兰艾恩德霍芬市的水规划指导模式中的"绕道模式"（详见4.5.4小节），适用于水系旁或河谷的雨洪管理，以解决非渗透性表面增加和强降水下洪峰过载带来的村镇洪涝问题（图4.32）。由于绕道策略主要解决洪峰积聚问题，故适用于流域下游地区和低地河谷集镇区域。洪峰应对的核心问题是通过空间干预提高排水能力，往往意味着修建辅助通道以及在洪水排水的瓶颈处修建绿地或者分支和河流[①]，其策略目的是通过增强水文空间的连接性提高村镇的水文韧性。由于修建建筑、堤坝和桥梁等，河床往往变窄变高，泄洪能力减弱，找到和保证水的出口和通路是释放洪涝和洪峰的压力的重要途径。该策略建议加大或恢复原始就存在的河床内外的洪泛区，新建"绿色绕行河道"解决泄洪问题，倡导充分利用流域内自然的水系、湿地等自然生态泄洪通道和承洪系统，将人工措施和自然系统有机结合起来。

基于上述策略，本书从山地河谷村镇的实际情况出发，提出"行洪街道"的设计建议，将行洪功能赋予部分村镇外围街道，通过主动将"水"远离"地"的方式降低洪涝风险。同时，基于山地河谷流域下的水文条件，建议重点保护村镇内沟壑、冲沟、凹谷等自然的行洪通道，避免村镇建设侵占而阻碍山洪宣泄。

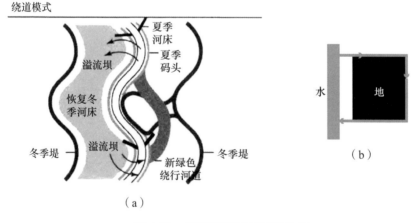

图 4.32　绕道策略及抽象结构示意
图片来源：（a）文献[②]；（b）作者绘制

---

① 弗朗西娅胡梅尔，沃凡德托恩弗托夫.城市水问题新解译：荷兰水城的设计与管理 [M]. 王明娜，陆瑾，刘家宏，等，译.北京：科学出版社，2008：82.

② 同上。

行洪街道（图 4.33）作为绕道策略中行洪通道的具体措施之一，是位于集镇外围的生态"堤防"，致力于将山洪迅速排出流域，能增强流域社区径流路径的连接性，大大增强其水文韧性。开辟平灾结合的多功能行洪街道，形成集镇的外围防洪屏障，主要手段是在暴雨洪峰阶段，街道功能转换成雨水径流和行洪的通道，将集镇周边或山体冲泻下来的雨洪绕开集镇中心直接疏导到河流水系，达到宣泄洪水、保障集镇安全的目的。行洪街道在洪峰形成前的初期及时地、有效地快速疏导了大量雨洪，能够避免雨洪在集镇的高密度居住地带汇聚，保护集镇居民的安全。

具体到设计上，在 15 m 的街道红线范围内，从人行道和车行道宽度中置换出两边各 2 m 宽的沟渠作为行洪通道，保证人行和车行的最低通行宽度。这是一个将集镇生活空间、生产空间转换为生态空间的过程，即通过"三生"空间的协同转换实现了水文韧性的提升。沟渠在日常下处于干涸状态，深度建议不超过相关规范要求的 700 mm 安全高度，如此便可不需要设置安全防护栏杆，能够降低改造成本。在沟渠的一定间距内设置连通路径，保证街道两侧人行的连通。该沟渠在赶集场景中可用于置放摊位，承担集市摆摊的功能。

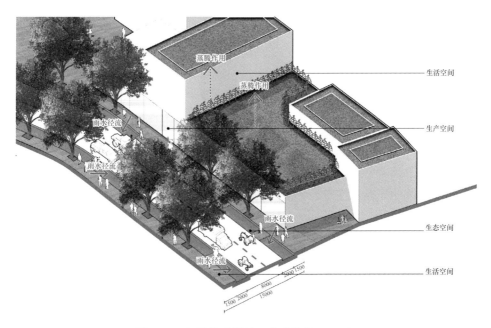

图 4.33　行洪街道设计示意（单位：mm）
图片来源：作者绘制

除了隔离"水""地",减轻洪峰压力,行洪街道还有助于提升山地雨洪径流和河谷水系的连接性,减轻集镇区域的洪峰压力。集镇外围局部街道地段改造成行洪街道,与公共绿色空间、水广场、街角公园甚至坑塘农田等蓝绿生态空间联系,构成环绕集镇的外围连续蓝绿生态廊道,可分流、拦截、疏导来自上游和山体冲刷下来的超常雨洪,形成多层次外围环状防洪缓冲带,提高村镇整体的水文韧性。

2. 搬迁策略

搬迁,是应对洪涝灾害的无奈之举(图4.34)。例如,美国俄克拉何马州的塔尔萨市在面对长期反复的龙卷风、暴雨洪涝灾害的情况下,建立了阿肯色河洪泛平原清理计划。20世纪90年代转移了875栋建筑,恢复了洪泛平原的湿地和生物环境,并制定了流域范围内的开发规定。搬迁为当地减少了频繁的洪灾损失、扩展了开放空间而提高了生活品质,也恢复了生态环境。又例如,SASAKI事务所在针对美国波士顿2050年和2100年的未来规划中,预判城市会面对海平面上升和极端暴雨的双重压力,部分区域无法维持目前的功能。于是将暴雨和海潮叠加评估出洪涝风险规划图,具有洪涝风险的区域将禁止布置电站、交通等重要设施,同时也将逐步迁出居民。

图4.34　搬迁策略结构示意
图片来源:作者绘制

移居村镇的建设选址应当平衡近水的利益,避开洪泛区,选择地势较高、排水顺畅的上游地区[①],其目的是通过选择新的聚居地以增强洪涝应对的冗余度,提高村镇的水文韧性。"6·22洪灾"之后,根据问卷调查以及实地访谈,木瓜镇居民存在一定的搬迁的意愿,镇政府也在积极策划未来的新镇位置和目前集镇

　　① 弗朗西娅胡梅尔 沃凡德托恩弗托夫.城市水问题新解译:荷兰水城的设计与管理 [M].王明娜,陆瑾,刘家宏,等,译.北京:科学出版社,2008.

的功能定位。集镇可能的搬迁选址点须结合径流风险点分析、坡度、坡向、交通便利性、水系的可达性、距中心村的距离等因素进行综合考量。然而，需要说明的是，搬迁策略虽然高效甚至一劳永逸，但搬迁至高地实现"离"的"水-地"关系是一项高成本的方式，故搬迁策略一般仅适用于洪涝问题无法解决或者损失难以弥补的区域。

4.5.2　基于"间"的策略

"间"的策略借鉴了"间"的洪涝灾害承载机制下"水""地"相互间隔、穿插的关系，强调保障日常和降水状态下水空间在地空间中畅通地穿越，保证行洪路径的同时增加渗透，以常态化地应对洪涝灾害现象。该策略具体可分为连接策略和避让策略，其中，连接策略通过地空间中蓝绿生态网络的构建，保证径流路径网络的连接性和"水""地"间的紧密联系；避让策略通过地空间对水空间进行避让以保持雨洪径流的畅通和承洪冗余度，两者均可避免雨洪拥堵和延滞洪峰。"间"的策略可看作对地空间的合理布置和对水空间穿行的保证，致力于实现水文韧性中"小灾如常"的设防目标。

1. 连接策略

连接策略通过对多元化生态空间的串联布局，增强径流路径的连接度，减缓雨洪的流速，完善连通的径流网络生态廊道有较强的滞洪、排涝、灌溉功能。该策略为集镇区域行洪提供了基础，不仅让"水"与集镇生活、生产紧密结合，而且降低了洪涝风险，该策略普遍适用于流域上游和下游的村镇地区，其策略目的是通过增强雨洪径流的连接性提高水文韧性（图 4.35）。

在木瓜镇的调研中发现，集镇东侧山脚的冲沟（当地称"背河沟"）（图 4.36）生态环境恶劣，存在居民将生活垃圾、建设垃圾等向冲沟倾倒的行为，导致冲沟堵塞严重。因此，该冲沟汛期未能及时畅通地行洪，也是造成洪涝的原因

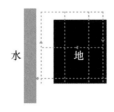

图 4.35　连接策略结构示意
图片来源：作者绘制

图 4.36　冲沟街道
图片来源：作者拍摄

之一。另外，经观察发现，由于冲沟阻碍了其两侧居民的交通联系，居民只能自行在冲沟上方用脚手架和目标搭建连接两侧的临时通道。如果未来这样的情况得不到进一步改善，冲沟以往的生态、生活和景观等功能将进一步受到破坏和恶化，甚至可能因为集镇的发展被覆盖。

冲沟街道是基于连接策略，从山地河谷村镇案例实际情况出发的设计策略，其既可以保证穿越集镇的冲沟的生态功能，又可以使冲沟不影响其两侧的生活和交通。冲沟街道，即对穿过集镇的冲沟进行主动优化设计，结合公共空间开发项目对其进行局部覆盖，形成水上公共空间和连通路径，以"水-地"相间的方式保证了山地径流的连续性。一方面达到优化冲沟两侧交通可达性的目的，另一方面也保护了冲沟的生态功能完整性，避免遭受城镇化扩张的填埋和侵占。

对于冲沟街道的具体设计（图 4.37），在冲沟一定距离的间隔位置上覆盖连通两侧地面的小广场或通道，同时形成开放的公共活动场所。冲沟街道是将一定尺度上的生态空间转化为生活空间的典型措施，形成了多功能复合空间，提升居民生活品质的同时保护了生态空间。

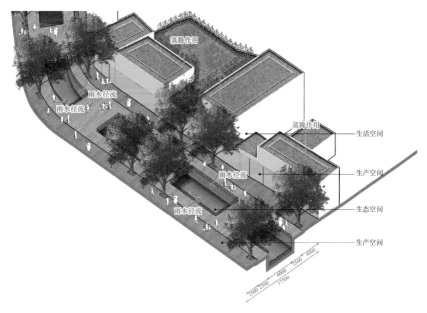

图 4.37　冲沟街道设计示意（单位：mm）
图片来源：作者绘制

2. 避让策略

避让策略主要针对集镇外来的洪水，通过给山地洪水和流域内雨洪径流路径以空间和出路（图 4.38）[1]，达到增加村镇的承洪空间和保证径流路径通路的效果，以提高村镇空间的水文韧性。由于避让策略主要解决村镇空间的行洪与承洪问题，故更适用于流域下游地区和低地河谷集镇区域。为水创造空间的"让"的概念包含了多样化的"水–地"关系重构实践，代替了原本以堤坝抵御洪水的传统策略，通过辟地蓄洪、加宽河道、让出山洪径流排泄通道、清淤疏浚等措施扩大水空间，并进行相应的土地利用和管理，提升河道的承洪韧性。

西汉时期贾让治河三策记载于《汉书·沟洫志》，是历史上保留下来的最早的一篇全面阐述治河思想的重要文献。贾让三策之上策最早提出了开辟滞洪区，实际上就是"不与水争地"，包括辟地蓄洪和加宽河道的方法。其中，辟地蓄洪的方法给自然和水以空间，从根本上消除水患、躲避水患；加宽河道的方法用以

---

① 　弗朗西娅胡梅尔，沃凡德托恩弗托夫.城市水问题新解译：荷兰水城的设计与管理［M］.王明娜，陆瑾，刘家宏，等，译.北京：科学出版社，2008：82.

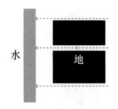

图 4.38　避让策略结构示意
图片来源：作者绘制

提升行洪能力，充分考虑河道的承洪能力，使其与上下游河段的过水能力相适应，并禁止乱围乱垦、侵占河床等阻碍行洪的行为。贾让认为上策在本源上足以消除水患，实现河定民安。此外，学者俞孔坚认为，洪涝之所以成为问题，是因为人在本不应开发建设的区域开展建设活动，因此将潜在的淹没区让给自然，可一劳永逸地解决洪涝水患[①]。避让策略应尽量遵循径流分布和原始地形，保留原始的自然水文通路（尤其是洪水经常淹没的区域），避免大规模的填挖方和地形改造工程破坏径流通路。举例而言，如北京颐和园、杭州西湖、西安昆明池等的城池建设都十分重视保留与开挖蓄滞洪区，形成重要的蓄滞洪区的同时也成为著名的人文景观；武汉汉口的江滩公园案例也值得参考，1998 年特大洪水后，在市政府的主导下，江滩上数百栋机关单位、企业以及私人修建的建筑被悉数拆除，开辟成了长达 7 km 的江滩公园，平时是武汉最大的市民活动空间，灾时变成洪水的行洪空间，给洪水留出了出路，减轻了洪水过境时对两岸堤防造成的压力。

调研发现，山地河谷集镇部分河流段由于原有堤距太窄、地形地物阻挡或建筑侵占等原因，使局部雨洪径流出现拥塞情况。当遇到较大洪水时，将出现泄流不畅而发生壅水，致使其上游河道和集镇区域的水位升高，加重防洪负担甚至引发洪涝。尤其是"6·22 洪灾"时，由于木瓜集镇低洼区域建筑无序建设、侵占河岸，洪涝夹杂的泥沙淤积在集镇低洼处无法排出，致使灾中无法排洪、灾后难以清淤，需要挖掘机和铲车往返才能将淤泥和污物从集镇中心低洼地带运出。因此，对集镇低洼的排泄出口处妨碍镇内行洪的建筑物、构筑物应进行征收并予以拆除，保证行洪的畅通，实现了水文韧性中的避让策略。本书作者在调研中也发

① 俞孔坚，等. 海绵城市：理论与实践［M］. 北京：中国建筑工业出版社，2016.

现木瓜镇政府通过补偿 80 万元的征收费和 10 万元的拆除费，对河口低洼地带一栋建筑进行了拆除（图 4.39），以保证未来的排洪需要。此外，对于拆除的建筑物所在地块，本书建议改造成口袋公园（图 4.40），一方面形成河道的观景平台空间，另一方面可打造成雨洪滞留公园。

图 4.39　阻挡行洪建筑物的拆除
图片来源：作者拍摄

图 4.40　木瓜镇滨河口袋公园的设计考量
图片来源：作者绘制

另外，还须定期对河道进行清淤疏浚（图 4.41）以降低河床，增强行洪和蓄洪能力。村镇定期清淤疏浚河道的任务应由镇级人民政府联合有关行政主管部门和单位实施，致力于修复自然友好的河岸和湿地生态，保持行洪畅通。与

图 4.41 木瓜镇灾后针对木瓜河、水银河的河道清淤疏浚过程实景

图片来源：作者拍摄

此同时，应禁止侵占河漫滩、冲沟、行洪区、滞洪区和洪泛区等的建设行为，滨水区应避免硬性工程的开发建设，建设滨河生态绿色走廊，将滨水生态效应延伸到集镇腹地。

4.5.3 基于"合"的策略

"合"的策略借鉴了"合"的洪涝灾害承载机制下中"地"对"水"贴邻、环绕和包含的"水–地"关系，强调日常状态下通过对地空间的改造，形成对雨水径流的控制和利用，减轻洪涝灾害风险的同时促进"水"对村镇生活、生产的惠泽。该策略具体可分为缓慢/下渗策略和存储策略，其中，缓慢/下渗策略通过对径流进行减速以增加渗透，同时为村镇生活创造特色的公共空间；存储策略通过对水的围合利用，在竖向空间上多层次地蓄积滞留形成梯田、塘堰等存蓄空间，以在山地区域保存珍贵的水资源。两者均降低了流域上游、中游雨洪对下游造成的洪涝风险。该策略可看作对地空间的合理改造和对水空间的积极利用，致力于实现水文韧性中"小灾如常"的设防目标和提升生活品质、提高生产效率的常态目标。

1. 缓慢/下渗策略

缓慢/下渗策略，指在山地河谷区域采用梯田、绿色街道等措施，延缓雨水径流并增加径流向土壤渗透（图 4.42）。该策略提倡在村镇区域让雨水进入梯田、沼泽地和坑塘等，增加渗透以消解强降水量。雨水径流的渗透维持了整个汇水流域内尤其是上游源头自然水体的循环，同时雨水的渗透能够补充地下蓄水层。该策略适用于流域上游、中游的农业区和村镇地区。

作为缓慢/下渗策略的具体措施之一，梯田（图 4.43）属于兼具缓慢、下渗和存储功能的生态治水手段，其主要目的是滞留雨洪，是我国山地地区一种特殊

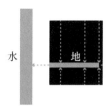

图 4.42　缓慢 / 下渗策略结构示意
图片来源：作者绘制

图 4.43　木瓜镇水坝村梯田航拍鸟瞰及流域社区内的梯田景象
图片来源：作者拍摄

的农作物耕作模式和土地利用方式，是人类在长期适应自然地理生态环境过程中充分利用土地进行生产活动的智慧结晶。

在水资源方面，梯田所创造的层级式保水空间，促进和维持了山地环境下"水-地-人"的和谐共生：一方面对水的调蓄有效地应对了山地地区水资源时空分布不均和水土流失等问题，灌溉了农作物，解决了人的温饱问题；另一方面在坡度较大的地形下开发出了更多的可耕作土地，缓解了人地矛盾。

在水安全方面，梯田减缓了雨水径流，防止山体的水直泻而下形成山洪，使下游的村镇免受侵袭。20 年前，木瓜集镇的河道两侧和山体冲沟的两侧都有梯田，一定程度上滞留了雨水，延缓了雨洪下泄的时间。如今，木瓜镇流域区域内出现土地撂荒及建筑侵占梯田的现象，梯田大量消失、被填或缺少维护，导致梯田所起到的安全调蓄作用丧失。一旦暴雨来临，缺少梯田调蓄作用的流域上中游山坡的雨洪将势无阻挡、倾泻而下形成山洪，直接侵袭下游，给下游的村镇带来极大的洪涝风险。

2. 存储策略

存储策略（图 4.44）通过自然水网、人工坑塘渠堰、公共空间和建筑蓄水措施，在极端降水情况下调蓄降水径流和错峰排洪，实现峰值蓄水和季节性蓄水。存储策略能大大降低下游地区遭受洪涝的危险，如同海绵，容纳了大量的雨水径流贮存至自然或人工的调蓄空间内，而后又通过泉水、小溪或灌溉等方式逐渐释放，延滞雨水径流汇聚的时间，减少洪水集中量。该策略广泛适用于流域的上游、中游、下游的村镇区域。从整个长江流域的总体防洪策略上看，存储策略也是主要的防洪策略，其总体原则是"蓄泄兼筹，以泄为主"，即尽量利用河道、湖泊、水库等调蓄和尽快把水排入大海，当洪水超过了河道安全承载量时，蓄滞洪区更是最后一道防线。

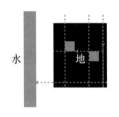

图 4.44　存储策略结构示意
图片来源：作者绘制

山地地形起伏不平，雨洪径流不易停留，较难形成大型的湖泊和水库。但山地居民在长期的宜居性改造中充分利用山地河谷区独特的沟谷、洼地、坑塘等地形，采取坑塘、水堰和梯田等雨水滞蓄和收集手段，形成了因地制宜的实践智慧。本书从案例群村镇调研中发现，在村落中，由于农业生产的需求，挖渠建塘和引水灌溉十分常见。从莱坝村、光辉村、谷王村和伏牛村的"三生"空间布局中可以发现，村落中自然的生态空间成为主角，生活空间的建筑有机地分散布置在林田之中，用于农田灌溉和生产用水的塘堰系统分布于居住地和农地之间，围合了一系列的蓄水空间（图 4.45）。而集镇由于生活空间的密集分布和市政基础设施的用水供应，蓄水空间很少见。通过绿色屋顶、绿色街道和前述的水广场等措施，可增加集镇中的蓄水空间，以减轻城镇化过程中非渗透性表面激增造成的地表径流增加，从而降低洪涝风险。

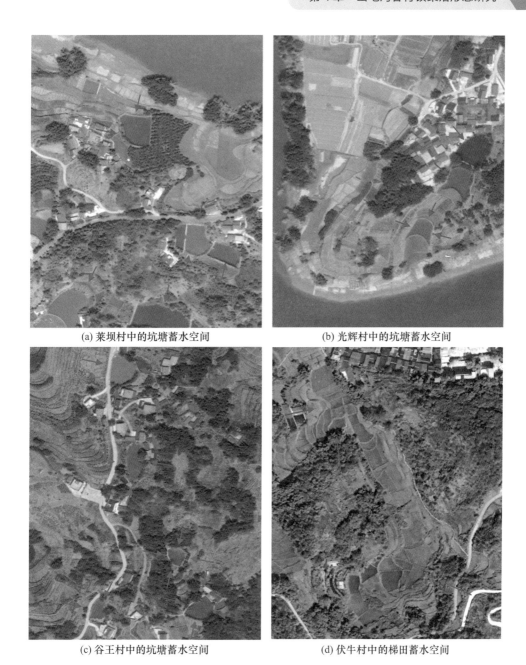

(a) 莱坝村中的坑塘蓄水空间　　　　　(b) 光辉村中的坑塘蓄水空间

(c) 谷王村中的坑塘蓄水空间　　　　　(d) 伏牛村中的梯田蓄水空间

图 4.45　村镇中的蓄水空间

图片来源：作者基于谷歌地图绘制

4.5.4 "水-地"关系指导模型

荷兰艾恩德霍芬市的水规划指导模型，极具系统性思维地阐述了绕行模式、缓慢/下渗模式和连通模式针对流域上游、中游、下游不同层面城镇区域的适用性[1]（图4.46），对山地河谷流域上游、中游、下游村镇聚落的"水-地"空间关系具有参考价值。该模型基于各区域水循环过程和特征提出的具有针对性的精细化涉水策略，有助于流域上游滞洪能力、中游蓄洪能力以及下游排洪能力的提升，对解决当今山地河谷村镇流域社区"水-地"关系复杂化下的洪涝问题具有借鉴意义。

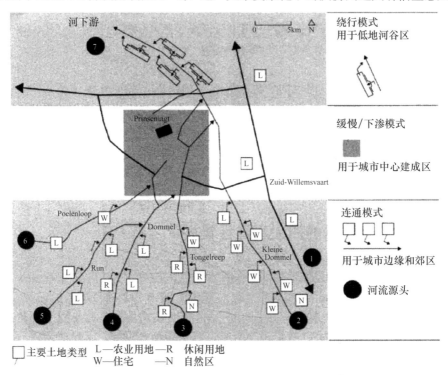

图4.46　荷兰艾恩德霍芬市的水规划指导模型[2]

本书在借鉴该指导模型的基础上，将绕行模式、缓慢/下渗模式、连通模式扩展为更具体化的水文韧性策略，包括绕道策略、搬迁策略、连接策略、避让策略、缓慢/下渗策略和存储策略，并进一步归纳为"离""间""合"的聚落形态下的水文韧性策略，由此提炼出山地河谷村镇流域社区的"水-地"空间关系指导模型（图4.47），以将前述策略整合进一个整体的框架内。该指导模型旨在针对山地河谷流域社区中上游、中游的村落以及下游的河谷集镇不同

①　廖凯，杨云樵，黄一如.浅析中荷历史中7个典型理想城市的水城关系发展[J].同济大学学报（自然科学版），2021，49（3）：339-349.

②　弗朗西娅胡梅尔，沃凡德托恩弗托夫.城市水问题新解译：荷兰水城的设计与管理[M].王明娜，陆瑾，刘家宏，等，译.北京：科学出版社，2008.

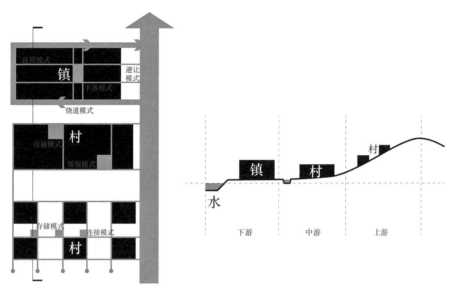

图 4.47　流域社区"水-地"空间关系指导模型
资料来源：作者绘制

的水文和地理环境条件，综合地、因地制宜地运用"离""间""合"的空间关系策略。其中，绕道策略和避让策略相对适用于下游集镇；连接策略相对适用于流域上游和下游村落及集镇；缓慢 / 下渗策略相对适用于上游和中游的村落；存储策略相对适用于上游、中游和下游的村落及集镇；搬迁策略则是洪涝灾害无法承载时不得已而为之的最后途径，适用于洪涝问题难以解决的区域。

具体而言，表 4.1 中就"离""间""合"的"水-地"关系下各项的水文韧性策略及其具体措施进行了归纳和总结，并分析了各自的韧性形态特征、适用区域和村镇社区空间类型，有助于山地河谷村镇根据实际情况采纳具体的策略及措施。需要说明的是，关于表 4.1 中所罗列具体措施，一部分系本章前文中所提及的基于山地河谷村镇具体情况提出的创新性措施，其余部分在低影响开发、海绵城市等领域已有相关详细研究的措施，本章不再详细介绍。

绕道策略下，行洪街道适用于下游的集镇外围街道场地，可提升水文空间的连接性；绿色绕行河道适用于下游的集镇外围山地沟壑区域，属于人工开辟的泄洪河道，可提升水文空间的连接性。

搬迁策略下，村镇搬迁适用于上游、中游、下游极度不适合居住的洪涝灾害高危区，如公共空间、街道场地和建筑物，可极大地提升村镇防洪减灾的冗余度，但建造费用非常高。

表 4.1　水文韧性策略与具体措施分析

"水–地"关系	水文韧性策略	具体措施	韧性形态特征	适用区域	社区空间			
					山地水系	公共空间	街道场地	建筑
"离"	绕道策略	行洪街道 *	连接性	下游	○	○	●	○
		绿色绕行河道	连接性	下游	●	○	○	○
	搬迁策略	村镇搬迁 *	冗余度	全流域	○	●	●	●
"间"	连接策略	冲沟街道 *	连接性	下游	○	○	●	○
		滨河生态廊道 *	强度 连接性 耦合性	全流域	●	◎	○	○
		植草沟等径流绿色通道	连接性	全流域	○	●	●	○
	避让策略	辟地蓄洪 *	冗余度	下游	●	◎	○	○
		障碍物拆除 *	连接性	下游	●	●	●	●
		清淤疏浚 *	连接性	下游	●	○	○	○
"合"	缓慢 / 下渗策略	梯田 *	冗余度	全流域	●	◎	○	○
		赶集街道 *	多样性 连接性	中游、下游	○	○	●	○
		绿色屋顶	多样性	全流域	○	○	○	●
		生物滞留池	冗余度	上游、中游	●	●	○	○
		植被缓冲带	冗余度	上游、中游	●	●	○	○
		滞留湖	冗余度	上游、中游	●	●	○	○
		透水铺装	多样性	下游	○	●	●	○
	存储策略	水广场 *	多样性 冗余度	下游	○	●	○	○
		坑塘 *	冗余度	全流域	●	◎	○	○
		跌水堰	冗余度	全流域	●	○	○	○
		雨水湿地	强度 冗余度	全流域	●	●	○	○
		下凹式绿地	强度 冗余度	全流域	●	●	◎	○
		蓄水池、雨水罐等场地蓄水设施	冗余度	全流域	○	●	◎	●

资料来源：作者根据文献梳理

注：● 适用；◎ 较适用；○ 不适用；* 本章 4.5 节中详细论述的具体措施。

连接策略下，冲沟街道适用于下游穿越集镇的冲沟及其周边的街道场地，可保障水文空间的连接性；滨河生态廊道适用于上游、中游、下游区域的滨水区域和滨水开放空间，有助于提升水文空间的强度、"水-地"边界的耦合性和径流路径的连接性；植草沟等径流绿色通道适用于全流域下的公共空间、街道场地，可保障径流路径的连接性。

避让策略下，辟地蓄洪适用于下游的滨水空间和部分开放的公共空间，可提升下游村镇的承洪冗余度，由于是预留自然场地或采用生态化手段，建造费用较低；阻碍行洪的障碍物拆除适用于下游集镇的滨水建筑拥堵区，让出雨洪通道，可提升径流路径的连接性，但拆除费用较高；清淤疏浚适用于全流域的水系河道，可增大河道流量，提升其承洪冗余度。

缓慢/下渗策略下，梯田适用于全流域的山地空间，通过滞留雨洪的手段提升承洪冗余度；赶集街道适用于中游、下游的村镇街道（赶集场所往往集中于下游发展较好的村镇），其具有复合提升街道形态多样性的功能，同时增设的生态空间功能可提升径流路径的连接性；绿色屋顶适用于全流域的村镇建筑，通过屋顶种植、蓄水等功能增加屋顶功能的多样性，可提升建筑的雨水承载冗余度，在乡村地区可采用盆栽、泡沫箱等材料来降低成本；生物滞留池、植被缓冲带和滞留湖等措施适用于上游、中游的山地洼地区域和村镇的公共空间，有助于提升上游、中游的滞洪能力，提升承洪冗余度，其中滞留湖应积极利用低洼的场地条件；透水铺装适用于下游城镇化程度较高的集镇，通过多样化的下垫面增加径流渗透。

存储策略下，水广场适用于下游集镇的公共空间，提供多样化的生活功能，可提升水生态空间的冗余度；坑塘适用于全流域的山地生态空间和部分村镇公共空间，通过存蓄功能提升承洪冗余度；跌水堰适用于全流域的河流水系或冲沟中，有助于拦截水流、存蓄雨水；雨水湿地和下凹式绿地适用于全流域的山地水系空间和公共空间，有助于存蓄雨水和净化地表径流，可提升水文空间的强度以及村镇空间滞蓄雨洪的冗余度；蓄水池、雨水罐等场地蓄水设施适用于全流域的公共空间和建筑，较适用于街道场地，可提升村镇滞蓄雨洪的冗余度。

最后需要强调的是，"老百姓是最好的老师"，具体策略执行和实施的时候需要根据村镇实际情况，征询当地老百姓的意见。作为土生土长的流域社区村民，他们更加清楚洪涝发生的情况和现实条件，其建议和意见应得到充分的尊重和关注。

及人
社区组织形态对洪涝灾害的响应机制

第 5 章 山地河谷流域社区组织形态研究

5.1 从村镇到流域社区

2000 年前后，我国对乡镇级区划进行撤区并乡调整，将建制镇原居民委员会和部分建制村组合并成立新的社区居民委员会，即社区，属于城镇的最基层地区，人口规模 3000 人左右。此后，社区便成了城镇区划的"准行政"术语，行政地位相当于建制村。社区的行政管理机构被称为社区居民委员会，因此社区、社区居民委员会和居民委员会往往也作为管理机构名称被混合使用[①]。在城乡规划与建筑学科中，村镇人居环境的研究缺少从研究对象的社会根源切入并提出综合解决方案的路径，村镇规划和设计关注的许多问题往往只能治标而不治本。而村镇社区强调的是与村镇、居住生活等概念联系在一起，是村镇某一特定区域内居住的人群及其所处空间的总括。从村镇向村镇社区的研究转换是城市规划、城市设计和建筑学科内涵跨越式的拓展和深化，体现了从对物质"及物"层面的村镇聚落拓展到非物质"及人"层面的社区组织的综合考量。

村镇（乡村）设计（rural design）是与城市设计相对的概念，目前国内外学术界中还未有明确的定义和解释。美国学者杜威·索尔贝克[②]提出了乡村设计的学科概念，认为乡村设计是一个联系村镇研究知识和村镇社会需要的设计过程（图

---

① 方明，董艳芳，李婧. 新农村社区规划与住宅设计 [M].北京：中国社会出版社，2006：4.
② 索尔贝克.乡村设计：一门新兴的设计学科 [M].奚雪松，黄仕伟，汤敏，译.北京：电子工业出版社，2018：33.

5.1）。本书参照城市设计理论和方法，结合我国国情，将村镇设计看作是对村镇聚落形态和人居空间环境所做的设计和构思安排。与城市设计相同的是都注重居民生活品质的提升；而差异在于村镇设计不仅需要考虑基础设施和公共空间，还涉及对农村场域环境下生态、生产空间的系统考量，涵盖山地河谷流域自然环境下山体、河流等自然生态空间对象以及耕地、林地等农业生产空间对象（图 5.2）。

村镇社区设计是在村镇设计的基础上从"及物"到"及人"的设计方法论。表 5.1 尝试从地域界定，工作方式，人群参与度，核心内容，设计目标，关注层面，规划师、建筑师的角色方面对城市设计、村镇设计和村镇社区设计进行对比分析。村镇社区设计关注的边界与行政区域没有必然或者直接的关系，通过自上

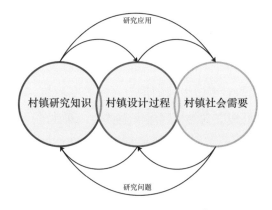

图 5.1　村镇设计研究框架[①]

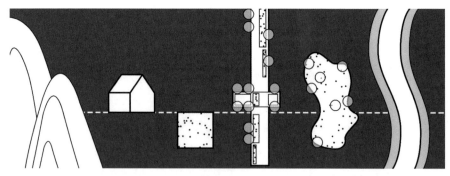

山体 — 建筑 — 场地 — 街道 — 公共空间 — 绿色廊道 — 河流

图 5.2　山地河谷流域内村镇设计不同层面设计考虑要素

图片来源：作者绘制

① 索尔贝克.乡村设计：一门新兴的设计学科 [M].奚雪松，黄仕伟，汤敏，译.北京：电子工业出版社，2018.

而下和自下而上的工作方式进行，倡导村民参与，关注社区成员间、社区成员与物质环境间的互动以及社区组织。

表 5.1　城市设计、村镇设计和村镇社区设计对比分析

对比项	城市设计	村镇设计	村镇社区设计
地域界定	与行政区划有直接关系	与行政区划有直接关系	与行政区划没有直接关系
工作方式	自上而下	自上而下	自上而下和自下而上
人群参与度	居民参与度很小或不参与	村民参与度很小或不参与	在一定程度和限度内倡导村民参与
核心内容	城市物质环境设施的规划、设计和更新完善	村镇物质环境设施的规划、设计和更新完善	从本质上满足社区成员的需求，增强社区成员的共同体意识与社区归属感
设计目标	以提升城市环境品质为主要目标	以提升村镇环境品质为主要目标	以促进社区安全、宜居、健康发展为主要目标
关注层面	城市物质环境及设施；居民的活动方式	村镇物质环境及设施；村民的活动方式	社区成员间、社区成员与物质环境设施间的互动；社区组织
规划师、建筑师的角色	置身社区之外的理性规划与设计者	置身社区之外的理性规划与设计者	与社区成员有一定的沟通，比较深入了解社区成员的需求，同时保持规划与设计的理性

资料来源：作者根据文献梳理

本书是以水文韧性为视角的流域社区研究，在村镇空间的基础上考量了流域社区范围内人和社会的因素，在"水-地"关系的基础上将其与"人"建立联系，为村镇问题的解决带来了多学科视野，形成了"水-地-人"关系的整体考量。流域社区作为山地河谷村镇社区的一种类型，涉及对象不仅包含物质层面的流域水文形态、村镇聚落形态等物理环境，还包含非物质层面的社区组织形态等人文环境，涉及整个流域范围内人居环境系统。流域社区设计研究改变以往对水文资源的态度，从将水文排除在考量范围之外到为水提供空间，在适应气候变化、可持续发展中强调水文韧性与村镇社区设计的整合。其设计策略服务于上位防洪规划[①]，同时自下而上地提出要求，有助于村镇规划和建设得到更为有机的组织和安排。

---

① 防洪规划是指为防治某一流域、河段或者区域的洪涝灾害而制定的总体部署，包括国家确定的重要江河、湖泊的流域防洪规划，区域防洪规划以及其他江河、河段、湖泊的防洪规划。防洪规划应当服从所在流域、区域的防洪规划；区域防洪规划应当服从所在流域的流域防洪规划。防洪规划是江河、湖泊治理和防洪工程设施建设的基本依据。

5.2 流域社区的内涵

5.2.1 定义

流域社区的定义详见本书 1.4.5 小节。流域社区中，由于水随地形汇聚的连带效应，村镇建设无法忽视上游、周边山体以及场地外高处的雨洪带来的影响，整个流域需要统筹考虑。流域社区的居民由于流域地形的汇水特点等因素而面对共同的水生活、水生产、水生态、水安全、水文化等现实和挑战，由于形成了共同的意识和利益而成为一个特殊的团体，也即水利共同体。

5.2.2 社区边界

流域社区通过径流、河流等水系联系在一起，其作为研究单元的空间边界既是有形的地理分水岭，又是一种无形的水缘边界。本书流域社区的边界划定在小流域地理边界的基础上，以集镇为聚焦点进行溯源。案例群村镇的流域社区由一个或两个小流域边界合并而成。从村镇的受灾角度出发，集镇是洪涝灾害高危地带且往往位于流域的中下游区域，而集镇的雨洪形成又受到上游的村镇建设、山地环境下的径流影响，是一个流域社区内上下游村镇间的系统性问题。因此，山地河谷村镇流域社区的划分从集镇出发，将流经该集镇范围的径流所在小流域进行合并，合并所得的小流域外轮廓边界即该山地河谷村镇的流域社区边界。

5.2.3 社区组织

所谓社区组织，是指社区内主要元素间交互关系的模式，从形态上可通过组织结构和组织单元进行呈现。其中，组织结构指组织的内部构成方式，即组织内部各个要素（部门）、各个层次之间固定的排列方式；组织单元指组织中的基础构成要素。

流域社区是本书提出的基于水缘关系出发的社区概念，目前尚无其社区组织体系，而村镇现实情况中的河长制、村民用水管理委员会、村民防汛抗旱指挥小组等政府或非政府组织已体现出以水缘为纽带的社区存在。另外，当洪涝现象成为灾害，需要政府的强大力量进行组织应对，并非通常意义下的非政府组织能够胜任。因此，本书中的流域社区组织除了包含十联户、村民委员会、社会组织等非政府组织以外，也包含政府组织。本书尝试从洪涝灾害现象下的社会学调研出发，在目前我国村镇体系中的行政组织基础上，提出跨镇域边界范围的流域社区组织建议。

针对洪涝灾害，流域社区的基本组织单元以目前山地河谷村镇中的灾害联防单元——十联户为基础，是村民根据实际情况发展出来的协同防灾减灾的经验和智慧。十联户，指村镇社区中针对安全防范的联防体系基本组织单元，社区依据就近居住的原则，把分散居住的村民按照 10 户左右归拢为一个针对洪涝等灾害的联防小组。根据聚落分布的疏密程度，十联户有可能少于 10 户，也有可能多于 10 户。本书在提出具体的流域社区组织体系（详见 5.6 节）之前，试图先从"水-人"关系、"地-人"关系以及"人"的响应机制方面勾勒出流域社区的概念轮廓。

5.2.4　基本特征

流域社区作为以水缘关系划分的社区类型，有助于多元化社区管理单元的构建，促进社区的构建、治理和服务。从社会学的角度上看，社区应具备地理结构、共同关系和社会互动三方面普遍特征。故流域社区具有以下特征：

1. 地理结构上，以小流域为社区单元

空间形态受水缘关系和山水地貌环境影响甚至支配是流域社区的显著特征。山地河谷流域社区空间形态与规模受自然山水环境因素如降水、地形地貌、水文、物产、交通条件等影响，如选址于山腰的苗族吊脚楼村落、选址于山脚水岸边的侗寨村落、选址于河谷的滨水村落等，地域特征明显。

2. 共同关系上，围绕水利益、水安全展开

流域社区具有水缘群体的社会关系特征，水缘意味着社区中人与人之间的权利和义务围绕着涉水利益、水安全展开。长期以来，流域社区生产生活受山地自然环境和水文条件的影响较大，为了平衡水资源分配、抵御自然灾害和社会动乱，从生产和社会的双重需要出发，便形成了由家庭集结而成的水缘群体。

3. 社会互动上，社会结构、经济和生产活动相对简单

山水地貌环境"地无三尺平"，居民常由于适宜的地形坡度、近水利益、交通便利等因素，散居在流域社区中以适应耕作生产需要，因而人口密度低，村镇和社区规模相对较小。翻山越岭的交通不便和农业耕种的扎根性也一定程度上限制了人口流动性，造成人口同质性高，社会结构简单。人群的主要谋生手段为集

镇商贸、农业生产和涉水旅游等；流域社区内的河谷集镇区域居民以小商品集镇商贸为谋生手段；山地中大部分村落以农业生产为主；少数具有良好涉水景观资源的村镇以生态旅游产业为辅。

5.2.5 构成要素

社区通常需具备人群要素、自然物质要素和文化要素三类要素。本书从社区空间形态层面研究角度，将流域社区构成要素分解为特定地域下的自然物质要素、村镇物质要素和社会人文要素，三者有机结合构成一个现实社区。基于山地河谷地域环境下的流域社区研究涉及山水环境（自然物质要素）、村镇聚落（村镇物质要素）和人群（社会人文要素）三位一体的人居环境模式。流域社区同其他类型的村镇社区一样，从人群组织上看，主体是村镇居民，通常是以家庭为单位参与各种生产、生活组织活动。因此，家庭是流域社区的主要构成单位和基本单位，也是农业生产、商品贸易和旅游发展的基本单位。

5.2.6 社区功能

伴随城镇化和城乡一体化的不断推进，山地河谷村镇的农民居民化、农村社区化是必然趋势。美国学者罗吉斯等认为社区功能最初可能源于防御外敌的需要，源于人类对归属、地位和依从的需要，并通过建立社区来满足[1]。布伦纳等则认为社区生活的动力在于发现共同利益及需要，并自行寻找解决办法[2]。流域社区正是城镇化和城乡一体化进程中不同村镇的居民为了防御洪涝灾害的需要，发现共同的水利益及需求而自发形成的水利共同体。

随着国家对农村地区管理体制的改革和基层政府职能的转变，流域社区具有针对性的公共服务和涉水管理将得到强化，其作为联系政府和社区居民的纽带，将政府提供的公共管理与服务和社区自我治理衔接。村镇社区的5大功能为经济发展功能、政治与管理功能、生产生活服务功能、生态维护功能、文化服务功能、社会管理和社会建设功能。具体在流域社区中，可归结为涉水管理与建设功能、生产生活服务功能、生态维护功能和文化服务功能，具体如下：

---

① 罗吉斯，伯德格.乡村社会变迁 [M].王晓毅，王地宁，译.杭州：浙江人民出版社，1998：162.

② Brunner E De S, Hallenbeek W G. American Society, Urban and Rural Patterns[M]. New York：Harper and Brothers，1995：159+163.

（1）涉水管理与建设功能分为常态下的涉水利益维护功能以及突发性洪涝灾害的预防和应急处置功能。日常状态下，流域社区体现出"弱政府，强社会"的博弈关系，促进社区村民的参与和自治管理，如水渠共建、塘堰共建、分水协调等。遇到跨镇域的问题，通过社区用水管理委员会和河长进行跨区域协调。极端灾害状态下的流域社区体现出"强政府，弱社会"的现实关系，以政府力量为主导，社区村民参与、协助与自救为辅，进行灾前、灾中和灾后的响应和救援服务，推动社区的生活、生产恢复。

（2）生产生活服务功能流域社区作为村镇居民从事涉水生产活动的水缘社会共同体，发挥组织、协调、管理涉水灌溉、生活用水需求、涉水旅游经营活动、灾后恢复与组织互助等重要功能，促进村镇社区的经济发展和生活品质的提升。

（3）生态维护功能流域社区作为山水地貌环境下以汇水边界为范围的社区载体，承载了山水生态保护和修复的功能，如对河流水系、水堰、水渠、坑塘等的保护，体现了对生态空间的重视与关注。

（4）文化服务功能流域社区承担着物质文化和非物质文化方面的服务与传承功能。山地流域宜居性建设过程中，人们因地制宜地创造出不同类型和规模的水景观、水利设施等物质文化内容，如梯田、塘堰、水渠等，并不断与村民的经验、习俗、信仰等非物质文化内容融合，形成了山地河谷特定的流域文化。

因此，流域社区具有维护本社区涉水利益秩序、上下游涉水安全协同、调解涉水纠纷、维护涉水"三生"空间协同稳定发展和涉水文化弘扬等功能。

5.3　山地河谷流域水文形态与流域社区组织形态的关系

基于第 3 章 9 个典型山地河谷村镇社区流域水文形态研究在流域形状系数和径流路径网络结构分形维数两方面的结论，本节进一步从"水"的单一要素研究拓展到其与"人"和"地"的相互关联研究上。其中，在"水-地-人"的关系上，流域形状体现在空间边界层面，而径流路径网络体现在区位格局层面，分别对应了形态边界和结构。因此，本节主要探索流域形态边界、径流路径格局与村镇社区组织的相互关联度。

5.3.1 空间边界

针对洪涝灾害的应对，本书提出的流域社区组织体系须依托于目前的行政力量和组织进行。因此，本小节对流域水文形态与流域社区组织形态的边界关系从行政区划的边界进行比对研究，即小流域地理划分边界与镇域行政划分边界的关系。村镇行政边界的划分受到山水地理、社会经济、人文历史等多方面因素的影响，是一个综合作用的结果。其中，山地河谷流域的水文条件和形态，在一定程度上影响了社区组织的形成以及行政边界的划分。从水安全的角度上看，洪涝的常年周期性发生，流域社区边界范围内的居民由于上下游的洪涝灾害而互动联系，洪涝现象成为社区内社会互动的纽带。从水生产的角度上看，降水从高处往低处流，关乎农业生产的灌溉用水需要上下游的逐级利用和协调分配，甚至合作共建水利设施，形成社区内的涉水共同关系。从水生活、水生态以及如今的涉水旅游角度上看，"共饮一条母亲河"的上下游居民由于水的滋养，对同一条河流具有共同的深厚情感，出于情感和利益角度协作维护着河流的生态健康和利益平衡。因此，基于地理分水岭和流域边界划分之内的村镇居民，有着类似的生产资料、生活环境和生态基础，甚至语言也是十分接近和互通的。

此外，我国历史上的人居环境建设有着对"地"适水性改造的传统，究其原委，先秦时期便形成以水利为中心发展的社会关系和体系。历史上治水论的观点认为，为了治理水患、避免洪水泛滥的同时保证农业生产的灌溉，循河流和流域进行水利协作和统一指挥的需要促进了上下游政权的统一，尤其是古代黄河流域和长江流域。自古以来，我国地域区划的划定便体现出了与区域水环境的协同历程[①]，《尚书·禹贡》记载着水土平治后依山水为界进行州域的划定，其中"九水""九泽"与"九州"相互依存，体现了聚落选址、国邑形成与水环境的密切关联[②]。

本书将研究区内的小流域边界与各镇域行政边界进行了叠置比对（图5.3），发现小流域边界与行政边界具有一定的相关性，体现出叠合、涵括和错位的关系。3种关系在村镇中并非单一的对应关系，镇域范围或者流域社区范围内可能存在多种边界关系，从中我们可以窥见流域水文形态对社区组织的些许影响。

---

① 李奕成，成玉宁，刘梦兰，等.论先秦时期的人居涉水实践智慧[J].中国园林，2021，37（1）：139-144.

② 杨守敬，等.水经注释图（外二种）[M].北京：中华书局，2009.

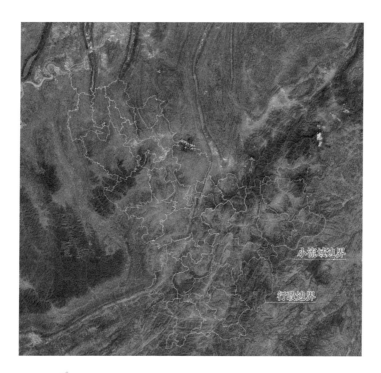

图例
——小流域边界
——行政边界

图 5.3　研究区内小流域边界与镇域行政边界比对关系
图片来源：作者绘制

1. 叠合

叠合，指小流域边界与行政边界大部分契合、吻合，具有较高接近度的关系。叠合关系下，流域水文条件的洪涝影响度最强、流域水文边界与村镇行政边界的关联度最大、社区与行政管理协同度最高。通过案例群的比对发现，木瓜镇、羊磴镇和小水乡的小流域边界与镇域行政边界存在较高的叠合关联（图5.4）：木瓜镇约60%的行政边界与小流域边界具有相同的划分趋势而形成强烈呼应；羊磴镇近50%的行政边界与小流域边界具有相同的划分趋势而形成呼应；小水乡约15%的行政边界与小流域边界具有相同的划分趋势而形成微弱的呼应。这种叠合关系体现了地域区划的划定与流域水文环境的协同，造成的原因也是多方面、综合复杂的，如历史成因、地理影响和水缘关系等潜在的关联因素。从重叠的区域看，村镇行政边界的分界一定程度上也会以山脊、山谷和河谷为划分依据。毕竟山脊的一侧和另一侧由于历史上交通不便、翻越山脊困难等客观原因，相互间的联系相较于山坳内部居民间的联系更弱。小流域边界内侧随地形逐渐向下，村民由于山地梯田耕种、灌溉、生活等水利益关系会出现更多的合作和协助，社会关系相较于流域山脊以外的人群更紧密。如木瓜镇流域社区上游区内位于木瓜镇镇域范围内的中山村和其上游的东南侧毗邻的黄莲乡银山村进行了上下游的协调与配合，共同出资建设水渠设施，并在旱季通过用水管理委员会协调分时放水，公平公正地分配水利益。因此小流域范围内更容易形成社会凝聚力进而形成一个长期的水缘社区，进一步促成了行政边界的协同划分。

从案例群村镇小流域边界与行政边界的对比中可以发现，木瓜镇行政边界与其小流域边界的叠合度是最高的，面积也相当。基于对现实洪涝发生的危害程度观察和流域水文形态的分析，本书认为正是由于木瓜镇长久以来洪涝危害影响较大、涉水利益对村镇生产生活的影响突出，在一定程度上从正面和负面两方面促进了流域内的居民成为一个社区共同体，并进一步促成了行政区划分上的边界吻合。因此，当小流域水文形态对村镇社区生活影响较为强势时，体现为社区组织的行政边界更大程度地受到小流域水文条件的影响，即镇域行政管理与流域社区组织结构更加叠合，从而有利于协同管理。

(a) 木瓜镇流域社区

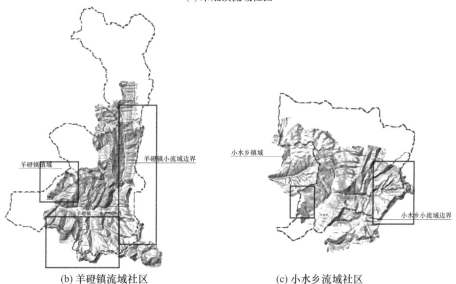

(b) 羊磴镇流域社区　　　　　　　　(c) 小水乡流域社区

图 5.4　叠合关系：小流域边界与行政边界吻合关联

图片来源：作者绘制

注：图中未注明的地名均为木瓜镇域范围内的建制村或自然村。

2. 涵括

涵括，指囊括和含有的意思。涵括关系下，流域水文条件的洪涝影响度较强、流域水文边界与村镇行政边界的关联度较大、社区与行政管理协同度较高。从图5.5 可以看出，狮溪镇、水坝塘镇、坡渡镇和夜郎镇的小流域边界对镇域行政区域

（a）狮溪镇流域社区

（b）水坝塘镇流域社区

（c）坡渡镇流域社区

（d）夜郎镇流域社区

图 5.5　涵括关系：小流域边界包含大部分行政边界
图片来源：作者绘制

的绝大部分形成了涵括关系。涵括关系的内部也存在部分的行政边界和小流域边界叠合的情况。小流域边界范围面积为镇域行政边界范围面积的 1 ～ 2 倍，流域社区边界跨越了镇域边界，包含相邻镇域的部分中心村和基层村以及山水自然环境。

　　涵括关系中"小流域边界范围较镇域行政区划面积大"体现为社区组织的行政边界包含于小流域边界范围之内，即流域社区组织结构囊括了村镇行政管理结构，有利于在流域社区内部进行协同管理。对于镇域范围来说，该范围内的村镇聚落均包含于唯一的流域社区中，镇域内部的涉水问题均可在流域社区范围内解决。而该流域社区还包含其他镇域的部分范围，需要协同其他镇一同解决跨镇域的问题。

3. 错位

错位，指位置相互脱离，体现在小流域边界与行政边界关系脱离、交错。错位关系下，流域水文条件的洪涝影响度较弱，流域水文边界与村镇行政边界的关联度较小，社区与行政管理协同度较低。从图 5.6 可以看出，新站镇、松坎镇的小流域边界与镇域行政边界大部分形成了的错位关系，相互间的呼应关系不大。这也许是由于流域水文影响力不大的情况下日常径流汇水路径的不易观察和不易被感受到等原因，流域社区的边界对行政区划的边界影响微弱。进一步说明了流域社区边界是一条无形的、以水缘为依据的隐形规律。

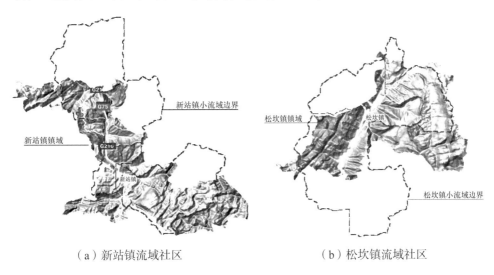

（a）新站镇流域社区　　　　　　　　　（b）松坎镇流域社区

图 5.6　错位关系：小流域边界与行政边界错位
图片来源：作者绘制

在错位关系下，小流域边界范围与镇域行政区划关联弱，不利于在流域社区内部进行协同管理。对于镇域范围来说，该范围内的村镇聚落跨越了不同的流域社区，镇域内部的涉水问题涉及不同的流域社区和不同的镇域。同时，对于该流域社区来说，还包含其他镇域的部分范围，也需要协同其他流域社区一同解决跨镇域、跨社区的问题。两种边界的不整合，将导致村镇管理和规划与自然水文生态系统之间缺乏全面的系统性和耦合关联，小流域边界范围内出现的涉水问题不能很好地在镇域行政管辖区内解决，"九龙治水"的同时可能出现"三不管"地带。因此，当流域水文条件对村镇生活产生影响非常微弱时，体现为社区组织的行政边界与小流域边界错位、缺乏关联，不利于流域社区和行政机构的协同管理。这种情况下，跨镇域流域社区的管理需要上一级行政机构进行统筹协调解决同一小流域边界范围内不同镇域的涉水问题，如上下游的灌溉用水、山洪排水、上下游河流旅游开发等。

综上，对小流域边界和行政边界关系的分析和辨识有助于将小流域作为社会生态单元与村镇的行政单元进行耦合与协调统一，可更好地理解和预测水文循环过程和洪涝发生规律，有利于跨行政区划的流域社区与行政体系协同管理。

5.3.2 区位格局

山地流域的径流路径网络联结着山水自然景观、村庄聚落和集镇聚落，是流域社区的重要生态廊道、开放空间、水利益和水安全的影响因素。流域社区中径流路径的上游、中游、下游区位代表着水资源和水安全的优劣程度，影响着社区空间形态的布局。本小节结合集镇位于流域的区位形态类型，从径流路径平面格局和剖面格局分析流域水文形态对社区空间组织的影响。

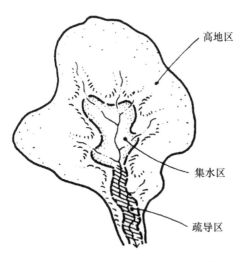

图 5.7　小流域内 3 种主要水文区[①]

1. 径流路径平面格局

从水文生态学的角度看，小流域内存在上游的高地区、中游的集水区和下游的疏导区 3 种水文区（图 5.7）。理论上来说，流域的上游和中游为可开发的土地区域，下游为不建议开发的土地区域。但现实情况下，由于近水资源优势、地势平坦等原因，山地河谷集镇大多数分布在下游疏导区。在山地河谷流域村镇内制定土地利用规划和分析"水-地-人"关系时，首

---

① 大多数小流域由 3 个相互联系的部分构成：第一，产生地表径流和短暂渠道水流的外围高地；第二，位于流域上游，汇聚来源于高地径流的一片低地或集水区；第三，中心疏导区的河谷和河流水道，把集水区的水输送到高一等级的水道中。参见：马什.景观规划的环境学途径 [M].朱强，黄丽玲，俞孔坚，译.北京：中国建筑工业出版社，2006：177.

先需要模拟径流主要路径，分析径流河流系统、径流方式，以及划分出 3 种水文区[①]。

以木瓜镇流域社区为例，结合第 3 章叙述的地形高程和径流分级方法，本书将流域中的一级、二级径流路径经过区域划分为流域上游区域，三级径流路径经过区域划分为中游区域，四级径流路径经过区域划分为下游区域。从图 5.8 木瓜镇流域社区径流平面格局中上游、中游、下游的生活空间分布上看，由于近水的利益吸引，木瓜镇的村镇社区空间布局集中在中游集水区和下游疏导区，而木瓜集镇位于流域出口处的疏导区和洪泛区，是造成木瓜镇极端降水条件下洪涝风险非常高的原因之一。山地河谷流域社区中，除了高程、地形坡度、农业生产等因

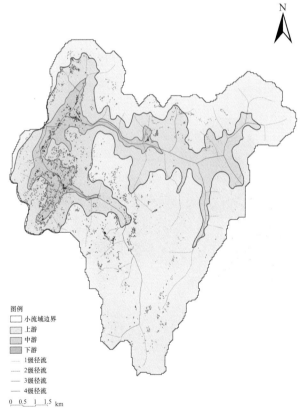

图 5.8　木瓜镇流域社区径流平面格局分析

图片来源：作者根据国土空间数据分析

---

①　参见：马什.景观规划的环境学途径 [M].朱强，黄丽玲，俞孔坚，译.北京：中国建筑工业出版社，2006：177.

素，集镇及大型村落空间的分布与永久性径流（水系）路径、暂时性径流因素的关联性均较大，常态下集镇及大型村落空间的位置与水系的平面格局相契合。可见，水系促进了上述村镇聚落的形成和发展壮大。而不在永久性径流（水系）周边的小型村落和村庄居民点空间的分布格局与永久性径流、暂时性径流路径的关联性均不大，说明径流路径平面格局对这些村落的布局影响甚微，更多的是受到高程、地形坡度、农业生产等其他因素的影响。

2.径流路径剖面格局

径流路径剖面格局的研究，有助于从竖向高程上直观地分析流域径流路径、高程、坡度、风险点等条件对社区空间布局的影响。本小节基于木瓜镇流域社区径流路径分级的基础上，选取了其中起始最远点、最长的径流路径进行沿径流方向的剖面格局绘制和分析（图 5.9）。

图 5.10 径流路径剖面格局分析中，随高程逐渐降低、逐渐变粗的区位纵剖方向上的蓝色剖面线代表了图 5.9 中红色的最远径流路径线，其粗细、斜率分别

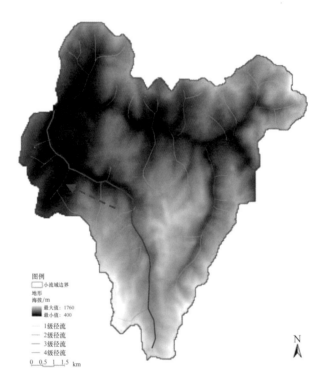

图 5.9　最长径流路径作为路径剖面断面依据
图片来源：作者根据国土空间数据分析

示意性地代表了路径相应位置的径流量、地形坡度；黑色的小点代表了径流路径区位横剖方向上考虑距离因素的、以十联户为单位的基本社区组织单元分布；从绿色到红色渐变的圆柱体代表了本书第 3 章描述和分析的径流汇聚风险点的风险高低，也代表了对应的局部区域汇水较多的低洼地带；径流剖面线上的分支浅蓝色线代表了径流路径上的径流分支，两者交点即径流路径交汇处。

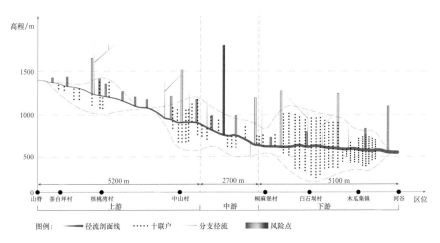

图 5.10　径流路径剖面格局分析
图片来源：作者绘制

从图 5.10 中，我们可以看出：

（1）高风险点往往位于径流剖面线凹陷的地方，即地形低洼的地带，说明低洼地带往往聚集了大量的径流而成为局部洪涝高风险区域。村落社区空间的布局避开了高风险点位置，说明村落选址一定程度上避开了低洼地带的高风险点区域。

（2）径流量随流域内竖向高程的降低而逐渐汇聚增加，洪涝风险也逐渐增大。因此，即便集镇社区空间并非位于前文分析得出的最高风险点区域位置，在极端降水条件下洪涝灾害却最为严重，原因为其选址于流域下游，承受着从上游的山脊到下游的河谷范围的雨洪径流，无法及时行洪排出流域的情况下便发生了洪涝灾害。

（3）径流路径交汇处与社区空间（以十联户为代表）的布局没有明显的关联迹象，与风险点也无明显的关联迹象。

因此，以木瓜镇为例的山地河谷镇流域社区洪涝灾害风险程度的高低，不仅跟前文分析方法中的风险点相关，还跟村镇所处于流域的位置相关，但仅从目前的数据来看，与径流交汇点无直接关联。

5.4 山地河谷村镇聚落形态与流域社区组织形态的关系

基于第 4 章村镇聚落形态研究，本节进一步从"水–地"的单一关系研究拓展到"水–地–人"的三者关系上，重点探讨村镇聚落形态对社区中组织单元的安全保障和对组织结构的功能承载。从安全保障的角度出发，村镇聚落形态的研究须致力于生活空间的安全防护和灾时避难空间的建设，有效地保障人员安全和避免灾害，做到"大灾可避"；从功能承载的角度出发，村镇聚落形态的研究须致力于社区空间的合理选址和提供社区服务的基础设施保障，促进村镇社区从灾害中快速恢复或者维持正常的生活、生产状态，做到"中灾可愈、小灾如常"。

5.4.1 安全保障

1. 安全防护

防洪规划中，安全防护的目的是维护流域社区生态环境，规避自然和人为灾害，保证人类生活、生产空间的安全。山地河谷村镇中，安全防护应根据径流路径分级形态和地理沟壑发育程度进行防洪规划和生态保护，并在防护过程中避免对水土和河岸产生不利影响。

安全防护的设计标准可参照防洪规划设计标准考虑。从案例群村镇的人口规模上看，山地河谷村镇人口约 0.12 万～ 1.2 万人，其村镇防洪规划设计标准可根据《防洪标准》（GB 50201—2014）、《城市防洪工程设计规范》（GB/T 50805—2012）等标准中关于小城镇的相关规定确定（表 5.2），同时其河段防洪规划设计标准不应低于其所处流域河流水系的防洪标准。因此，木瓜集镇区域的防洪标准应不低于 50 年一遇，同时其镇域范围内河段的防洪标准可参照木瓜镇 2020 年的《木瓜河治理报告》中建议居民较集中的河段（木瓜河水银村段、木瓜河中学段、水坝河水坝村居民段、水坝河集镇段、石马沟河段）采用 10 年一遇防洪标准，农田为主的河段（水坝河水坝村上游段、木瓜村农田段）采用 5 年一遇防洪标准。

表 5.2　城镇等级与防洪防涝标准

防洪工程等级	重要性	非农业人口 /万人	防洪规划设计标准（重现期 / 年）			
			洪水	涝水	海潮	山洪
Ⅰ	特别重要城市	≥ 150	≥ 200	≥ 20	≥ 200	≥ 50
Ⅱ	重要的城市	150～50	200～100	20～10	200～100	30～50
Ⅲ	中等城市	50～20	100～50	10～20	100～50	20～30
Ⅳ	一般城镇	≤ 20	50～20	5～10	50～20	10～20
Ⅵ	小城镇	0.2～8	20～50	1～2	20～50	5～10

资料来源：根据相关资料整理

　　安全防护措施是防洪规划的重要内容，包括根据历史上出现的洪水位和高程分析划定洪涝灾害分区（如洪涝灾害高发区、中易发区）、洪水位线勘测、设施廊道线和重点生命线（如给水、供电、通信、燃气、医院、学校等）保护以及防洪排涝设施建设。其中，须重点考虑将设施廊道线和重点生命线安置在地势较高的地块中，避免洪涝对村镇生活生产运转的影响。

　　防洪排涝设施包括防洪堤、防洪闸、蓄滞洪水库和排洪设施，其中防洪堤在山地河谷村镇中较为常用，堤岸的选线要适应防洪现状和天然岸线走向，与总体规划的岸线规划相协调，以合理利用岸线。防洪堤线应沿地势较高、房屋拆迁工作量较少的区域结合防洪排涝工程、排污工程、交通闸、桥梁码头等因素统一考虑布置，同时统筹兼顾上下游、左右岸，并满足路堤结合、防汛抢险交通及绿化美观要求。堤线与岸边的距离以堤防工程外坡脚距岸边以不小于 10 m 为宜，且要求顺直。阻碍行洪的障碍物要按一年两次的频率清除，保证顺利防洪。

　　山地河谷村镇中，前述防洪排涝设施存在"灾时故障、灾后闲置"的问题。山地河谷流域季节性降水集中，短时强降水造成防洪排涝设施瞬时压力大而全年综合使用效率较低，面临着山地区域建设成本高、难度系数大以及维护困难等实际问题。因此，村镇社区空间设计中应结合平时、灾时两种使用状态进行整合设计，协同"三生"空间。本书结合木瓜镇 100 年一遇的"6·22 洪灾"中积水处一度超过 4 m、漫过二层楼面的实际情况，提出架空街道的设计建议。"6·22 洪灾"的行洪高峰期时，救援人员一度只能通过皮划艇从二层窗台实施救援。

故针对地势低洼、洪涝高发高危地段的街道，建议可考虑在商铺店前场地（赶集时往往为底层商铺的外摆摊位，可自持也可临时租借）上方做 2 m 宽的二层架空轻质连廊，形成架空街道，并在地势高处和空旷的街角地带形成上下层的联系节点交通空间。针对下店上宅的集镇沿街商住建筑，其好处有 4 点：① 可以在汛期洪灾发生时作为二层及以上居民的应急逃生通道，因为在最不利的情况下，即木瓜镇 100 年一遇的洪涝，洪水也仅刚漫过二层地面；② 可以形成平时的二层天街系统，打造双首层步行商业界面，给原本大多数一栋（现状大多数为三至四层）为一户且居住面积过大的集镇个体工商业居民，创造转化更多商铺面积的机会；③ 可形成一层商业界面的风雨廊，给雨热同季的木瓜镇带来遮阳避雨的室外灰空间；④ 可以形成三层生活露台，打造多样化的生活空间（图 5.11）。

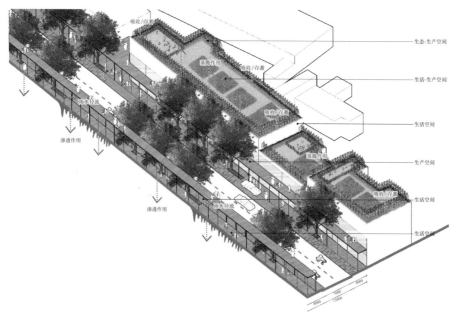

图 5.11　二层连廊架空街道设计示意
图片来源：作者绘制

2. 灾时避难

山地河谷流域村镇社区中，位于高处的空旷公共空间可作为灾时临时避难、生活与救援空间的应急避难场所。上述场所中的开放区域在灾后还可作为灾后重建的据点，为受灾民众提供膳食、休憩、紧急帐篷、物资堆放等功能。如在安全高地上的木瓜镇政府广场（图 5.12），在"6·22 洪灾"情况下为村民提供了避难空间和临时安置场地。

（a）洪灾中的高地广场鸟瞰　　　　（b）灾中的免费食物保障服务

图 5.12　木瓜镇高处的镇政府广场作为灾时避难区

图片来源：作者拍摄

不同尺度和级别的城镇防灾要求有所不同。本书基于第 3 章 9 个山地河谷案例群村镇的灾害实际情况提出山地河谷村镇社区公共避难空间的相关防灾要求，即公共避难空间面积约为 500 m³，服务半径为 300 m，避灾发生时长为 48 h，场所须安全超高 5 m 以上，类型为社区高地广场、学校操场、大中型户外停车场等。在 2020 年 100 年一遇的"6·22 洪灾"中，受灾最严重的木瓜集镇，镇区中心水深一度超过了 4 m 并达到二层楼面，且洪灾发生过程前后持续了 48 h。9 个案例群村镇中作为洪灾发生过程中紧急避难场所的公共广场面积为 300 ~ 500 m²，服务 300 ~ 500 m 的集镇范围。另外，除了公共避难广场以外，村镇中还存在高处开辟具有防御洪水功能的安全避洪区，如避水楼、避水台、村台（台面人均面积 3 ~ 5 m²）等，可有效应对极端山地洪涝灾害、避免人员伤亡。其中，避水楼房应采用钢筋混凝土结构，要求二层楼板高程在设计洪水位以上，底层阻水的墙壁可临时拆除，建筑面积应满足计划居民两天内的短期生活基本要求，楼层高度由经济条件与安全有利因素决定，一般不超过四层[①]。

5.4.2　功能承载

1. 空间选址

流域社区组织的空间选址从第 4 章"离""间""合"的"水-地"关系及其

[①]　徐乾清，主编；富曾慈，册主编；于强生，等，撰稿. 中国水利百科全书：防洪分册［M］. 北京：中国水利水电出版社，2004.

策略出发，针对不同重要性功能的建筑或基础设施进行相应选址。流域社区中游、下游的生活空间建设过程中，"离""间"的"水-地"关系和韧性策略可减少对自然山水生态的破坏和对地表特征、自然坡度的改变，有效保持自然水系和径流路径的完整性、连通性。上游"合"的"水-地"关系和韧性策略可有效滞留和存蓄雨水径流，促进生产、生活的同时减轻下游的洪涝风险。

科学选址可最大限度和高效地避免灾害，有利于流域社区规避大型洪涝灾害风险和实现可持续发展。村镇选址不仅要满足村民日常生活生产需要，提供方便、卫生、安全和优美的环境，还是社区节约资源、环保生态的基础，对于优化环境、可持续发展、提高投资的经济效益和社会效益、促进乡村振兴具有重要意义。

社区空间选址应通过多要素叠加选取最优选址，兼顾社会经济利益和自然生态利益。山地河谷流域地理环境独特，社区生活空间规模小，对自然生态环境的依赖程度高，改造自然、自我修复完善的抵御风险能力差。因此，山地河谷村镇选址考虑应当重点考虑自然生态条件，包括：水文（如洪水避让区、河流侵蚀冲积区、洪水淹没区）、高程、植被、地形地貌（如坡度、坡向、地震断裂带、泥石流滑坡易发地带）等。其中，从水文条件上看，选址应尽量避开洪泛区、山谷、沟壑、洼地、沟底、河床和湿地等地理水文条件恶劣的、未采取保护措施的、为径流汇聚风险点的地方以及其他灾害易发区域。良好的基址条件能有效避免暴雨情况下建筑倾覆或倒塌，减少可能的自然灾害，降低施工土方量和技术难度，避免不必要的危险和资源浪费。

2. 设施服务

国内学者吴业苗教授在《农村社区化服务与治理》中对农村社区生活类、生产类、设施类社区服务需求进行了分类分析研究，提出农村社区服务应有所侧重。同时，根据村镇经济状况、规模以及不同年龄、职业、文化程度等因素，农村居民对社区服务也有不同的选择性[①]。本书根据田野调查和访谈分析，在吴教授的研究基础上补充并完善了山地河谷村镇社区居民于洪涝灾害应对下的生活类、生产类、设施类社区服务需求（表5.3），并进行了需求层级的排序。生活类社区服务需求中，与洪涝灾害相关的自然灾害救助被提前到最需要的社区服务层

---

① 吴业苗.农村社区化服务与治理［M］.北京：社会科学文献出版社，2018：156+158-159.

表 5.3 山地河谷村镇生活类、生产类、设施类社区服务需求分析

社区服务	服务项目	排序	需求层级
生活类 社区服务需求	自然灾害救助	1	最需要
	医疗保障	2	最需要
	养老保障	3	最需要
	公共卫生	4	最需要
	文化娱乐	5	最需要
	社会治安	6	一般需要
	最低生活保障	7	一般需要
	法律救助	8	一般需要
	查禁假冒伪劣商品	9	一般需要
	体育锻炼	10	一般需要
生产类 社区服务需求	兴修水利	1	最需要
	提高家庭收入	2	最需要
	职业技能培训	3	一般需要
	就业指导	4	一般需要
	提供市场信息	5	一般需要
	资金（包括贷款）支持	6	一般需要
	提供农业技术指导	7	一般需要
	农产品销售	8	一般需要
	农田整理	9	一般需要
	农具维修与机械保养	10	一般需要
设施类 社区服务需求	应急避难	1	最需要
	电网与通信线路维护	2	最需要
	处理污水	3	最需要
	处理垃圾	4	最需要
	教育设施	5	最需要
	道路与路灯	6	最需要
	饮用水（包括自来水）	7	最需要
	文化娱乐场所	8	最需要
	绿化	9	一般需要
	农贸市场	10	一般需要
	农民培训场所	11	一般需要

资料来源：吴业苗.农村社区化服务与治理［M］.北京：社会科学文献出版社，2018.作者根据文献补充完善

级，此外最需要层级还有医疗保障、养老保障、公共卫生、文化娱乐，其余的社会治安、最低生活保障、法律救助、查禁假冒伪劣商品和体育锻炼为一般需要层级。生产类社区服务需求中，与洪涝灾害相关的兴修水利被提前到最需要的社区服务层级，此外最需要层级还有提高家庭收入，其余的职业技能培训、就业指导、提供市场信息、资金（包括贷款）支持、提供农业技术指导、农产品销售、农田整理、农具维修与机械保养为一般需要层级。设施类社区服务需求中，与洪涝灾害相关的应急避难、电网与通信线路维护应为最需要的社区服务层级，此外处理污水、处理垃圾、教育设施、道路与路灯、饮用水（包括自来水）、文化娱乐场所也为最需要层级，其余的绿化、农贸市场、农民培训场所为一般需要层级。

提供生活类、生产类和设施类社区服务的公共服务基础设施是村镇社区空间形态布局优化的重要方面，而村镇社区中大部分的基础设施集中在集镇区域。防汛相关的公共服务工程设施须在集镇聚落形态中得到保障性承载，不同的社区服务功能及其防洪等级要求有相应的防洪设计标准、选址要求和空间布局特点（表5.4）。针对灾时重要的指挥机构及社区服务等功能设施，应当在集镇空间中得到保障性落实，如防洪工程等级为Ⅰ级的社区服务中心、镇政府、水务站、中学、小学、卫生院等重要功能的建筑和网络基站、物资储备站等基础设施。这些基础设施建设需要选址在高处以保证其在洪涝灾害中的正常运转等。其中，物资储备站用于储备防汛物资和接纳灾时来自社会各界的救援物资。

表5.4　山地河谷流域社区公共服务基础设施布局

防洪工程等级	服务功能	公共服务基础设施	防洪设计标准（重现期/年）	选址要求	空间布局特点
Ⅰ	生命线工程	网络基站、物资储备站、避难广场、安置房等	100	高地势	点状布置
	指挥机构及社区服务	镇政府（包括防汛抗旱指挥部）、水务站、居委会、治安联防站、社区服务中心、养老院等	50～100	高地势	点状布置
	教育	托儿所、幼儿园、小学、中学	50～100	高地势	成片、团布置
	医疗卫生	门诊所、卫生院、医院、护理院等	50～100	高地势	成片布置

防洪工程等级	服务功能	公共服务基础设施	防洪设计标准（重现期/年）	选址要求	空间布局特点
II	市政公用	变电站，高压水泵站，公共厕所，垃圾转运与收集点，汽车与自行车停车场、停车库，等等	20～50	较高地势	点状布置
	金融邮电	银行、储蓄所、电信支局、邮政所等	20～50	较高地势	线状或面状布置，形成街、组、片、团，如商业金融街、广场等
	行政管理及其他	街道办事处、派出所、居委会、市场管理所、其他管理用房、防空地下室等	20～50	中等地势	点状布置
III	文化体育	文化活动中心、文化活动站、居民运动场、居民健康设施等	10～20	较低地势	集中布置，形成文化娱乐街，可结合林荫大道、河滨、公园、周边绿地
	商业服务	食品店、百货店、菜场、饭店、水果店、照相馆、服装店、杂货店、药店、美容美发店、浴室、书店、修理部、小型超市等	20～50	中等地势	集中布置，形成商业街和商业广场
IV	特色旅游设施	游客服务中心、停车场、商业街等	5～10	低地势	成街、坊布置

表格来源：作者整理

5.5　组织形态对洪涝灾害的响应机制

在社会维度上，"水-地-人"关系的矛盾体现在工程维度下的"地"无法化解或承受极端降"水"的洪涝时，居于村镇环境中的"人"亦难以规避洪涝现象，从而遭受灾害。目前国内村镇洪涝的应对主要基于行政管理体系下的政府主导、村民参与和社会组织 3 个方面。其中，政府作为强有力的行政力量，在洪涝灾害应对的灾前、灾中和灾后都起到了关键和主要的作用。村民由于防灾意识薄弱、力量分散弱小，在灾前和灾中的作用较小，其韧性主要体现在灾后的自组织恢复过程中。对于社会组织，在日常状态下山地河谷村镇中除了半官方、半行政的党支部和村委会之外，真正意义上民办、民管的社会组织还非常少，社区公益服务也非常少[①]；灾害状态下，社会组织作为一种行政体制或镇域外部的志愿力量，也较难深入到灾区，在灾前和灾中发挥的作用很小，但在灾后恢复过程中能贡献一部分外援支助力量。鉴于此，本节主要从政府主导、村民参与两方面分析组织结构和组织单元在灾前、灾中和灾后过程中对洪涝灾害的历时性响应，通过社区"人"的作用达到"大灾可避、中灾可愈、小灾如常"的水文韧性设防目标。

5.5.1 政府主导

"强大的权威能够保证政府在绝大多数情况下比任何个人和团体更有能力。"[②]

——R. S. 唐尼

政府作为灾害应对的主导力量，通过镇政府成立的防汛指挥部组织、指导全镇的洪涝灾害的应对工作。镇一级的防汛抗旱指挥部的办事机构场所设置在镇水务站，其成员单位涉及镇一级的纪委办、监察室、党政办、财政所、振兴办、农业服务中心、水务站、社会事务办、卫生院、供电所、中心校、人民武装部和派出所等部门，各单位各司其职，统一指挥、调度、组织和督促洪涝灾害中的应对工作[③]。

1. 灾前准备

（1）灾害预警

根据山洪灾害发生的临界降水量值观察（如木瓜镇的临界值为 $50 \sim 60\,\text{mm} \cdot \text{d}^{-1}$），防汛指挥办公室应及时将收集的气象、水文等信息（如降水量、水位、流量、水量及其变化趋势等）及时快速送发各防汛指挥点。

针对人类工程无能为力的极端天气，提前做好预报和研判是非常重要的。让居民及时知晓未来和未知的风险，提前做好规避和应急措施，可极大地减小损失和伤亡。相关部门应及时地做好灾情预警和广播工作，做好积极的预判和研究，必要时应停工、停课、减少外出甚至交通停运，避免更大的灾难损失甚至悲剧的

---

① 吴业苗.农村社区化服务与治理［M］.北京：社会科学文献出版社，2018：67.

② Downie. Government Action and Morality［M］. London：Macmillan，1964：73.

③ 木瓜镇人民政府.桐梓县木瓜镇 2021 年防汛抗旱应急预案［R］. 2021.

发生。山地河谷村镇中，预警的方式以奔走相告、电话、广播为主，以敲锣、打鼓、其他多元预警措施等为辅（如偏远落后无法通电话的地方）。如"6·22 洪灾"过程中，村干部和民警开车用大喇叭人工喊话、敲锣、打鼓等手段劝说民众紧急撤离到安全地带。而多元预警措施还包括：通过微信公众号、朋友圈或者微博等互联网途径发布警报；在主要高速公路、国道、县道启用宣传广告牌；移动公告扬声器；电视广播公告；警报器；洪水热线等公众多媒体警报，等等。

（2）宣传、培训及演习

① 信息公布

汛情及防汛工作等方面的信息公布实行分级负责制度，由防汛抗旱指挥部负责人审核后，通过广播等方式向社会发布。

② 培训

镇防汛抗旱指挥部负责组织防汛干部、镇防汛抢险人员、十联户代表以及村民的培训。每年汛期前应组织培训，以在未来洪涝灾害来临时能更好地组织民众参与灾害救援、减少损失。

③ 演习

镇防汛抗旱指挥部应定期举行洪涝灾害应急演习，提高政府部门、防汛抢险队和村民等的应急响应能力。

（3）资金保障

镇财政预算每年要安排防汛经费，用于辖区内防汛物资储备、水利设施运行与维护、水利工程应急除险、抗旱抢险和卫生防疫。上级财政下拨的特大防汛补助应及时下达，专款专用。

（4）洪水保险

我国目前的洪水保险[1]还处于探索阶段，缺乏系统研究和体系建设[2]。在木瓜镇风险管控中，洪水保险严重缺席。洪涝灾害的补偿方式主要是政府救济和社会捐助，洪水保险赔付的比例非常低。国家和当地政府应鼓励、扶持开展洪水保险[3]，试行防洪基金或洪水保险及补偿制度办法。洪水保险参保者根据保险费率

---

[1]　洪水保险是由社会或集体针对洪水灾害引起的经济损失进行经济赔偿的办法，属于非工程措施。

[2]　谭乐之. 以顶层设计推动洪水保险 [N]. 中国银行保险报，2020-11-18（004）.

[3]　根据《中华人民共和国防洪法》第五章，第四十七条.

定期向保险公司交纳保险费，保险机构按保险条例对遭受洪水淹没损失的投保单位或个人进行财产赔偿。洪水保险的参与和缴纳有利于村民增强防洪意识、树立日常性的防灾观念。

本书第 3 章对于流域水文形态以及径流汇聚风险点的分析，可以为该地区的洪水保险预判、费率标准等的制定提供依据。具体而言，山地河谷村镇径流汇聚高风险点的位置洪涝灾害发生风险相对较高，在确定洪水保险费率时，可参考径流模型水文形态指标及径流汇聚风险点分析执行差别费率，设定不同级别层次的费率，按洪涝发生的可能性及受灾程度制定洪涝灾害风险级别分区图，以更加具有针对性地应对山地河谷流域社区的洪涝风险。

2. 灾中救援

（1）应急预案

根据洪涝的严重程度和范围，镇防汛抗旱指挥部的应急响应行动分为 4 级（表 5.5）。镇防汛抗旱指挥部在汛期实行 24 h 防汛值班和领导带班制度，跟踪掌握水情，实时向镇防汛抗旱指挥部报告。当洪涝灾害发生后，应当根据不同情况启动相应级别的应急预案。按照属地管理原则，抗洪抢险、排涝等方面的应急响应工作主要由所在村防汛抗旱指挥小组负责组织实施，村镇各部门按照权限和职

表 5.5　镇防汛抗旱指挥部的应急响应行动等级划分

响应分级	洪涝情况	响应行动
I 级	镇内河道发生特大洪水，即河水水位超过保证水位的洪水	① 进入紧急防汛期。② 组织抢险队伍参加抗洪抢险；转移危险地区群众；紧急调用防汛物资；及时救助受灾群众；开展医疗救治和疾病防控工作。③ 受灾村村"两委"主要负责人到一线指挥，镇主要负责人现场指挥各村投入抗灾工作
II 级	镇内河道发生大洪水，即达到保证水位	① 视情况进入紧急防汛期。② 转移危险地区群众；组织抢险队及时控制险情；及时将情况通报各村，上报镇政府和县防汛抗旱指挥部。③ 受灾村村"两委"主要负责人到一线指挥，镇防汛抗旱指挥部负责人现场指挥所属段投入防汛抗灾工作
III 级	镇内河道发生较大洪水，即接近洪水保证水位	① 部分地区视情况进入紧急防汛期。② 密切监视并加强指导。③ 加强防汛查险，村"两委"主要负责人到一线指挥，镇防汛指挥部分工负责人现场指导所属村投入防汛抗灾工作
IV 级	镇内河道发生洪水，即河水全线超警戒水位	① 加强监督和指导。② 各指挥点按职责加强查险并及时上报镇防汛抗旱指挥部。③ 各指挥站负责人加强检查、指导，发动组织民工开展防汛排险排涝

资料来源：《桐梓县木瓜镇 2021 年防汛抗旱应急预案》

责负责所辖水工程的调度。各村落社区受到灾害侵袭时，应立即疏散群众撤离，到就近安全地点实施安置。具体疏散过程为：当听到观察预警或值班人员发出危险预警信号——急促敲锣或急促哨声时，由村落社区防汛指挥站组织群众进行疏散撤离，严禁因顾及财物损失而延误撤离时间，造成人员伤亡情况的发生。

（2）应急救援

面对大灾大难国家应利用制度的优越性：各级政府可集中资源和力量应对灾难、调动各方资源进行应急救援。面对特大暴雨造成的山洪暴发，除了镇防汛抗旱指挥部的各成员单位，如卫生防疫、公安、防汛抢险队等，上一级县级层面的消防、交通、武警等机关部门迅速赶往现场开展救援，以及社会各方支援、基层党员和村民自发地参与互助（图 5.13）。"6·22 洪灾"中，木瓜镇周边未受洪灾

（a）铲车清淤

（b）卫生防疫消杀　　　（c）交通指挥疏导

（d）武警官兵救援

（e）电力抢修

（f）救灾物资的供给

（g）社区各方支援

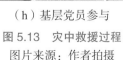
（h）基层党员参与

（i）村民自发参与供给

图 5.13　灾中救援过程
图片来源：作者拍摄

影响或受灾不严重的村镇均赶来救援、支援木瓜镇，形成了"一镇有难，八方支援"的局面。

（3）基础设施抢修

山地洪涝中交通基础设施损毁最为严重，县、镇、村各级公路脆弱点易发生山体滑坡、边坡坍塌、路基冲空、挡墙垮塌、桥涵毁损，导致交通中断，物资和救援无法抵达。灾中应及时对道路系统、网络通信系统（基站等）进行检测、维护和保障，交通和信号的可达性十分重要。为了避免山地河谷村镇在洪灾时成为"孤岛"，村镇规划时须至少考虑两个进镇（村）道路交通入口。若道路存在跨河桥段时，注意桥段的维护和加固处理，同时避免进镇（村）入口均存在跨河桥段，以防止在灾害发生时同时丧失通达性。

（4）多样化救援手段

山地河谷村镇洪灾中往往会出现山洪侵袭街道、冲垮桥梁的情况，街区和村庄将成为"孤岛"。携泥带沙的洪水如猛兽冲击着房屋，被困人员的处境会十分危急。在木瓜镇"6·22洪灾"的救援过程中，消防救援人员采用了皮划艇、临时伐木救援桥，实现了多样化的救援方式。另外，紧急的医疗和救援服务可有效减少人员伤亡。

此外，作为新兴的辅助救援方式，无人机空中远程遥控监测手段在灾时能有效地进行灾情预警、实时反馈、趋势研判等监测和实录任务，及时从高空视角获取灾害前沿数据。尤其是对洪灾中的村镇"孤岛"及时地、全天候地预警、监测、勘查和反馈，以协助对暂时无法抵达的点位进行救援。日常状态下，也可通过无人机航拍获取村镇"三生"空间高清航拍影像，以在山地崎岖环境中便捷地调查并提供水文、用地、建成环境等信息，获取实时的一手地图数据及环境监测数据，更高效地提供诸如灾时定位、灾前风险评估与预判等服务。

3. 灾后恢复

灾后恢复的过程政府力量主要体现在政府对各项水毁工程设施的灾后修复、维护加固以及家园重建工作和善后处理。当地人民政府应组织相关部门各司其职，灾后恢复工作包括生活保障、电力抢修、道路交通恢复、卫生防疫消毒、救灾物资供应、供水排水管道抢修、复工复课、通信保障、紧急救灾救助物资保障以及水毁防洪工程设施的修复。灾后修复在工程原则上按原标准恢复，但针对重要的生命线工程或 I 级防洪等级的建筑，经上级批准同意后可提高标准进行重建以应对下一次洪涝，这便是通过对灾害的学习和获益提升工程韧性的方式之一。另外，镇人民政府、事发地村组织有关部门应对受灾情况进行科学分析评估，组织制定并实施补助、补偿、抚慰、抚恤、安置和灾后恢复重建等有关方案措施，妥善解决因灾害引起的矛盾纠纷，做好善后处置工作。

据调研，灾后木瓜镇人民政府在居民补助和重建上采取了行动：① 每户居民进行 5000 元的农户补助；② 联系上海一家公司对居民进行电磁炉、电饭煲的捐赠；③ 遵义市建筑业协会捐赠 80 余万对商铺破损的门面卷帘门进行了更换；④ 重要公路的修复完善；⑤ 排水沟等排水设施的建设；⑥ 污水管网、饮水管网的修复；⑦ 污水厂的修复；⑧ 对河口阻挡行洪的一栋建筑物进行了 80 万补贴性拆除；⑨ 着手修建占地 6.7 亩（1 亩 =666.6 m²）的文化娱乐广场，等等。

最后，洪涝灾害风险较大的山地河谷村镇应加大对韧性建设的财政投入。一方面可借助中央和各级地方政府在政策、财力和人力上的支持；另一方面鼓励通过地方政府、乡镇企业、慈善机构、社会团体甚至个人拓展资金渠道，建立水文韧性村镇建设基金，致力于灾中灾后救助、数据库建立和维护、网络信息平台和预警系统完善等。

5.5.2　村民参与

"群众是真正的英雄，而我们自己往往是幼稚可笑的，不了解这一点，就不能得到起码的知识。"[①]

——毛泽东

村民参与有助于更有效地应对山地河谷流域复杂地域条件下的洪涝灾害。村民参与的途径包括：洪涝灾害的共同应对；对防洪减灾项目发起的支持；规划与设计过程中的经验性建议、讨论、利益平衡；灾前、灾后项目建设过程中的建议与监督等。在整个流域社区水文韧性的建设过程中，通过问卷调查、访谈、协作互助等方式引入村民参与，使不同的意见、防范经验和救援力量得到充分表达和介入，是社区韧性建设的重要方面。

[①]　毛泽东.毛泽东农村调查文集［M］.北京：人民出版社，1982：17.

1. 灾前准备

本书认为，居民可在每年 6—7 月的汛期，将一楼的商品等贵重物品转移到二楼，极其重要的物品财产转移到三楼甚至高地的其他房产中。这与英国学者鲍克（Bowker）提出的住宅财产转移策略不谋而合，即采取一定的措施阻止洪水进入住宅并赢得时间转移有价值的财产到楼上的策略，虽然不能避免完全不被破坏，但从成本效益分析上看可以减小洪水造成的损失[①]。但在洪峰过程中无缓冲措施创造更多的时间，转移财产是非常有限的。首先要考虑人的安全，例如在木瓜镇 "6·22 洪灾" 中，一超市店老板周某舍不得离开，1 h 内仅抢救转移了 3000 多元的货物后，洪水就漫过了二楼，幸好经劝说及时转移到了安全地带。

案例群村镇社区中的村委会防汛小组，把洪涝等生态灾害作为优先治理的内容，通过灾害预警系统预先且及时通知农户洪涝情况，做到即使在 "大灾" 的情况下也能做到只受 "小难"，实现 "大灾可避" 的设防目标。日常情况下，在坡地上种植混合林、修建拦沙坝、建塘堰梯田、扩大湿地、治理河道等措施有助于增加经济收益和保障生态安全。

另外，财产和存款结余对于社会维度的经济韧性具有相当的重要性，国外学者艾伦（Allan）和布赖恩特（Bryant）认为社会资本的储备是社区韧性的重要特征[②]。据了解，集镇当地居民在农村信用社的储蓄总量接近 1.6 亿元，有效地保证了灾后村民的生产、生活恢复。

2. 灾中参与

充分发挥村民的能动性和参与性进行防灾减灾是洪涝灾害应对的重要内容。群众防汛抢险队伍——应急抢险分队，是防汛抗洪的基本力量，承担查险、排险任务。以行政区划统一编队，明确负责人，由防汛抗旱指挥部统一调度。根据汛情发展来决定是否增调防汛民工。通过村民参与社区灾害应对，可以减少人员伤亡和财产损失，增强流域社区的韧性应灾能力。木瓜镇 "6·22 洪灾" 中，村民肖某首先把家人撤离到 2 km 以外河流上游的安置房，之后回到店铺发现自家财

① Bowker P. Flood Resistance and Resilience Solutions: An R&D Scoping Study[R]. London: Environment Agency and Department for Environment, Food and Rural Affairs, 2007.

② Allan P, Bryant M. Resilience as a framework for urbanism and recovery[J]. Journal of Landscape Architecture, 2011, 6（2）: 34-45.

产已来不及抢救，便主动为前来救援的消防部队和武警官兵充当向导，沿着街道逐家逐户搜寻抢救被困人员，一天时间救出老人和小孩 20 多人。

3. 灾后重建

灾后恢复的过程政府力量逐渐退后，村民参与则逐渐体现出对灾后重建的投入，如木瓜镇"6·22 洪灾"后村民自主清淤、积极重建和恢复生活生产（图5.14）。国外学者托宾（Tobin）认为自古洪涝就与人类生产、生活密切联系，提出洪泛区居民应对洪涝灾害的适应性模型，即居民处在"洪灾破坏-恢复生产生活-再次遭遇洪灾"的历史循环中，是一个洪灾造成的生命财产损失从严重到逐渐减少并演变出适应性的渐进过程[1]。克雷恩（Klein）等认为这正是因为灾前城镇的脆弱导致了灾害损失，灾后恢复应强调从混乱状态中恢复，提升到比灾前更具有韧性的社会经济状态和建成环境至关重要[2]。因此，灾后可通过对灾害的学习、获益和达到一种更具有韧性的平衡状态，以应对下一次未知的风险更加具有现实意义。

图 5.14   村民自主组织恢复过程
图片来源：作者拍摄

本书作者赴长江上游干流区间流域的山地河谷村镇调研期间，采访到不同人群，包括政府领导，水利、气象、工程设计和城市规划、城市设计和建筑专家，以及从小在水边长大的普通人，他们有的生活在农村，有的成长于城市，每个人都对洪水有着自己的特殊记忆，也在与水相处的过程中产生了不同的个体经验。

---

① Tobin G A. Natural Hazards：Explanation and Integration [M]. Guilford Press，1997.

② Klein R J T，Smit M J，Goosen H，et al. Resilience and vulnerability：Coastal dynamics or dutch dikes?[J]. The Geographical Journal，1998，164（3）：259-268.

无论多大的洪涝灾害，大灾过后生活还得继续，一切仍将恢复正常（图 5.15）。这也许正是城镇存续千百年来"人"的韧性所在。

（a）服装织品商铺的生产-生活空间恢复

（b）电器商铺的生产-生活空间恢复

图 5.15　灾后生活仍会继续

图片来源：作者拍摄

人类具有极强的适应能力，通过推理、反思、学习等进行相关认知体系的构建、深化以及学习和运用知识，以积极主动地面对自然界的灾害和变化。廖桂贤等提出，通过对历史上发生过的或者周期性的洪水事件进行了解与学习，积累经验和教训，有助于提高城镇对抗洪涝灾害的韧性来应对特大洪水[①]。国外学者迪勒曼（H. Dieleman）等提出"实验性学习循环""做中学"等方法和"有组织地学习"等增强城镇韧性的途径[②]。孟加拉国、柬埔寨和埃及等国家的乡村社区如

---

① Liao K-H. A theory on urban resilience to floods—A basis for alternative planning practices[J]. Ecology and Society，2012，17（4）：48.

② Dieleman H. Organizational learning for resilient cities，through realizing eco-cultural innovations[J]. Journal of Cleaner Production，2013，50（6）：171-180.

今仍保留着"与洪水为伴"的宜居性生存智慧。这些农村社区通过对汛期周期性洪水的了解和学习，探索出适应河流水位动态变化的生活方式和人居环境，并对洪水过后肥沃的土地加以利用，提高渔业和农业生产效率。

水文韧性强调通过对灾害的学习获益以增强对下一次灾害的应对并减小损失，让村民对于洪涝灾害的观念在灾后发生转变，形成对洪涝常态化的适应。村委会防汛小组组织村民参与灾害管理和建言献策，回忆村镇里曾经发生过的洪涝灾害情况以及如何应对的，甚至绘制灾害发生地图，让大家形象地了解已发生灾害的隐患之处，评估灾害可能带来的影响和损失，进而采取相应的准备和提升措施。如村民在桥头、街墙等上对历史高危水位的标记，一层商铺洪水后留下的洪痕（图 5.16），均可提醒民众时刻保持警惕之心。

图 5.16　一层商铺内洪水消退后留下的洪涝印记

图片来源：作者拍摄

最后，村民参与是政府主导下水文韧性的重要参与力量，应搭建有效的沟通平台，使相关村委会或代表等参与各过程的协商沟通，保证政府决策的科学合理性。村民参与决策有助于全面准确地了解各方经验教训、利益诉求和发展意愿，因地制宜地制定洪涝应对方案和涉水管理措施，自下而上地对社区决策管理和服务进行有效的反馈和建议。

5.6　组织形态下的水文韧性策略

流域社区的构建作为组织形态下的水文韧性策略，包括建设模式、组织构建和协调机制 3 个方面，有助于通过有效的社区组织系统避免人员伤亡、减少财产损失和促进村镇生产生活恢复，以实现"大灾可避、中灾可愈、小灾如常"的设防目标。另外，从共享水利益的角度出发，流域社区致力于涉水利益的管理，有助于实现日常状态下水文生态保护、生活品质提升以及生产效率提高的常态目标。

5.6.1　流域社区的建设模式

从 2001 年局部地区农村社区建设实践开始，到 2006 年中共十六届六中全会正式提出"农村社区建设"的概念，我国农村社区建设已超过 20 年。国内的农村社区往往以集镇或居民聚居点为中心，辐射到附近各种服务功能最远点，形成一定的地域范围和边界，通常与法定规划中的行政边界重合。目前国内农村社区的建设模式以"一村一社区""一村多社区""多村一社区"为主。在我国的山丘丘陵地带，由于人口分布较为分散，建制村镇辖区较大。若以自然村为单位设立社区，常出现一个建制村多个社区的情形，即"一村多社区"。而"多村一社区"则是以建制镇（乡）为单位来建立社区，社区服务中心建立在集镇上，涵盖并服务于附近若干个村的社区建设模式[①]。

本书提出的流域社区概念，既包含一类社区概念，又涵盖一种社区构建模式。流域范围内的镇和村集合起来成为一个社区，并在河流水系、雨洪径流的联系下面对共同的水问题和水利益，可借助分水线实现与其他流域社区的分隔。从本书 5.3.1 小节空间边界的研究可看出，山地河谷村镇流域社区内包括一个或多个集镇、多个村落。山地河谷村镇辖区范围较大，覆盖数十千米，一个建制镇有 10 多个建制村、自然村，每个自然村又有几十户，人口居住分散。基于本书对案例群山地河谷村镇流域社区的覆盖范围和地理水缘关系的调研和观察，流域社区采取"多村一社区"的模式，社区建设可采取以集镇为中心服务周边村落，服务距离一般为 12 km，服务居住户数约为 1 万户。

---

① 文余源.城乡一体化进程中的中国农村社区建设研究 [M].北京：中国人民大学出版社，2021：140.

流域社区的建设模式依托区域内村级原有的治理体制，把若干村镇整合成一个共同体区域，在"乡政村治"体系的约束、支持和指导下统一提供政府主导型（灾时）和村民自组织型（平时）涉水公共管理和服务，构建村级以上、与镇级平行的社区模式。流域社区的社区服务中心可设置在镇水务站，但更接近纯粹的服务性机构而不同于某一级行政机构，提供具有针对性的专业化、技术化服务，包括防汛物资储备、防汛抗旱预警、灾前和灾后宣传培训与洪灾数据库建立。

流域社区的建设和管理表现在它作为行政体系管理和引导下各类人群主体、资源使用者、社会力量、村民共同参与的过程，需要政府、村委会和农村社区各种民间组织发挥骨干或中介作用，以及广大村民群众和企事业单位发挥基础和支持作用。流域社区的管理服务应广泛渗透村镇各级各项建设和管理，保证水利共同体的水安全以及各方的涉水利益。

5.6.2　流域社区的组织构建

水文韧性视角下，流域社区的建设不仅包含涉水安全层面非常态下（灾时）的灾前准备、灾中救援和灾后恢复，还应包含涉水利益层面常态下（平时）的涉水生活生产品质提升，以实现平灾结合的村镇水文韧性建设，让村镇生活安全美好、绿色宜居。因此，本书构建整合了平时和灾时两套流域社区组织体系。

在中国的行政体系中，流域社区的顶层架构需要依托于政府组织结构，以应对极端洪涝灾害；底层基础则以村民自组织和公众参与为主，主动配合日常涉水管理。根据案例群山地河谷村镇洪涝灾害和救援过程的实际发生历程，流域社区组织体系在非常状态下的洪涝灾害应对方面离不开政府力量的统一管理、指挥和引导，需要党和政府发挥领导和主导作用。在日常状态下流域社区上下游涉水利益协调中，可通过自下而上的村民用水管理委员会进行村镇内协调和自上而下的河长制进行跨镇域协调。

伴随农村改革深化，如取消农业税、农村集体产权制度改革和农村社区建设等，基层政府已从原来的全能型、管制型政府向服务型政府转变，使得农村社区治理模式向政府主导下的多元主体共同参与的治理模式转换[1]。而具有涉水目标导向性的流域社区的概念，有助于提供一种新的农村社区公共管理和公

---

① 文余源.城乡一体化进程中的中国农村社区建设研究 [M].北京：中国人民大学出版社，2021：8.

共服务范围边界，扩大农民参与社区治理的范围，囊括多利益相关者参与流域管理协商，调动村民参与社区治理的积极性、创造力和动力，实现水文韧性建设的良性循环。

因此，流域社区组织体系以行政体系为顶层架构，村民自组织为底层基础，建构以小流域边界为社区范围，以十联户为基层组织单元，由灾时的防汛指挥行政体系和村民自发防汛组织以及平时的跨镇域河长制协调体系和村民用水管理组织构成的社区组织体系。从 5.3.1 小节中小流域和镇域的空间边界关系研究中可以发现，小流域边界和镇域行政边界存在 3 种不同的关联关系，常出现一个流域社区跨越多个镇（乡）抑或一个镇（乡）跨越多个小流域的情形。因此，本书的研究以现有的安全防护单元——十联户为流域社区涉水管理的基本单元，组织架构自下而上为"十联户-应急抢险分队（灾时）和用水管理委员会（平时）-村委会防汛抗旱小组-镇（乡）政府防汛抗旱指挥部-县政府防汛抗旱指挥部（灾时）和县级河长（平时）"的组织结构体系（图 5.17），构建跨镇域的、多村联合为一社区的水利共同体。

镇域范围内的灾时洪涝响应机制实行镇（乡）长负责制，防汛（抗旱）指挥部指挥长由镇（乡）长担任，下设监测、信息、转移、调度、保障、抢险 6 个工作组，分级分部门负责，公众参与，干部、群众和民兵组织结合的机制。各村委会主任为防汛抗旱指挥小组的小组长，同时各村成立以基干民兵为主体的应急抢

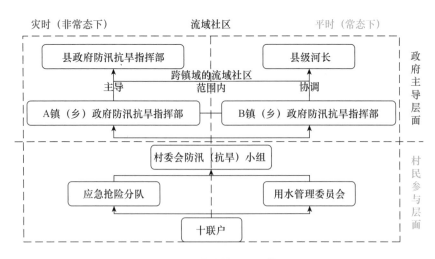

图 5.17 流域社区组织体系

图片来源：作者绘制

险分队（每队不少于 10 人）。应急抢险分队由各村组建并受镇防汛抗旱指挥部统一调遣，主要承担抢险要求较高、专业性较强的突发性重大抢险任务。现实情况中，由镇防汛抗旱指挥部指挥长以镇人民政府名义及时与上下游区域村委会联系，沟通信息，协调应急处置工作；当发生跨行政区域的洪涝灾害时，上报县防汛（抗旱）指挥部指挥长进行协调处理。镇域范围内的平时涉水管理则主要以基础层面的村民自组织为主，用水管理委员会为目前山地河谷村镇的民间组织，由每十联户派出一名代表进入用水管理委员会，充当村落层面的社区村民组织，协调管理流域上下游的涉水利益问题。用水管理委员会向上受到镇政府的约束和管理，当跨越镇域范围而不能通过各自用水管理委员会解决问题时，则通过跨镇域的县级河长进行协调统筹。

5.6.3　流域社区的协调机制

针对水问题，流域社区的组织形态在灾时体现为对洪涝的响应机制，在平时则体现为涉水事务的协调机制。前述 5.5 节已从政府主导和村民参与两方面阐述了灾时的响应机制，本小节将对日常状态下顶层的河长制和底层的村民参与式的用水管理委员会进行协调机制的分析。

1. 河长制

中国涉水部门众多，各部门若仅从各自的局部视角出发考虑治理问题，往往会出现"九龙治水"甚至互相推诿的情况。即使水利部门修筑完备的堤坝、市政水务等部门修建充足的管道，城镇洪涝的受灾问题也很难被彻底解决。目前我国的涉水系统不仅有各层级部门，如中央和各省、市、县的水利水务、环保、自然资源、建设、农业农村、卫生等相关部门，还有七大流域机构。涉水相关事务受到不同上级部门的管理，"条块分割"严重，责任主体不明确，很难全面系统地解决涉水问题。

基于案例群中流域社区平时涉水管理的跨镇域问题，本书提议基于目前已有的河长制进行协调兼顾。2018 年，全国建立起省、市、县、乡四级河长责任制度[①]。河长制，即由省、市、县、乡四级行政单位主要负责人负责和组织领导辖区内的河流、湖泊的涉水管理和保护工作，协调解决重大涉水问题、上下游联防

---

① 新华网.推动河长制从全面建立到全面见效[EB/OL].[2018-07-27]. http://www. xinhuanet. com/politics/2018-07/17/c_1123134961. htm?baike

联控、督导并考核目标涉水目标完成情况，并担任河长①。河长制跨行政区划和边界的研究和管理，为当前流域管理和协调提供了有力的制度保障和管理契机，有助于避免流域社区管理中部门、城乡、区划分割等职能交叉和错位的现象。通过高一级行政级别的河长进行跨区域协同，将防洪减灾、水土保持、水资源保护、水污染防治、村镇供排水、村镇生态景观打造、生活福祉提升等有机结合起来，有利于乡村振兴与可持续发展。河长制的推行是涉水制度的自我修复与完善，有助于促进"水−地−人"关系和谐。

2. 用水管理委员会

流域社区中的村民可通过用水管理委员会等民间组织自发地进行合作，如进行水堰、水渠等水利设施的共同建设、上下游灌溉用水的协调分配等，并共同遵守一些约定俗成的行为准则和道德规范，维护流域社区的正常运行和可持续发展。

改革开放以来，农村集体土地以使用权承包的方式转移给农民经营，流域社区中的村民成为流域管理和水资源的使用权益人，为村民参与涉水资源管理提供了产权保障。从桐梓县农业农村局的水坝村梯田权属划分（图5.18）可以看出，由于历史分田地的原因，木瓜镇水坝村农户的农田分布具有分散性、碎片化的特性，往往某户的农田距离自家较远或者在别家的宅基地旁边。与此同时，流域内雨水趋向下游的汇聚特性对村民间的相互沟通和协作提出了要求，雨水在每块梯田的通达性对于农业生产至关重要。山地地形下分散交织的农田分布及对水的通达性需求是村民耕作合作的原因。因此，村民的梯田之间不是直接贴边相邻的，而是高低相接、相互退让以形成属于共享空间的田埂路径或水渠，保证每块梯田人和水的通达性。如下游的田地需要用水时，需要上游让水而不能截流，同时协商分水时长保证各方用水量；遇到干旱时节，也需要上下游共同出"份子钱"进行修渠引水。在农业生产及生活中，包括水的通达性、水的需求在内的水缘关系，使得村民间的合作变成超越家庭、宗族甚至村落范围的合作，这为用水管理委员会乃至流域社区的形成提供了现实基础。

① 新华网. 两办：建立四级河长体系 省级主要领导任总河长［EB/OL］.［2016-12-11］. https://xhpfmapi. zhongguowangshi. com/vh512/share/1381551

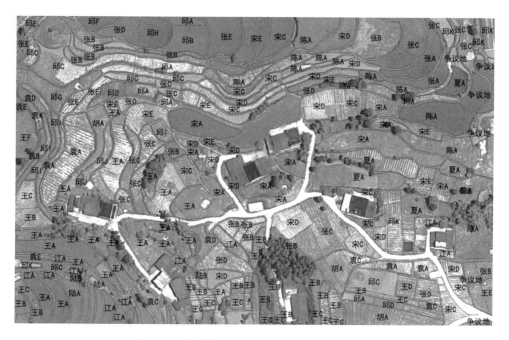

图 5.18　木瓜镇流域社区内水坝村梯田权属划分
图片来源：桐梓县农业农村局

调研发现，案例群中的山地河谷村镇，如松坎镇、小水乡、木瓜镇等，存在民间的用水管理委员会，通过协商确定的用水管理制度保证用水利益的公平，并及时通知农户旱涝情况。用水管理委员会是山地河谷村落中村民农业生产、生活中自发形成的，是村民参与式用水管理的组织途径，是村民针对用水灌溉的管理和协调组织。用水管理委员会的主要工作是兼顾上下游公平用水，维护灌溉设施，提倡节水和高效农业，多元利益群体可以参与。用水管理委员会由流域内多个用水小组组成，用水小组由单个村选举产生的代表组成，用水小组的职责包括水的计量、灌溉、维修。每一个用水小组有一名理事加入用水协会理事会，理事会主要是管理整个流域灌区的情况，包括用水管理、灌溉服务、测量水以及档案管理。例如，木瓜镇中游的水坝村社区，由一共 13 个用水小组构成了用水管理委员会，该用水管理委员会在 2018 年 9 月刚刚有一点干旱的苗头的时候，就已经开始管理水渠放水时长了，并且通过约定、自身约束、自我管理，平衡上下游、左右户的用水利益。这说明，以用水管理委员会为代表的基层自主管理水的体系在一定程度上有助于村民够更好地进行水资源管理。

第6章 结 语

　　本书在水文韧性的概念框架、洪涝灾害发生机制及其影响因素、流域水文形态对洪涝灾害的影响机制、村镇聚落形态对洪涝灾害的承载机制、社区组织形态对洪涝灾害的响应机制以及"水-地-人"耦合关系6个方面得出了一定的研究成果，一定程度上揭示了山地河谷村镇社区空间形态与洪涝灾害的互动机制。

6.1　村镇社区空间形态与洪涝灾害的互动机制

　　（1）针对地理水文条件较为复杂、水缘关系密切的山地河谷村镇，以"大灾可避、中灾可愈、小灾如常"为设防目标，本书提出跨学科综合视野下整合"水-地-人"关系研究的水文韧性概念，并初步搭建了理论框架。

　　本书提出了中观层面、跨学科综合视野下、整合"水-地-人"关系研究的水文韧性概念。水文韧性，即在自然山水地貌环境条件下，村镇社区应对极端降水条件下的洪涝灾害所具有的可规避、可恢复、可维持的能力，并能够通过学习、获益和适应洪涝灾害现象以应对下一次洪涝灾害，从而降低其对村镇社会生态系统以及生态、生活和生产层面的影响。通过对山地河谷案例群村镇的收集、调研和分类分析，本书搭建了水文韧性的初步理论框架，包括理论基础、定义、设防目标、研究内容、构成要素、实现维度、构建原则等方面。

　　立足于建筑学科下村镇聚落环境的水文韧性兼顾了地理水文和社区人文。本书进一步将地理水文、聚落环境和社区人文的研究，投射为流域水文形态、村镇聚落形态和社区组织形态的研究。其中，山地河谷村镇地形与水文条件复杂，流域水文形态作为山地河谷流域山洪水涝形成的前端，从生态维度决定了村镇将承受的雨洪径流量大小；村镇聚落形态作为山地河谷村镇洪涝承受的中端，从工程维度决定了村镇建设对洪涝灾害的承载能力；社区组织形态作为山地河谷村镇洪涝应对的后端，从社会维度影响着社区对洪涝灾害的响应能力和损失大小。

在设防目标上，不同于海绵城市的"小雨不积水、大雨不内涝"，水文韧性的设防目标为"大灾可避、中灾可愈、小灾如常"，即面对特大暴雨、大暴雨和暴雨情况下的洪涝灾害，村镇社区至少能分别做到保障安全、快速恢复和维持正常生活。该目标注重和强调村镇社区对洪涝灾害冲击的规避、恢复和维持能力，从目标上弥补了海绵城市理论在应灾能力上的缺项。除此之外，水文韧性也涉及日常状态下村镇社区内水文生态保护、生活品质提升以及生产效率提高的常态目标。

（2）本书突破传统范畴，得出小流域尺度范围内的非渗透性表面比例不能作为山地河谷流域及其村镇社区洪涝灾害风险的主要影响因素的研究结论。

从整个洪涝灾害的形成机制上看，降水规律、地形地貌属于外在不可控的且在案例群中情况相似的因素，而非渗透性表面由于在山地河谷流域范围内占比非常低，针对城市层面的非渗透性表面研究不足以作为针对山地河谷村镇的研究支撑。

非渗透性表面影响着地表径流的产汇流过程和径流量，与海绵城市等雨洪管理研究和实践中的年径流总量控制率关系密切。城市尺度范围内，非渗透性表面比例高将导致地表径流量增大，使得城市中的洪涝灾害风险加大。因而，海绵城市等雨洪管理研究与实践致力于通过一系列海绵措施减少城市中的非渗透性表面比例。然而，本书通过实证研究发现，案例群山地河谷流域中自然山水地貌环境仍占绝大部分比例（90%以上，这里包含了农田等生态-生产复合空间），而非渗透性表面比例非常低（不到10%），山地河谷流域及其村镇社区却经历了严重的洪涝灾害。因此，本书认为在小流域尺度上，案例群村镇社区的防灾减灾研究和建设中，非渗透性表面比例不能作为山地河谷流域及其村镇社区的洪涝灾害风险的主要影响因素。

（3）本书揭示并论证了流域形状系数、径流路径网络结构分形维数两个流域水文形态指标与山地河谷流域下游出口处村镇洪涝风险程度的正相关关系。

山地河谷村镇的洪涝灾害现象始于流域水文条件，其呈现的流域水文形态是影响洪涝灾害的重要因素。通过对雨洪径流的可视化模拟，定性结合定量对比分析了9个山地河谷村镇中流域社区面积、流域形状系数、河流长度、径流交叉点密度、径流段平均长度、径流网络密度、径流路径最大高差、分支比、长度比和分形维数10个流域水文形态指标，将这些数据结合不同村镇在"6·22洪灾"中的降水量、洪涝灾害程度进行关联性分析和评价，最终得出前述指标中流域形状系数、分形维数与洪涝风险程度的关联性，具体结论如下：

① 流域形状系数与流域下游出口处村镇的洪涝灾害发生程度呈正相关，即同等降水量和其他社会生态因素相似的情况下，流域形状系数越大，形状越不接近于圆，洪涝灾害风险越高；相反，流域形状越接近于圆，流域社区洪涝灾害风险越低。因此，水文韧性视角下，最理想的小流域形状应该是一个正圆形，其下游出口处村镇的洪涝风险最低。

② 径流路径网络结构分形维数与流域下游出口处村镇的洪涝灾害程度呈正相关，即径流路径网络结构分形维数越高，同等降水量和其他社会生态因素相似的情况下洪涝发生可能性越高。因此，水文韧性视角下，理想的山地河谷流域社区的径流路径网络结构分形维数也应是最低的。

以上关于两个指标的结论包含了暂时性径流和永久性径流的径流路径网络结构作为研究对象，而水文学中流域形状系数和水系分形维数的研究对象仅包含了永久性径流（水系），导致两者的研究结果在指标上指向了不同的洪涝风险程度。另外，需要强调的是，针对上述两个流域水文形态指标与流域下游出口处村镇洪涝灾害的作用机制结论，须基于一定的前提条件和特征现象：研究范围为典型的长江上游干流区间流域的山地河谷流域，特征现象包括河流水系从流域穿过并流经村镇；流域社区基于小流域划分边界（流域社区的面积范围为 $18 \sim 215 \text{ km}^2$）；降水规律、土壤、地形、植被等自然地理综合条件相同或相似。

（4）本书提出了山地河谷村镇聚落形态中以"离""间""合"为中心的3种"水-地"关系模式，并在此基础上制定了洪涝灾害应对中的水文韧性策略。

山地河谷村镇洪涝现象作用于村镇聚落，聚落形态中的"水-地"关系是理解洪涝灾害承载机制的重要途径。通过实证调研和归纳，本书总结出以

"离""间""合"为中心的3种"水–地"现状关系模式,论述了山地河谷村镇聚落形态与洪涝灾害的承载机制。"离"涉及高地选址和远离选址两种类型;"间"涉及永久性径流与"地"相间和暂时性径流与"地"相间两种类型;"合"涉及汊位和凹岸两种类型。

"离""间""合"的"水–地"关系模式一定程度上体现了山地河谷居民为防范洪涝现象对环境状态宜居性改造的实践结果。水文韧性策略致力于使"水–地"关系形成以上3种模式下有利于防范洪涝的环境状态,从而汲取过往村民实践经验。从这个层面上讲,"离""间""合"在一定程度上可转化为实施的策略。基于此,本书进一步提出相应的具体水文韧性策略,如基于"离"的绕道策略、搬迁策略;基于"间"的连接策略、避让策略;基于"合"的缓慢/下渗策略、存储策略。上述策略最终被整合于山地河谷流域村镇聚落的"水–地"关系指导模型中,对于不同尺度等级、不同地域的流域上游、中游、下游的村镇聚落承载洪涝灾害具有同构性的适用价值和参考价值。

(5)本书将有效的社区组织形态纳入研究视野,以增强山地河谷村镇水文韧性为目的,提出了通过构建以小流域为地理边界、水缘关系为纽带的跨镇域的流域社区,以促进防灾减灾、灾害恢复和村镇生活品质的提升。

山地河谷村镇洪涝灾害现象受制于村镇社会组织系统所做出的应对,纵观抗灾、应灾到减灾的过程,除生态因素和工程技术以外,"人"的韧性是村镇社区从灾难中恢复的重要支撑力量。在以往的山地河谷村镇洪涝灾害应对中,整个山地河谷村镇社区作为涉水利益和水安全的村民利益共同体,在灾前准备、灾中救援和灾后恢复过程体现了社区力量在灾害应对方面的重要性,有助于避免人员伤亡、减少财产损失和促进村镇生产生活恢复。

经实地调研和文献研究发现,政府主导和村民参与是山地河谷村镇社区组织系统中应对洪涝灾害的主要力量。政府作为强有力的行政力量,在灾前、灾中和灾后都起到了关键作用。灾前和灾中过程中,表现为灾前的灾害预警、宣传及培训演习、资金保障、洪水保险等引导作用,以及灾中的应急预案、应急救援、基础设施抢修、多样化的救援手段等救援作用。灾后恢复的过程政府力量则逐渐减弱,主要体现在政府对各项水毁工程设施的灾后修复、维护加固以及家园重建工作和善后处理。村民由于防灾意识薄弱、力量分散弱小,在灾前和灾中的作用较小，其应灾韧性主要体现在灾后的自组织恢复过程。村民参与在灾前准备中体现为及时进行汛前的财产转移、存款结余等预防准备，灾中救援中体现为防汛抢险参与，灾后恢复体现为生活重建。

本书提出的流域社区属于农村社区的一种类型，既是一种根据水缘关系构建的社区概念，又是一种村镇社区组织的构建模式。以小流域为边界的村镇规划，相较于行政边界更加有利于把握村镇区域空间的发展和定位、自然灾害防治、生态维护和生活安全等。因此，在安全因素需要得到重点考虑的山地河谷村镇中，流域社区的概念框架有助于倡导村镇规划以流域为依据进行划分和推进，甚至包括未来的村镇行政合并。

流域社区的初步内涵包括社区边界、基本特征、构成要素、社区功能等方面，而流域社区的构建涉及建设模式、组织构建和协调机制3个方面。具体而言，流域社区建设模式采用"多村一社区"模式，其组织体系基于目前村镇行政体系、兼顾跨镇域协同所构建而成，基本单元为"十联户"，组织架构自下而上为"十联户-应急抢险分队（灾时）和用水管理委员会（平时）-村委会防汛抗旱小组-镇（乡）政府防汛抗旱指挥部-县政府防汛抗旱指挥部（灾时）和县级河长（平时）"。流域社区协调机制包括顶层河长制跨镇域协调和基层用水管理委员会的村民参与。

（6）面向乡村振兴背景下的"三生"协同理念以及洪涝灾害影响下，本书初步揭示了建立在流域水文形态、村镇聚落形态和社区组织形态相互影响之上的山地河谷村镇社区"水-地-人"耦合关系。

对于建筑学中的形态研究而言，洪涝灾害特征现象下"水""地""人"三者的相互关系一定程度上通过社区空间形态得以呈现。洪涝灾害影响社区空间形态形成和演进的同时，也反过来受到3类社区空间形态的影响、承载和响应。本书中，流域水文形态、村镇聚落形态和社区组织形态成为"水-地-人"关系形而下的具体研究，而"三生"协同便是"水-地-人"关系形而上的研究目标。

流域社区中"水-地-人"耦合关系下的流域水文形态、村镇聚落形态和社区组织形态呈现既独立又层层包含的辩证关系。3类社区空间形态不仅各自与洪涝灾害存在相互作用和影响，其相互间还存在着共生、共建、共治等耦合关联。本书将"水-地-人"耦合关系拆分为"水-地"关系、"人-水"关系和"人-地"关系,这 3 种两两耦合关系都离不开第三种因素的影响,是一个相互嵌套关联的过程。具体而言,流域水文形态与村镇聚落形态的关系,即"水-地"关系,呈现出"离""间""合"的关系模式;流域水文形态与社区组织形态的关系,即"水-人"关系,呈现出流域社区空间边界和区位格局的关系特征,村镇社区空间的水文形态通过对雨洪现象的影响推进了社区组织形态与边界的形成与演进;村镇聚落形态与社区组织形态的关系,即"人-地"关系,呈现出社区组织对村镇聚落形态在安全保障和功能承载两方面的诉求。最终,流域社区在形成演进过程中通过组织形态对洪涝灾害现象的历时性应对,将村镇社区空间的水文形态和聚落形态在时空之中统一起来,由此在洪涝灾害问题的应对层面上一定程度实现了村镇社区空间的"三生"协同。

6.2 未来展望

本书以水文韧性为视角,在水文学、建筑学和社会学的跨学科综合视野下论述了山地河谷村镇社区空间形态与洪涝灾害现象的互动机制,取得了一定成果,但囿于交叉学科、技术支持和实践检验等因素的限制,仍有进一步推进和深化的空间。

(1)在研究"水-地-人"关系方面,相关的融贯研究有待进一步探索。

本书将"水-地-人"耦合关系拆分为"水-地""人-水"和"人-地"的两两耦合关系进行研究,在流域水文形态、村镇聚落形态、社区组织形态 3 个层次实现了由总到分的过程。同时,该两两耦合关系的研究都建立在第 3 种因素的影响之下,最终通过流域社区将三者有机地整合在一个概念框架和研究体系内,从而一定程度上实现了由分到总的过程。未来关于"水-地-人"耦合关系的融贯研究有待进一步挖掘。

(2)在径流可视化模拟技术方面,有待结合相关学科前沿理论和新兴技术进一步优化。

本书借鉴水文学中的 Horton 水系分形定律以及国内外地貌影响下的水系分形研究成果,采用了一套基于径流重力运动机制的流域社区径流可视化模拟分析应用技术,通过 AutoCAD、ArcGIS、Rhinoceros、Grasshopper 等软件的综合运用,成功地溯源了流域水文形态,实现了山地雨洪径流路径的可视化模拟,实现了径流主要路径网络结构的提取，从而对流域水文形态进行了径流主要路径网络结构的形态分析。这项技术通过创新整合提升了水文韧性研究的实验可操作性。但由于各学科均在不停地发展和探索未知领域，本书借鉴既往的理论和方法所形成的认知、理解和结论具有一定的时代局限性和认知局限性。未来，可结合水文生态学、水文地理学等相关学科的前沿研究理论和方法对可视化模拟技术进行优化和丰富，并基于前沿理论和优化后的可视化模拟技术更新对洪涝灾害现象的认知和丰富流域水文形态相关的研究结论。

另外，本书中的径流可视化模拟技术通过多个软件的综合运用实现，软件整合度不高，在实际的推广应用中难度也较高、操作性不强。未来可进一步整合各个软件形成一个系统的软件或插件，从而在具体的村镇规划设计实践中实现更加便捷的应用和操作。同时在模拟过程方面，本书实现的是动态过程的静态分析和径流量的定性分析，未来可进一步探索实现动态分析和径流量的定量分析，建立一个与降水情况实时互动的数据库，根据不同的降水时间段模拟和推断径流过程，甚至整合人员的分布信息等，有助于进行洪涝灾害风险点实时分析、雨洪径流过程动态观测、人员疏散等直观可视化分析，提供更加有力的决策和设计依据。

（3）在"三生"协同理论通往设计实践方面，有待更多的实践检验和修正理论研究成果。

在当前乡村振兴和国土空间规划改革的背景下，"三生"协同理念内涵丰富、涵盖面广。本书以空间为线索，通过将"水-地-人"耦合关系与村镇规划和设计方法研究相结合，尝试并初步实现了"三生"协同理念在山地河谷村镇社区由规划理论通往设计实践的路径建构。同时，本书将理论研究和设计研究相结合，通过策略探索在一定程度上验证了理论到实践的可行性，着力探寻从理论通往设计实践的实现路径。但设计研究的路径和策略还主要建立在对既有实证案例的分析研究和推论上的，尚未通过具体实施加以检验。未来将进一步与当地村镇政府或企业机构进行实际项目合作或建言献策，对研究成果进行验证和修正。

最后，作者想在文末补充，面对极端降水条件下的洪涝灾害，村镇社区的水文韧性并不能、也不以对抗大自然力量为目标，而需要在"水-地-人"的和谐关系上找到平衡点，尊重和保护山地河谷人居环境，在不断学习和适应洪涝灾害现象的过程中将损失降到最小，从而实现人与自然的和谐共生。

参考文献

1. 中文专著

曹广忠，王茂军，刘涛.区域城镇化与工业化的空间协同 [M].北京：北京大学出版社，2015.

胡宗山.城乡社区建设概论 [M].武汉：湖北科学技术出版社，2008.

黄光宇.山地城市学原理 [M].北京：中国建筑工业出版社，2006.

黄光宇.山地城市学 [M].北京：中国建筑工业出版社，2002.

李宏煊.生态社会学概论 [M].北京：冶金工业出版社，2009.

刘昌明，等.中国 21 世纪水问题方略 [M].北京：科学出版社，1996.

刘惠清，许嘉巍.景观生态学 [M].长春：东北师范大学出版社，2008.

卢济威，王海松.山地建筑设计 [M].北京：中国建筑工业出版社，2001.

戚学森.农村社区建设理论与实务 [M].北京：中国社会出版社，2008.

任重.生态社会学及其建构 [M].北京：北京出版社，2018.

沈克宁.建筑类型学与城市形态学 [M].北京：中国建筑工业出版社，2010.

沈玉昌，龚国元.河流地貌学概论 [M].北京：科学出版社，1986.

谭徐明，主编；中国国家灌溉排水委员会，编.中国灌溉与防洪史 [M].北京：中国水利水电出版社，2005.

陶涛.水文学与水文地质 [M].上海：同济大学出版社，2017.

同春芬.农村社会学 [M].北京：知识产权出版社，2010.

王其亨，等.风水理论研究 [M].2 版.天津：天津大学出版社，2005.

王数，东野光亮.地质学与地貌学 [M].2 版.北京：中国农业大学出版社，2013.

王霄.农村社区建设与管理 [M].北京：中国社会出版社，2008.

文余源. 城乡一体化进程中的中国农村社区建设研究［M］. 北京：中国人民大学出版社，2021.

吴良镛. 人居环境科学导论［M］. 北京：中国建筑工业出版社，2001.

吴庆洲. 中国古城防洪研究［M］. 北京：中国建筑工业出版社，2009.

吴业苗. 农村社区化服务与治理［M］. 北京：社会科学文献出版社，2018.

吴志强. 可持续发展中国人居环境评价体系［M］. 北京：科学出版社，2004.

伍业钢. 海绵城市设计：理念、技术、案例［M］. 南京：江苏凤凰科学技术出版社，2016.

徐乾清，主编；陈志恺，册主编；于明萱，等，撰稿. 中国水利百科全书：水文与水资源分册［M］. 北京：中国水利水电出版社，2004.

徐乾清，主编；富曾慈，册主编；于强生，等，撰稿. 中国水利百科全书：防洪分册［M］. 北京：中国水利水电出版社，2004.

徐乾清，主编；郑连第，册主编. 中国水利百科全书：水利史分册［M］. 北京：中国水利水电出版社，2004.

杨春侠. 城市跨河形态与设计［M］. 南京：东南大学出版社，2014.

杨大文，杨汉波，雷慧闽. 流域水文学［M］. 北京：清华大学出版社，2014.

叶峻. 社会生态学与协同发展论［M］. 北京：人民出版社，2012.

俞孔坚，等. 海绵城市：理论与实践［M］. 北京：中国建筑工业出版社，2016.

张要杰. 中国村庄治理的转型与变迁［M］. 长春：吉林出版集团，2010.

钟祥浩，主编；中国科学院水利部成都山地灾害与环境研究所，著. 山地学概论与中国山地研究［M］. 成都：四川科学技术出版社，2000.

周正楠，邹涛. 与水共生：中荷滨水新城对比研究［M］. 北京：清华大学出版社，2014.

朱闻博，等. 从海绵城市到多维海绵：系统解决城市水问题［M］. 南京：江苏凤凰科学技术出版社，2018.

2. 中文期刊论文

蔡建明，郭华，汪德根. 国外韧性城市研究评述［J］. 地理科学进展，2012，31（10）：1215-1255.

蔡建武. 农村社区建设系列讲座之四：探索村落社区建设的运行模式和发展动力［J］. 乡镇论坛，2008（8）：21-23.

曹端波，陈志永. 遭遇发展的村落共同体：以贵州雷山县上郎德苗寨为例［J］. 中国农业大学学报（社会科学版），2015，32（6）：46-57.

车伍，闫攀，赵杨，国际现代雨洪管理体系的发展及剖析［J］.中国给水排水，2014，30（18）：45-51.

陈碧琳，孙一民，李颖龙.基于"策略 - 反馈"的琶洲中东区韧性城市设计［J］.风景园林，2019，26（9）：57-65.

陈竞姝.韧性城市理论下河流蓝绿空间融合策略研究［J］.规划师，2020，36（14）：5-10.

陈天，李阳力.生态韧性视角下的城市水环境导向的城市设计策略［J］.科技导报，2019，37（8）：26-39.

陈永良，刘大有，虞强源.从DEM中自动提取自然水系［J］.中国图象图形学报，2002，7（1）：91-96.

崔翀，杨敏行.韧性城市视角下的流域治理策略研究［J］.规划师，2017，33（8）：31-37.

戴伟，孙一民，韩·迈尔，等.气候变化下的三角洲城市韧性规划研究［J］.城市规划，2017，41（12）：26-34.

党丽娟，徐勇，高雅.土地利用功能分类及空间结构评价方法：以燕沟流域为例［J］.水土保持研究，2014，21（5）：193-197.

邓铭江，黄强，畅建霞，等.广义生态水利的内涵及其过程与维度［J］.水科学进展，2020，31（5）：775-792.

丁金华，胡中慧，纪越.韧性理念下的水网乡村景观构建及其实证研究［J］.规划设计，2016，32（6）：79-85.

冯平，冯焱.河流形态特征的分维计算方法［J］.地理学报，1997（4）：38-44.

高均海，蒋艳灵，石炼.山地小城镇排水防涝规划与建设探析［J］.中国给水排水，2016，32（14）：5-10.

何霖.四川洪水保险试点研究［J］.灾害学，2020，35（4）：135-140+162.

何隆华，赵宏.水系的分形维数及其含义［J］.地理科学，1996，16（2）：124-128.

胡岳.韧性城市视角下城市水系统规划应用与研究［C］// 中国城市规划学会.规划60年：成就与挑战——2016中国城市规划年会论文集.北京：中国建筑工业出版社，2016：9.

华亦雄，周浩明.水在中国传统建筑环境中的生态应用［J］.山西建筑,2005（3）：3-4.

黄晓军，黄馨.韧性城市及其规划框架初探［J］.城市规划，2015，39（2）：50-56.

李华晔，黄志全.河流水系分形的初步研究［J］.华北水利水电学院学报，1988（4）.

李立铮.基于DEM的分布式水文模拟模型及应用［J］.水电能源科学，2009，27（1）：28-31.

李彤玥，牛品一，顾朝林.弹性城市研究框架综述［J］.城市规划学刊，2014，（5）：23-31.

李彤玥.韧性城市研究新进展［J］.国际城市规划，2017，32（5）：15-25.

李翔宁.跨水域城市空间形态初探［J］.时代建筑，1999（3）：30-35.

李奕成，成玉宁，刘梦兰，等.论先秦时期的人居涉水实践智慧［J］.中国园林，2021，37（1）：139-144.

李云燕，赵万民.西南山地城市雨洪灾害防治多尺度空间规划研究：基于水文视角［J］.山地学报，2017，35（2）：212-220.

梁肇宏，范建红，雷汝林.基于空间生产的乡村"三生"空间演变及重构策略研究——以顺德杏坛北七乡为例［J］.现代城市研究，2020，7：17-24.

廖桂贤，林贺佳，汪洋.城市韧性承洪理论——另一种规划实践的基础［J］.国际城市规划，2015，30（2）：36-47.

廖凯，黄一如.长江流域典型水文城镇类型及洪涝问题浅析［J］.住宅科技，2021（4）：31-36.

廖凯，杨云樵，黄一如.浅析中荷历史中7个典型理想城市的水城关系发展［J］.同济大学学报（自然科学版），2021，49（3）：339-349.

林佳，宋戈，张莹.国土空间系统"三生"功能协同演化机制研究——以阜新市为例［J］.中国土地科学，2019，33（4）：9-17.

刘滨谊，吴敏."网络效能"与城市绿地生态网络空间格局形态的关联分析［J］.中国园林，2012，28（10）：66-70.

刘畅，王思思，王文亮，等.中国古代城市规划思想对海绵城市建设的启示——以江苏省宜兴市为例［J］.中国勘察设计，2015（7）：46-51.

刘恩熙，王倩娜，罗言云.山地小城镇多尺度雨洪管理研究——以彭州市为例［J］.风景园林，2021，28（7）83-89.

刘继来，刘彦随，李裕瑞.中国"三生空间"分类评价与时空格局分析［J］.地理学报，2017，72（7）：1290-1304.

刘江艳，曾忠平.弹性城市评价指标体系构建及其实证研究［J］.电子政务，2014（3）：82-88.

刘燕.论"三生"空间的逻辑结构、制衡机制和发展原则［J］.湖北社会科学，2016（3）：5-9.

龙花楼，刘永强，李婷婷，等.生态用地分类初步研究［J］.生态环境学报，2015，24（1）：1-7.

龙花楼. 论土地整治与乡村空间重构 [J]. 地理学报，2013，68（8）：1019-1028.

鲁可荣，朱启臻. 新农村建设背景下的后发型农村社区发展动力研究 [J]. 农业经济问题，2008（8）：46-49.

马宗伟，许有鹏，李嘉峻. 河流形态的分维及与洪水关系的探讨——以长江中下游为例 [J]. 水科学进展，2005，16（4）：530-534.

马宗伟，许有鹏，钟善锦. 水系分形特征对流域径流特性的影响——以赣江中上游流域为例 [J]. 长江流域资源与环境，2009，18（2）：163-169.

孟海星，沈清基，慈海. 国外韧性城市研究的特征与趋势——基于 CiteSpace 和 VOSviewer 的文献计量分析 [J]. 住宅科技，2019，39（11）：1-8.

欧阳虹彬，叶强. 弹性城市理论演化述评：概念、脉络与趋势 [J]. 城市规划，2016，40（3）：34-42.

蒲贵兵，古霞，蔡岚，等. "十四五"海绵城市建设发展策略 [J]. 净水技术，2021，40（3）：1-8.

齐美东. 中国气候变化的影响与应对历程 [J]. 特区经济，2010（12）：299-301.

任立良，刘新仁，郝振纯. 水文尺度若干问题研究述评 [J]. 水科学进展，1996：87-99.

沈志强，卢杰，华敏，等. 试述生态水文学的研究进展及发展趋势 [J]. 中国农村水利水电，2016（2）：50-52+56.

束方勇，李云燕，张恒坤. 海绵城市：国际雨洪管理体系与国内建设实践的总结与反思 [J]. 建筑与文化，2016（1）：94-95.

谭乐之. 以顶层设计推动洪水保险 [N]. 中国银行保险报，2020-11-18（004）.

田鹏. 新型城镇化进程中村落共同体消解及地域共同体重建 [J]. 西北农林科技大学学报（社会科学版），2019，19（3）：27-34.

仝鹏. 洪涝灾害经济影响与防灾减灾能力评估 [J]. 人民论坛，2014（20）：90-92.

涂琦乐，刘晓东，梅生成. 基于 DEM 的西苕溪流域水系形态特征分析 [C]// 2016 第八届全国河湖治理与水生态文明发展论坛论文集 [C]. 中国水利技术信息中心，东方园林生态股份有限公司，2016：6.

汪辉，任懿璐，卢思琪，等. 以生态智慧引导下的城市韧性应对洪涝灾害的威胁与发生 [J]. 生态学报，2016（16）：4958-4960.

王峤，臧鑫宇. 韧性理念下的山地城市公共空间生态设计策略 [J]. 风景园林，2017（4）：50-56.

王易萍. 交互建构：共同体视角下广西农村水利的文化性研究 [J]. 广西社会科学，2014（11）：20-23.

吴波鸿，陈安.韧性城市恢复力评价模型构建[J].科技导报，2018，36（16）：94-99.

夏军，丰华丽，谈戈，等.生态水文学概念、框架和体系[J].灌溉排水学报，2003（1）：4-10.

夏军，李天生.生态水文学的进展与展望[J].中国防汛，2018，28（6）：1-5+21.

徐振强.中国特色海绵城市的政策沿革与地方实践[J].上海城市管理，2015，24（1）：49-54.

杨敏行，黄波，崔翀，等.基于韧性城市理论的灾害防治研究回顾与展望[J].城市规划学刊，2016（1）：48-55.

杨忍，刘彦随，龙花楼，等.中国村庄空间分布特征及空间优化重组解析[J].地理科学，2016，36（2）：170-179.

杨秀春，朱晓华.中国七大流域水系与旱涝的分形维数及其关系研究[J].灾害学，2002，17（3）：9-13.

于波.新型农村社区建设中居民社区参与的动力机制分析[J].信阳师范学院学报（哲学社会科学版），2013，33（9）：123-124.

于辰，王占岐，杨俊，等.土地整治与农村"三生"空间重构的耦合关系[J].江苏农业科学，2015，43（7）：447-451.

于翠松.水文尺度研究进展与展望[J].水电能源科学，2006（6）：17-19+114.

于开红.中国古代城市建设中的"海绵"智慧考证[J].三峡大学学报（人文社会科学版），2018，40（4）：87-91.

俞孔坚，陈义勇.国外传统农业水适应经验及水适应景观[J].中国水利，2014（3）：13-16.

俞孔坚，李迪华，袁弘，等."海绵城市"理论与实践[J].城市规划，2015，39（6）：26-36.

俞孔坚，许涛，李迪华，等.城市水系统弹性研究进展[J].城市规划学刊，2015（1）：75-83.

喻锋，李晓波，张丽君，等.中国生态用地研究：内涵、分类与时空格局[J].生态学报，2015，35（14）：4931-4943.

袁方成，杨灿.当前农村社区建设的地方模式及发展经验[J].青海社会科学，2015（2）：9-16.

臧鑫宇，王峤.城市韧性的概念演进、研究内容与发展趋势[J].科技导报，2019，37（22）：94-104.

张从志.暴雨倾城,治涝恶性循环何解?[J].三联生活周刊,2020(31):68-76.

张红旗,许尔琪,朱会义.中国"三生用地"分类及其空间格局.资源科学,2015,37(7):1332-1338.

张建云,王银堂,刘翠善,等.中国城市洪涝及防治标准讨论[J].水力发电学报,2017,36(1):1-6.

张娜,姚荣.基于分形理论的区域降雨时间序列特征分析[J].南水北调与水利科技,2006,4(5):53-55.

赵珂,夏清清.以小流域为单元的城市水空间体系生态规划方法——以州河小流域内的达州市经开区为例[J].中国园林,2015,31(1):41-45.

赵瑞东,方创琳,刘海猛.城市韧性研究进展与展望[J].地理科学进展,2020,39(10):1717-1731.

赵万民,赵炜.山地流域人居环境建设的景观生态研究——以乌江流域为例[J].城市规划,2005(1):64-67.

赵万民,朱猛,束方勇.生态水文学视角下的山地海绵城市规划方法研究——以重庆都市区为例[J].山地学报,2017,35(1):68-77.

赵万民.关于山地人居环境研究的理论思考[J].规划师,2003(6):60-62.

周飞祥.刍议山地城镇排水工程规划与设计[C]//中国科学技术协会.山地城镇可持续发展专家论坛论文集.北京:中国建筑工业出版社,2012:405-411.

周利敏,原伟麒.迈向韧性城市的灾害治理——基于多案例研究[J].经济社会体制比较,2017(5):22-33.

周艺南,李保炜.循水造形——雨洪韧性城市设计研究[J].规划师,2017,33(2):90-97.

周正楠,邹涛,曲蕾.滨水城市空间规划与雨洪管理研究初探:以荷兰城市阿尔梅勒为例[J].天津大学学报(社会科学版),2013,15(6):525-530.

朱丽君.共同体理论的传播、流变及影响[J].山西大学学报(哲学社会科学版),2019,42(3):84-90.

朱强,俞孔坚,李迪华.景观规划中的生态廊道宽度[J].生态学报,2005,25(9):2406-2412.

邹利林,王建英,胡学东.中国县级"三生用地"分类体系的理论构建与实证分析[J].中国土地科学,2018,32(4):59-66.

3. 中文学位论文

曹坤梓. 城市化进程中山地城市空间形态演进与发展研究——以成渝经济带中等城市为例[D]. 重庆大学, 2004.

唱彤. 流域生态分区及其生态特性研究——以滦河流域为例[D]. 中国水利水电科学研究院, 2013.

崔鹏. 我国城市社区复合生态系统适灾弹性的度量研究[D]. 东南大学, 2019.

丁兰馨. 山地海绵城市建设机制与规划方法研究[D]. 重庆大学, 2016.

黄敏. 基于健康水循环的山地城市雨洪调控技术研究[D]. 重庆大学, 2015.

姜宇道. 雨洪防涝视角下韧性社区评价体系及优化策略研究[D]. 天津大学, 2017.

罗大游. 基于RS和GIS的河网水系信息提取及其分形研究[D]. 昆明理工大学, 2018.

王俊燕. 流域管理中社区和农户参与机制研究[D]. 中国农业大学, 2017.

吴勇. 山地城镇空间结构演变研究——以西南地区山地城镇为主[D]. 重庆大学, 2010.

肖潇. 绵延的现实——上海缝隙集市的城市形态研究[D]. 同济大学, 2020.

闫筱筱. "三生"空间协同视角下实用性村庄规划策略研究[D]. 西安建筑科技大学, 2020.

杨琳. 土地利用韧性规划研究[D]. 同济大学, 2008.

叶林. 城市规划区绿色空间规划研究[D]. 重庆大学, 2016.

曾忠忠. 基于气候适应性的中国古代城市形态研究[D]. 华中科技大学, 2011.

张宏才. 不同尺度数字高程模型提取水系的尺度效应[D]. 西北大学, 2004.

赵炜. 乌江流域人居环境建设研究[D]. 重庆大学, 2005.

周学红. 嘉陵江流域人居环境建设研究[D]. 重庆大学, 2012.

4. 外文专著

Berkes F, Folke C. Linking Social and Ecological Systems: Management Practices and Social Mechanisms for Building Resilience[M]. Cambridge, UK: Cambridge University Press, 1998.

Cimellaro G P. Urban Resilience for emergency Response and Recovery: Fundamental Concepts and Applications[M]. Switzerland: Springer International Publishing, 2016.

Downie R S. Government Action and Morality[M]. London: Macmillan, 1964.

Feyen J, Shannon K, Neville M. Water and Urban Development Paradigms: Towards an Integration of Engineering, Design and Management Approaches[M]. Leiden: CRC Press, 2008.

Holling C S, Gunderson L H. Resilience and Adaptive Cycles[M]. Panarchy: Understanding Transformations in Human and Natural Systems. Island Press, 2001.

Holling C S. Engineering resilience versus ecological resilience[M]// Schulze P E. Engineering within Ecological Constraints. Washington DC: National Academy Press, 1996: 31-43.

Hooimeijer F L. Exploring the Relationship between Water Management Technology and Urban Design in the Dutch Polder Cities, Water and Urban Development Paradigms[M]. London: Feyen, Shannon & Neville (eds), Taylor & Francis Group, 2009: 137-142.

Hooimeijer F, Meyer H, Nienhuis A. Atlas of Dutch Water Cities[M]. Amsterdam: Uitgeverij Sun, 2005.

Hooimeijer F, Van Der Toorn Vrijthoff W. More Urban Water: Design and Management of Dutch Water Cities[M]. London: Taylor & Francis, 2008.

Mandelbrot B B. The Fractal Geometry of Nature[M]. New York: W H Freeman and Company, 1983.

Tjallingii S P, Van Eijk P. Integraal Waterbeheer Delft——Basisstudie voor het Waterplan Delft (Comprehensive Water Management for Delft——Base Study for the Delft Water Plan) [M]. IBN report 421, executed by BOOM (Delft) and IBN-DLO (Wageningen), Alterra, Wageningen, 1999.

Tjallingii S P, Van Den Top I M, Jonkhof J F, et al. De Blauwe transformative: innovatie in het stedelijk waterbeheer, een handboek voor de gemeentelijke praktijk (The Blue Transformation: Innovation in Urban Water Management, a Handbook for Municipal Practice) [M]. Executed by Alterra (Wageningen) and Tauw (Deventer), Alterra report 092, Wageningen, 2000.

Tobin G A. Natural Hazards: Explanation and Integration [M]. New York: Guilford Press, 1997.

UACDC (University of Arkansas Community Design Center). LID Low Impact Development—A Manual for Urban Areas[M]. Fayetteville: University of Arkansas Press, 2010.

Westley F, Carpenter S R, Brock W A, et al. Why systems of people and nature are not just social and ecological systems?[M]// Gunderson L, Holling C S. Panarchy: Understanding Transformations in Human and Natural Systems. Washington DC: Island, 2002: 103-119.

5. 外文译著

弗朗西娅胡梅尔，沃凡德托恩弗托夫. 城市水问题新解译：荷兰水城的设计与管理 [M]. 王明娜，陆瑾，刘家宏，等. 北京：科学出版社，2017.

富永健一. 社会结构与社会变迁 [M]. 董兴华，译. 云南：云南人民出版社，1988.

科斯托夫. 城市的组合——历史进程中的城市形态的元素 [M]. 邓东，译. 北京：中国建筑工业出版社，2008.

罗吉斯，伯德格. 乡村社会变迁 [M]. 王晓毅，王地宁，译. 杭州：浙江人民出版社，1998.

马什. 景观规划的环境学途径 [M]. 朱强，黄丽玲，俞孔坚，译. 北京：中国建筑工业出版社，2006.

麦克哈格. 设计结合自然 [M]. 芮经纬，译. 天津：天津大学出版社，2006.

梅尔霍夫. 社区设计 [M]. 谭新娇，译. 北京：中国社会出版社，2002.

萨林加罗斯. 城市结构原理 [M]. 阳建张，等，译. 北京：中国建筑工业出版社，2010.

斯坦纳. 生命的景观——景观规划的生态学途径 [M]. 周年兴，等，译. 北京：中国建筑工业出版社，2004.

索尔贝克. 乡村设计：一门新兴的设计学科 [M]. 奚雪松，黄仕伟，汤敏，译. 北京：电子工业出版社，2018.

滕尼斯. 共同体与社会纯粹社会学的基本概念 [M]. 林荣远，译. 北京：商务印书馆，1999.

Johnson R J. 人文地理学辞典 [M]. 柴彦威，等，译. 北京：商务印书馆，2004.

Salat S. 城市与形态——关于可持续城市化的研究 [M]. 陆阳，张艳，译. 北京：中国建筑工业出版社，2012.

6. 外文期刊论文

Ahern J. From fail-safe to safe-to-fail：Sustainability and resilience in the new urban world. Landscape and Urban Planning，2011，100（4）：341-343.

Alexander C. A city is not a tree[J]. Design，206（1965）：46-55.

Allan P，Bryant M. Resilience as a framework for urbanism and recovery[J]. Journal of Landscape Architecture，2011，6（2）：34-45.

Bowker P，Wallingford H. Improving the flood resilience of buildings through improved materials，methods and details[EB/OL]. [2023-04-04]. http://www.leedsbeckett.ac.uk/as/cebe/

projects/flood/flood_resilience.pdf

Bowker P. Flood resistance and resilience solutions: An R&D scoping study[R]. London: Environment Agency and Department for Environment, Food and Rural Affairs, 2007.

Cheng Q, Russell H, et al. GIS-based statistical and fractal/multifractal analysis of surface stream patterns in the Oak Ridges moraine[J]. Computers and Geosciences, 2001, 27 (5): 513-526.

Correia F N, Fordham M, Saraiva D G, et al. Flood hazard assessment and management: interface with the public[J]. Water Resources Management, 1998, 12 (3): 209-227.

Cui P, Li D Z. Measuring the disaster resilience of an urban community using ANP-FCE method from the perspective of capitals[J]. Social Science Quarterly, 2019, 100 (6): 2059-2077.

Cutter S L, Barnes L, Berry M, et al. A place-based model for understanding community resilience to natural disasters[J]. Global Environmental Change, 2008, 18 (4): 598-606.

Cutter S, Schumann R, Emrich C. Exposure social vulnerability and recovery disparities in New Jersey after hurricane Sandy[J]. Journal of Extreme Events, 2014, 1 (1): 1450002.

David M, Stig E, Paul V D M. Climate resilient urban development: Why responsible land governance is important[J]. Land Use Policy, 2015, 48: 190-198.

Davis W M. The geographical cycle[M]//Derbyshire E. Climate Geomorpholgy. London: Palgrave 1973:14.

Dieleman H. Organizational learning for resilient cities, through realizing eco-cultural innovations[J]. Journal of Cleaner Production, 2013, 50 (6): 171-180.

Dmitry L, Mooli L, Odeya C, et al. Conjoint community resiliency assessment measure-28/10 items: A self-report tool for assessing community resilience[J]. American Journal of community psycholog, 2013, 52 (3/4): 313-323.

Folke C, Hahn T, Olsson P, et al. Adaptive governance of social-ecological systems[J]. Annual Review of Environment Resource, 2005, 30: 441-473.

Folke C. Resilience: The emergence of a perspective for social-ecological systems analyses[J]. Global Environmental Change, 2006, 16 (3): 253-267.

Godschalk D R. Urban hazard mitigation: Creating resilient cities[J]. Natural Hazards Review, 2003, 4 (3): 136-143.

Hegney D, Ross H, Baker P, et al. Building resilience in rural communities: Toolkit[J]. CARRI, 2008（1）: 10-52.

Heijman W J M, Hagelaar J L F, Heide M V D. Rural resilience as a new development concept[J]. General Information, 2007（2）: 383-396.

Holling C S. Resilience and stability of ecological systems[J]. Annual Review of Ecology and Systematics, 1973（4）: 1-23.

Holmgren D. Retrofitting the suburbs for sustainability[J]. CSIRO Sustainability Network Update, 2005, 49: 1-9.

Horton R E. Erosional development of streams and their drainage basins[J]. G A Bulletin, 1945, 56（3）: 275-370.

Ingram H A. Ecohydrology of Scottish peatlands[J]. Transactions of the Royal Society of Edingburgh: Earth Sciences, 1987, 78（4）: 287-296.

Jayasiri G, Siriwardena C, Hettiarachchi S, et al. Evaluation of community resilience aspects of Sri Lankan coastal districts[J]. International Journal on Advanced Science Engineering and Information Technology, 2018, 8（5）: 2161-2167.

Jensen S K. Application of hydrology information automatically extracted from digital elevation model[J]. Hydrological Processes, 1991, 5（1）: 31-44.

Jeon E, Byun B. The impact of characteristics of social enterprise on its performance and sustainability[J]. Journal of The Korean Regional Development Association, 2017, 29（2）: 69-96.

Jha A K, Miner T W, Stanton-Geddes Z. Building urban resilience: Principles, tools, and practice[R]. World Bank Publications, 2013.

John W H, Stephen R D. A Typology of resilience: Rethinking institutions for sustainable development[J]. Organization Environment, 1996, 9（4）: 482-511.

Junk W J, Bayley P B, Sparks R E. The flood pulse concept in river floodplain systems[J]. Special Publication of the Canadian Journal of Fisheries and Aquatic Sciences, 1989, 106: 110-127.

Khailani D K, Perera R. Mainstreaming disaster resilience attributes in local development plans for the adaptation to climate change induced flooding: A study based on the local plan of Shah Alam City, Malaysia[J]. Land Use Policy, 2013, 30（1）: 615-627.

Klein R J T, Smit M J, Goosen H, et al. Resilience and vulnerability: Coastal dynamics or dutch dikes?[J]. The Geographical Journal, 1998, 164（3）: 259-268.

La Barbera P，Rosso R. On the fractal dimensions of stream network[J]. Water Resource Research，1989，25（4）：735-741.

Leanne S，Ivan T. Towards sustainable cities：Extending resilience with insights from vulnerability and transition theory[J]. Sustainability，2013，5（5）：2108-2128.

Liao K-H. A theory on urban resilience to floods—A basis for alternative planning practices[J]. Ecology and Society，2012，17（4）：48.

Liba D，Ram M，Amin E，et al. Community capitals framework for linking buildings and organizations for enhancing community resilience through the built environment[J]. Journal of Infrastructure Systems，2022，28（1）：1-14.

Maskrey S A，Priest S，Mount N J. Towards evaluation criteria in participatory flood risk management[J]. Journal of Flood Risk Management，2019，12（2）：547-551.

Milly P C D，Betancourt J，Falkenmark M，et al. Stationarity is dead：Whither water management?[J]. Science，2008，319：573-574.

Nienhuis P H，Leuven R S E W. River restoration and flood protection：Controversy or synergism?[J]. Hydrobiologia，2001（444）：85-89.

Pahl-Wostl C. Towards sustainability in the water sector-the importance of human actors and processes of social learning[J]. Aquatic Sciences，2002，64：394-411.

Strahler A N. Dynamic basis of geomorphology[J]. Geological Society of America Bulletin，1952，63（9）：1-18.

Tarboton D G，Bras R L，Rodriguez Iturbe I. The fractal nature of river networks[J]. Water Resource Research，1988，24：1317-1322.

Tockner K，Bunn S E，Gordon C，et al. Flood plains：Critically threatened ecosystems[M]// Polunin N V C. Aquatic Ecosystems. Cambridge，UK：Cambridge University Press，2008：45-61.

Tourbier J. A methodology to define flood resilience[C]// EGU General Assembly Conference Abstracts，2012：13902.

Vis M，Klijn F，De Bruijn K M，et al. Resilience strategies for flood risk management in the Netherlands[J]. International Journal of River Basin Management，2003（1）：33-40.

Vorosmarty C J，Mcintyre P，Gessner M O. et al. Global threats to human water security and river biodiversity[J]. Nature，2010，467（7315）：555-561.

Walker B，Holling C S，Carpenter S R，et al. Resilience，adaptability and transformability in social-ecological systems[J]. Ecology and Society，2004，9（2）：3438-3447.

Wardekker J A，Jong A D，Knoop J M，et al. Operationalising a resilience approach to adapting an urban delta to uncertain climate changes［J］. Technological Forecasting & Social Change，2010，77（6）：987-998.

Zevenbergen C，Gersonius B. Challenges in Urban Flood management［M］//Ashley R，Garvin S，Pasche E，et al. Advances in Urban Flood Management. New York，USA：Taylor & Francis. 2007：1-11.